可食用昆虫：
食品和饲料安全的展望

Edible Insects: Future Prospects for Food and Feed Security

〔荷〕 Arnold van Huis　Joost Van Itterbeeck　Harmke Klunder　Esther Mertens　Afton Halloran　Giulia Muir　Paul Vantomme　著

刘玉升　喻子牛　等 译

联合国粮食及农业组织
科 学 出 版 社
北　京

图字：01-2014-7206 号

内 容 简 介

本书介绍了昆虫对食品安全的贡献，探讨了通过扩大昆虫商业规模来提高食品和饲料生产、提供多样化的饮食，并且为发展中国家和发达国家的人们提供谋生之道。书中阐述了许多为人类直接消耗的昆虫的传统及潜在新用途，同时也包括昆虫作为食品和饲料养殖的机遇及监管。此外还对昆虫的营养和食品安全、利用昆虫作为动物饲料、加工和保存昆虫及其产品等问题的主要研究内容做了调查，强调制定食品安全监管框架来监管昆虫的使用以保证食品安全的必要性。书中还列举了许多世界各地的研究内容和案例。

本书适合广大昆虫学和营养学科技工作者、食用昆虫爱好者、农村食用昆虫养殖者、农林院校学生和研究生参考。

图书在版编目（CIP）数据

可食用昆虫：食品和饲料安全的展望=Edible Insects: Future Prospects for Food and Feed Security/（荷）阿诺德·范·赫斯（Arnold van Huis）等著；刘玉升，喻子牛等译. —北京：科学出版社，2018.3

书名原文：Edible Insects-Future Prospects for Food and Feed Security

ISBN 978-7-03-055876-3

Ⅰ. ①可… Ⅱ. ①阿… ②刘… ③喻… Ⅲ. ①经济昆虫－饲养管理 Ⅳ. ①S899

中国版本图书馆CIP数据核字（2017）第304683号

责任编辑：李 悦 田明霞 / 责任校对：张凤琴
责任印制：张 伟 / 封面设计：刘新新

科学出版社 出版
北京东黄城根北街 16 号
邮政编码：100717
http://www.sciencep.com

北京凌奇印刷有限责任公司 印刷
科学出版社发行 各地新华书店经销

*

2018 年 3 月第 一 版 开本：720 × 1000 1/16
2018 年 3 月第一次印刷 印张：13 1/4
字数：264 600

POD定价： 98.00元
（如有印装质量问题，我社负责调换）

译者的话

在人类进化史上，利用昆虫作为食品有着十分悠久的历史。时至今日，随着人们对昆虫源蛋白质的科学、全面、深入认识，可食用昆虫的产业化推进融于大农业的趋势愈加明显。

在我国，食用昆虫的历史源远流长，中国古代对于食用昆虫利用的记载至少可以追溯至 3000 年之前，蚁卵、天牛幼虫等均曾是贡奉皇室的珍品。由此可见，我国在古代即对食用昆虫具有很高的认识。随着畜牧业的逐渐发展，我国悠久的食用昆虫习俗有些已消失，有些仍保留下来。保持传统较多的少数民族地区更多地保留了食用昆虫的习俗，其食用昆虫的种类占全国食用昆虫种类的大多数。饲用昆虫资源的利用是一个具有广阔前景的新型产业领域。目前传统脊椎动物源的肉骨粉类蛋白质所存在的同源性潜在风险日益严重，国际鱼粉市场货源紧缺、配额销售，而畜牧业的快速发展又亟需大量蛋白质资源作为基础，这就为饲用昆虫资源的产业发展提供了历史机遇。

经过 300 年工业文明的发展和技术进步，人类发掘利用地球资源的能力越来越强，已对地球资源的利用程度达到了 50% 以上。目前，全球面临人口、资源、环境的困境，急需更新观念，改变经济发展方式，进一步调整产业结构。农业的本质是开发利用农业生物资源的产业，应对自然界中可以进行产业开发的动物、植物、微生物资源进行全面开发、循环利用。实际上，昆虫种类繁多、分布广泛、生物量巨大，是目前尚未得到充分开发的最大的生物资源。昆虫资源产业具有投资少、周期短、适应性强、规模可调整、原料低廉丰富、产品附加值高等特点，在良好的生产防护条件下对生态环境不构成侵害，符合生态文明建设战略，符合现代生态循环农业和可持续发展及环境保护战略，顺应低碳、绿色、循环的大趋势，是一种绿色生产方式。在农业产业化升级、农业经济发展方式转变、产业结构再次调整和新农村经济发展中应占有重要地位。昆虫资源产品可极大地丰富新型市场，同时作为可再生生物质资源在国际贸易中地位越来越高。将昆虫资源产业、特别是食用、饲用昆虫资源产业，补入大农业产业链，成为生态循环农业发展的一个环节，形成特色“微家畜”(mini-live-stock) 产业领域，具有重要意义。目前国内外逐步注重其资源化利用、产业化推进的教学、科研及产业实践。在昆虫资源现代产业教学、科研工作进程中，不断搜集到有关 FAO 推进在世界范围推进昆虫资源产业的论述和资料，但均是零星片段章节，因此，我们组织有关人员，对本书进行了全文翻译，以满足我国昆虫资源产业化不同层面人员的阅读需求。

本书的翻译工作得到山东农业大学、华中农业大学等有关部门和领导的鼓励与支持，同时得到山东省菏泽市郓城县农业局的大力支持。本书的翻译人员：刘玉升教授，山东农业大学；叶保华博士，山东农业大学；李庆博士，华中农业大学；李旭博士，中国中化集团沈阳化工研究院有限公司；陈凯博士，中国中化集团沈阳化工研究院有限公司；张吉斌教授，华中农业大学；张大羽教授，浙江农林大学；武铮博士，洁姆公司；郑龙玉博士，华中农业大学；徐晓燕教授，天津农学院；喻子牛教授，华中农业大学；高珊，山东农业大学；蔡珉敏博士，华中农业大学。山东农业大学的研究生周萍、张大鹏、张广杰参与了全文核查校对等工作，科学出版社李悦编辑精心编校了全文。译者谨致衷心的感谢！

译者

2018 年 2 月

原 书 序

众所周知，到 2050 年全世界人口数量将达到 90 亿。为了与这个人口数量相适应，当前的粮食生产几乎需要翻一倍。由于土地稀缺，因此致力于扩展耕地面积并不是一个可行的和可持续发展的选择。海洋资源被过度利用，还有气候变化和水资源的短缺都可能会对粮食生产产生深远的影响。为了缓解当今的营养与食物危机——现在世界范围内有近 10 亿人处于长期饥饿状态，在解决明天我们吃什么和我们如何生产这个问题上需要重新评估。低效利用和食物浪费现象需要被矫正。我们需要寻找新的方法来获得食物。

食用昆虫一直是人类饮食的一部分，但有些地方，人们在某种程度上是讨厌食用它们的。虽然大多数的食用昆虫来自于森林栖息地，但是许多国家开始创造性地进行大规模人工养殖。昆虫为发达国家和发展中国家提供了一个融合传统技术与现代科学的重要机遇。

该书首次让联合国粮食及农业组织（FAO）林业部门意识到可以用传统方式收集昆虫作为食物和增加经济收入，并记录了相关生态环境对森林栖息地的影响。其后，联合国粮食及农业组织把握住了与荷兰瓦赫宁根大学昆虫学实验室（一个在食用及饲用昆虫基础应用研究领域处于前沿的研究机构）的合作机会。这种合作已经得到了快速的发展，并且在联合国粮食及农业组织内部逐渐达成一个广泛的共识，即通力合作推进调查昆虫采集和饲养的多样性，并作为缓解粮食危机的一个可行性选择。

该书引用了发达国家和发展中国家所做的广泛的科学研究，阐述了昆虫对生态系统、饮食、食品安全和民生的贡献。我们希望这将有助于提高昆虫在国内外食品机构中作为食品和饲料来源的影响力。我们也希望它能引起农民、媒体、公众和政府决策者、双边和多边捐赠机构、投资公司、研究中心、援助机构和食品与饲料工业企业的关注。我们尤其希望该书能够提升人们对昆虫在维持自然和人类生活上有价值作用的意识，也能够用来记载昆虫为饮食多样化和提高粮食安全所作出的贡献。

Eduardo Rojas-Briales
联合国粮食及农业组织林业部助理总干事

Ernst van den Ende
瓦赫宁根大学和研究中心
植物科学部门执行董事

前　言

人们通常认为昆虫滋扰人类，是危害农作物和经济动物的害虫。然而，事实与此大相径庭。昆虫可以用较低的环境代价为我们提供食物，它们为生命的延续作出了贡献，在自然界中发挥了重要作用。然而，昆虫的这些优点几乎鲜为人知。与普遍认知相反，昆虫并不是只在粮食短缺时食用的“饥荒食品”，亦非“传统食品”难以求购时的选择，世界各地的人们选择食用昆虫，在很大程度上是因为昆虫的美味及其在当地饮食文化中建立的历史地位。

2008 年，在荷兰瓦赫宁根大学与联合国粮食及农业组织伙伴关系的框架内，少数学者走到了一起，开始讨论一系列出版物和未发表的研究及对昆虫饲养和消费的信息。他们意图打破之前的误区，并积极推动可食用昆虫产业发展。食用昆虫本身涉及的专题领域广泛，从昆虫栖息地到昆虫生态学，从昆虫的人工饲养到食用昆虫、饲用昆虫产品的加工、标记及市场营销。本书借鉴了广泛的学科和专业领域的知识。本书是多学科专家共同努力的成果，涉及专门从事林业、畜牧业、营养业、饲料行业、立法部门和粮食安全政策相关部门的技术专家。

本书用文献的形式描述联合国粮食及农业组织在昆虫食品和饲料价值链的方方面面所做的首次尝试，目的是对昆虫在食品和饲料安全上的贡献作出综合评价。它包括世界各地的原创性研究，如在瓦赫宁根大学进行的研究。同时还整合了国际专家关于昆虫作为食品和饲料在保证食物安全上的潜力评价的讨论会结果，该讨论会于 2012 年 1 月 23～25 日在意大利罗马的联合国粮食及农业组织总部举行。本次会议标志着来自不同背景的农业专家之间对话的开始，并且促进更广阔战略意义上昆虫食品和饲料的潜在利益的信息交流，以达到全球食物安全。本次会议提供给作者以丰富的数据支撑和极具价值的见解。以上信息帮助作者构建本书的结构、内容和结论，并且提供一个基础解决方案用以缓解粮食不安全的问题。

为获得食品和饲料而进行的昆虫饲养仍处于起步阶段，随着该领域的发展很可能在未来会出现一些新挑战。因此，期待读者联系作者进行反馈。毫无疑问，这些宝贵建议将协助该行业的未来发展。

由于可食用昆虫科学仍处于相对拓展的阶段，该领域只有为数不多的有声望的专家学者。其中的 Gene R. DeFoliart（1925～2013 年），已在本书出版前不久离世。在他漫长的学术生涯中，他致力于提高人们对昆虫可以作为一个全球性的食物来源的认识，并且在 1991 年 7 月退休后仍一直坚持这方面的研究。他还是《可食用昆虫通讯》的创始者。作者谨用此书表示对他的回忆和怀念。

作　者

致　谢

本书的编写借鉴了有不同背景和来自世界各地的很多人的宝贵贡献。这些观点、论文和学术活动都在本书的形成中起到了巨大的作用。其中，特别感谢 2012 年 1 月 23～25 日罗马专家咨询会议的 75 名参与者，本次会议主题为：昆虫作为食品和饲料在确保粮食安全上的潜力评估[1]。同时还要特别感谢为本书审阅具体章节的人：Christian Borgemeister、Eraldo Medeiros Costa-Neto、David Drew、Florence Dunkel、Jørgen Eilenberg、Ying Feng、Parimalendu Haldar、Yupa Hanboonsong、Antoine Hubert、Annette Bruun Jensen、Nonaka Kenichi、Andrew Müller、Maurizio Paoletti、Julieta Ramos Elorduy Blásquez、Nanna Roos、Oliver Schneider、Severin Tchibozo 和 Alan L. Yen。

联合国粮食及农业组织的几位工作人员，分别是：Philippe Ankers、Jan Breithaupt、Carmen Bullón、Ruth Charrondiere、Persijn Diedelinde、Patrick Durst、Graham Hamley、Martin Hilmi、Edgar Kaeslin、Blaise Kuemlangan、Harinder Makar、Verena Nowak、Koroma Suffyan、Patrice Talla、Pieter Van Lierop 和 Philine Wehline。他们自愿去审阅与他们专业领域相关的章节。我们感谢他们自愿为跨学科努力所做的贡献。同样特别感谢荷兰瓦赫宁根大学的工作人员，包括 Sarah van Broekhoven、Dennis Oonincx。

作者感谢本书的编辑 David McDonald、Alastair Sarre，感谢 Yde Jongema 检查昆虫的拉丁学名，感谢 Kate Ferrucci 的设计和布局，感谢 Susy Tafuro、Lucia Travertino Grande 对手稿从印刷到出版所做的行政处理，以及 Maria DiCristofaro 和 Alison Small 的支持。特别感谢联合国粮食及农业组织政策和产品部的森林经济学专家 Eva Müller 及前主管 Michael Martin，他们都对食用昆虫方案给予了鼎力支持。

总之，作者对全世界所有关注食用昆虫并将其作为日常生活必不可少内容的人们表示感谢。他们使人们对食用昆虫有了历久弥新的理解，并保持了他们作为昆虫在日常生活方面扮演重要角色的守护者。这些人们正是延续昆虫食用的做法和延续可食用昆虫作为食品和饲料的未来资源潜力的关键人物。

1 欲知更多信息，请登录 www.fao.org/forestry/edibleinsects/74848/en/。

缩　写

BCE	Before Common Era　公元前
BSE	bovine spongiform encephalopathy　牛脑海绵状脑病(俗称疯牛病)
CABIN	Central African Biodiversity Information Network　中非生物多样性信息网
CE	Common Era　公元
CGRFA	FAO's Commission on Genetic Resources for Food and Agriculture 联合国粮食及农业组织的粮食和农业遗传资源委员会
CH_4	methane　甲烷
CO_2	carbon dioxide　二氧化碳
CRGB	Centre de Recherche pour la Gestion de la Biodiversité (Benin)
EFSA	European Food Safety Agency　欧洲食品安全局
ESBL	extended spectrum beta-lactamase　内酰胺酶
EU	European Union　欧盟
FBF	fortified blended foods　强混合食品
g	gram　克
GHG	greenhouse gas　温室气体
GWP	global warming potential　全球变暖潜力
HACCP	Hazard Analysis Critical Control Points system　危害分析与关键控制点体系
IFIF	International Feed Industry Federation　国际饲料工业联合会
INFOODS	International Network of Food Data Systems　国际食品网络数据系统
IPM	integrated pest management　有害生物综合治理
kg	kilogram　千克
N_2O	nitrous oxide　一氧化二氮
NGO	non-governmental organization　非政府组织
NWFP	non-wood forest product　非木质森林产品
PAP	processed animal protein　加工动物蛋白
RDA	recommended dietary allowances　推荐的日摄食量
SEPALI	Madagascar Organization of Silk Workers　马达加斯加丝绸工人组织

SPS Agreement	Agreement on the Application of Sanitary and Phytosanitary Measures　实施卫生与植物卫生措施协定
VENIK	Dutch Insect Farmers Association　荷兰昆虫农民协会
WHO	World Health Organization　世界卫生组织
WTO	World Trade Organization　世界贸易组织
WUR	Wageningen University and Research Centre　瓦赫宁根大学研究中心

目　录

概　　要

本书旨在评估昆虫作为食品和饲料的潜力，并收集现有的信息研究可食用昆虫。该评估是基于世界各地专家和来源于各方面最新、最完整的数据作出的。

在21世纪，由于动物蛋白成本不断上升、食品和饲料不安全、环境压力、人口增长和中产阶级对蛋白质的需求增加，昆虫作为食品和饲料成为一个特别有意义的议题。所以传统的畜牧业和饲料来源迫切地需要多样化备选解决方案。把昆虫作为食物消费，对环境健康和人类生存有积极的贡献。

本书起源于2003年联合国粮食及农业组织林业部的一项简单工作，记载了中非地区传统生活实践中昆虫的作用，同时评估了在自然栖息地捕获昆虫对森林可持续性的影响。此后，这方面的尝试已形成一个基础广泛的试验来检验昆虫聚集和饲养，也证明了昆虫对全球粮食安全会有潜在的影响。本书的目的是首次汇集可食用昆虫作为食品和饲料所带来的机会和约束。

昆虫在自然界中的角色

据估计，昆虫是至少2亿人的传统饮食的组成部分。超过1900种昆虫被报道用来作为食物。昆虫扮演着生态服务中东道主的角色，是人类生存的根本。在帮助植物繁殖授粉、通过生物转化肥料提高土壤肥力和重大害虫生物防治方面，它们也发挥了重要的作用。它们为人类提供了多种有价值的物质，如蜜、丝、医疗应用(如蛆疗法)的产品。此外，昆虫在人类文化中也有着一席之地，如藏品、装饰品、电影、视觉艺术和文学方面。放眼全世界，最普遍的食用昆虫是甲虫(鞘翅目)(31%)，毛虫(鳞翅目)(18%)，蜜蜂、黄蜂和蚂蚁(膜翅目)(14%)。除了这些，还有蚱蜢、蝗虫和蟋蟀(直翅目)(13%)，蝉、叶蝉、飞虱、介壳虫及蝽(半翅目)(10%)，白蚁(等翅目)(3%)，蜻蜓(蜻蜓目)(3%)，蝇(双翅目)(2%)和其他种类(5%)。

食用昆虫文化

食用昆虫受文化和宗教活动影响极大，而且昆虫在世界许多地区通常作为食品来源。然而在大多数西方国家，人们厌恶食用昆虫，认为食用昆虫是一种原始人的行为。这种态度导致农业产业昆虫研究备受忽视。尽管食用昆虫食品的话题历来有之，但食虫习俗的主题也只是最近才开始引发全球公众的关注。

昆虫作为一种天然资源

可食用昆虫栖息于各种各样的环境之中，从水生、农田生态系统到森林生态系统等。一直以来，昆虫似乎被视为一种可以从大自然中取之不尽、用之不竭的资源。然而，一些可食用昆虫物种，现在正处于危险之中。大量的人为因素，如过度捕捞、污染、火灾和栖息地的退化，导致许多可食用昆虫种群数量下降。气候变化可能会以一些未知的方式影响可食用昆虫的分布和可用性。本书包括来自几个地区的农村居民用来保护昆虫及其寄主植物的保护策略和半养殖措施的案例研究。这些努力有助于改善昆虫栖息地的保护。

环 境 优 势

饲养昆虫作为食品和饲料的环境效益是建立在昆虫的高饲料转化效率上的。例如，蟋蟀只需要 2kg 的饲料，便能增重 1kg。此外，昆虫可以用有机废弃物(包括人类和动物废弃物)饲养，从而减少对环境的污染。据报道，昆虫相比于牛或猪排放更少的温室气体和氨。饲养昆虫相比于牛需要更少的土地和水。相比于哺乳动物、鸟类，昆虫在人类、牲畜和野生动物中传播人畜共患传染病的风险也许更小，但这个问题需要进一步地研究。

供人食用的营养

昆虫是一种具有高脂肪、蛋白质、维生素、纤维素和矿物质含量的高营养和健康的食品来源。食用昆虫的营养价值随着不同的昆虫种类而变化。即使在同一物种种群内部，营养价值也会根据昆虫的变态阶段、生活的栖息地及取食而有所不同。例如，在黄粉虫中不饱和 ω-3 和 6 种脂肪酸的混合物含量与鱼(高于在牛和猪中)相当，并且黄粉虫的蛋白质、维生素和矿物质含量与鱼和肉类似。

耕 作 制 度

大多数食用昆虫在野外捕获。然而，一些昆虫，如蜜蜂、桑蚕，因为它们能产生有价值的产品而有着悠久的驯化历史。昆虫大量饲养的目的在于生物控制(如作为天敌和寄生蜂)、健康(如蛆疗法)和授粉。然而，养殖昆虫为食品和饲料的概念是相对较新的，在老挝、泰国和越南等国养殖蟋蟀是热带地区居民养殖食用昆虫的典型例子。

在温带地区，昆虫养殖主要通过家庭经营模式来进行，如黄粉虫、蟋蟀和蚱蜢的大量养殖，其目的主要是作为宠物或是送往动物园。其中的一些公司直到最近才能够使昆虫作为食品和饲料商业化，供人类直接消费的这部分的生产仍然是最低的。

一些工业规模的企业正处于大量养殖黑水虻等昆虫的不同发展阶段。它们主要以全虫或加工成粉用于消费。成功饲养的关键要素包括对农业产业昆虫种类进行生物学、饲养条件控制和饲养配方的研究。目前，随着多项专利尚未确立，生产系统昂贵。这样的工业规模饲养的一个主要挑战是工厂自动化生产的发展，使其在经济上能够与来自传统畜牧业或农业资源的肉类(或肉类替代品，如大豆)竞争。

作为动物饲料的昆虫

最近鱼粉/大豆的高需求及随之而来的高价格，连同快速发展的养殖产业，正推动着昆虫蛋白研究在水产养殖和家禽养殖中的发展。基于昆虫蛋白的饲料产品可能有与鱼粉和大豆类似的市场，鱼粉和大豆是目前用于水产养殖和牲畜业饲料配方的主要成分。现有证据表明，昆虫饲料的配方可以与用鱼粉和豆粕为基础的饲料配方相媲美。活的和死的昆虫已经具有小众市场，主要作为饲料供给宠物和动物园。

加工处理

昆虫经常以全虫来利用，但也可以加工成粒状或糊状物的形式。用昆虫提取蛋白质、脂肪、几丁质、矿物质和维生素同样是有可能的。目前，这种提取过程成本太高，需要进一步研究，以使它们在食品和饲料行业中有利可图并且适用于工业用途。

食品安全和保护

昆虫及其产品的加工和存储应与任何其他的传统食品或饲料遵循同样的健康和卫生法规，以确保食品安全。由于它们的生物构成，有几个问题要考虑，如微生物安全性、毒性、口味和无机化合物的存在。用粪便和屠宰场废弃物这样的废品喂养的昆虫，在被用作饲料时，应该考虑具体的健康隐患。通过摄食昆虫诱发过敏的证据虽然罕见，但确实存在过敏现象。节肢动物的过敏反应事件已有一些报道。

改善民生

在家庭层面或产业规模方面，昆虫作为“微家畜”被采集和饲养，可以给发展中国家和发达国家的人们提供重要的就业机会。在发展中国家，一些最贫困的社会成员，如在城乡的妇女和失地居民，可以很容易地参与昆虫的采集、养殖、加工和销售。这些活动可以将过量的生产作为街头食品销售，以此直接改善自己的饮食水平并能提供现金收入。昆虫可以很直接很容易地从自然界收集，也可以用最少的技术或资本投入(即基本收获/饲养设备)来养殖。随着昆虫已经成为一些地方饮食文化的一部分，饲养昆虫也可能需要最少的土地或最小的市场推广力度。

蛋白质和其他营养缺乏通常更广泛地存在于社会的弱势群体阶层中，并且存在于社会冲突和自然灾害时期。由于昆虫的营养成分、运输方便、简单的饲养技术和快速的增长速度，它们可以通过提供紧急食品、改善生计和提高弱势人群之间的传统饮食质量来提供一种廉价和高效的机会，以应对营养不良问题。

经济发展

无论是家庭水平还是更大的产业规模经营，收集和养殖昆虫都可以提供就业和现金收入。在非洲的南部、中部和东南亚地区的发展中国家，在需要食用昆虫和相对来说比较容易为市场带来昆虫的地方，昆虫的采集过程、饲养过程、加工成街市食品或作为鸡和鱼饲料来进行销售的过程，很容易推动范围内的小型企业发展。除了少数例外，昆虫食品的国际贸易是微不足道的。发达国家确实存在的贸易往往是被移民社区的需求所推动的，或者是因为市场研发而出售异域美食。食用昆虫的边境贸易是有意义的，主要集中在东南亚地区和中非。

沟　　通

围绕着食虫性做法的对立的观点必然要求对每一个不同的利益相关者量身定制沟通途径。在热带，食虫性完善的地区，媒体传播策略可以促进食用昆虫作为宝贵的营养来源，以对抗日益西化的饮食。西方社会需要量身定制媒体沟通策略和教育方案，以解决昆虫令人厌恶的问题。通过提供昆虫作为食品和饲料来源潜能的验证信息来影响广大市民及在食品和饲料行业的决策者和投资者，这可以帮助推进昆虫在全球政治、投资和研究上的议程。

立　法

在过去的20年里，管理食品和饲料链的规章制度已经快速发展。但是，管理昆虫作为食品和饲料来源的条例仍然普遍缺乏。对于发达国家来说，缺乏明确的立法和准则来引导昆虫作为食品和饲料使用，这是阻碍供应食品和饲料来源的昆虫养殖产业发展的主要因素之一。实际上，在发展中国家，更倾向于接受昆虫作为人类食品或动物饲料的应用。饲料行业似乎率先推动了更多围绕昆虫的规范的发展，而“新型食品”概念似乎为昆虫在人类食品中的应用建立规定和标准显露出来领先优势。

前进的道路

任何为提高昆虫食品安全而释放巨大潜力的努力，需要同时解决以下4个关键瓶颈和挑战。第一，为了更有效地促进昆虫作为健康食品，需要进一步提供说明有关昆虫营养价值的文件。第二，必须调查研究采集和养殖昆虫对环境的影响，使其能够与更危害环境的传统农业和畜牧饲养方法做个比较。第三，说明和增加昆虫采集和养殖所带来的社会经济利益是必要的，特别是加强社会最底层人们的食品安全。第四，需要一个清晰而全面的(国际)国内水平的法律框架来为更多的投资铺平道路，最终促进产品的全面发展(从家庭小规模到工业规模)，以及作为食品和饲料来源的昆虫产品在国际贸易上的发展。

1 简　介

食用昆虫的习惯(信息栏 1.1)，又被称为**食虫习俗**。许多动物如蜘蛛、蜥蜴和鸟类，都是具有可食性的，许多昆虫同样如此。几千年来，全世界的人们已经将食用昆虫作为日常饮食的一部分。这种做法应该被规定为人类食虫习俗，本书是指人类食用昆虫。最早引用食虫习俗可以追溯到《圣经》文献中；尽管如此，在很多西化社会里食用昆虫直到目前一直是一项禁忌。食虫习俗的非常规的本质意味着除了少数昆虫如蜜蜂、蚕和介壳`虫(此虫可产生胭脂红色素)外，饲养昆虫作为食品和饲料在过去几个世纪的畜牧业中是被排斥在伟大的农业创新之外的。在全球范围内，昆虫也未能出现在农业研究和发展机构，包括联合国粮食及农业组织(FAO) 的议程中。直到最近，昆虫作为食品和饲料的应用才被广泛地传播流行。因此，在许多发达国家的饮食中缺少昆虫饮食，供人们食用的昆虫只是极具市场潜力的一类新奇的“小吃”就不足为奇了。

然而，在世界的许多地方昆虫消费并不是一个新概念。从蚂蚁到甲虫幼虫，因作为部分赖以生存的食物而在非洲和澳大利亚的部落流行，脆炸蝗虫和甲虫在泰国也很受喜爱。据估计，世界各地习惯以昆虫为食的人数至少有 20 亿。已经有超过 1900 种昆虫物种被资料记载可作为食品食用，其中大多数的食用昆虫来自热带国家。最常见的食用昆虫类群有甲虫、毛虫、蜜蜂、黄蜂、蚂蚁、蚱蜢、蝗虫、蟋蟀、蝉、叶蝉和飞虱、介壳虫和蝽、白蚁、蜻蜓和苍蝇。

信息栏 1.1　昆虫是什么?

英文 insect 一词来源于拉丁语的 insectum，意思是“有一个凹口的或者分节的躯体”，字面意思是“切成节”，实际上是指昆虫的身体分为 3 个体段。Pliny the Elder 创造了这个词，翻译成希腊词 ἔντομος (entomos)或 insect(正如亚里士多德在昆虫学中描述此类生命所用的术语)，还参考了它们的“凹口”状身体。这个词首次用英语记录于 Pliny the Elder 1601 年在荷兰的译作中(Harpe and McCormack，2001)。

昆虫是节肢动物中的一个类群，有几丁质的外骨骼，身体分为 3 个体段(头、胸、腹部)，还有 3 对分节的足，具有复眼和一对触角。昆虫是地球上最具多样化的动物群体：已有 100 万种昆虫被描述记载，这个数目已经超过了已知生物种类的半数。昆虫种类的总数在 600 万～1000 万，并且这些物种可能代表了超过 90%的地球上不同的动物生命体。虽然只有一小部分数量的物种生存在海洋中，而且它们的栖息地被另一种节肢动物和甲壳类动物所占据，但是几乎在任何环境下都可能发现昆虫。

昆虫的特点

- 昆虫具有外骨骼，使身体与环境得以隔离，并具保护作用。
- 昆虫是唯一的有翅无脊椎动物。
- 昆虫是冷血动物。
- 昆虫能通过变态而适应季节性变化。
- 昆虫繁殖速度快，数量众多。
- 昆虫的呼吸系统——网状气管——可以适应空气和真空的压力、高空飞行和辐射。
- 昆虫通常不需要上一代抚养。

资料来源：Delong，1960。

这篇文章还包括其他可供人类食用的节肢动物，如从分类学上来说不属于昆虫纲的蜘蛛和蝎子*。

1.1　为什么要探讨食用昆虫？

总的来说，昆虫的可食性可以概括为以下 3 个原因。

- **健康性**

—昆虫是健康的，在营养上可以替代主流食品，如鸡肉、猪肉、牛肉，甚至鱼(海洋捕捞)。

—许多昆虫含有丰富的蛋白质、优质脂肪、钙、铁和锌。

—昆虫已经成为许多国家和地区传统饮食的一部分。

- **环保性**

—昆虫被推崇为食物，其排放的温室气体(GHG)比大多数牲畜都要少(如仅有极少数昆虫群体，如白蚁、蟑螂产生甲烷)。

—饲养昆虫不一定非得依靠陆地的生产，并且也不需要开垦荒地来扩大生产。对土地的主要需求就是饲料。

---

* 译者注：蜘蛛和蝎子属于节肢动物门(Arthopoda)蛛形纲(Arachnoidea)(刘玉升编著，昆虫生产学，2012，高等教育出版社)。

—饲养昆虫所产生的氨的排放量也远低于那些传统的牲畜如猪所产生的氨气量。

—由于昆虫是冷血动物，因此它们能非常高效地将饲料转换成蛋白质(例如，生产相同数量的蛋白质，蟋蟀只需要牛的 1/12、羊的 1/4、猪和鸡的 1/2 的饲料)。

—昆虫可以过腹转化利用有机废弃物。

- **生活方式(经济和社会因素)**

—采集或饲养昆虫是一种技术含量低、投资成本低的选择，甚至在社会最贫穷的地区，像妇女和无土地者也可以进行养殖。

—“微家畜”养殖业给城乡居民提供了大量的就业机会。

—昆虫饲养既可以说是技术含量低又可以说是非常复杂，这需要根据不同级别的投资来确定。

1.2　为什么由联合国粮食及农业组织(FAO)倡导昆虫食用？

自 2003 年以来，联合国粮食及农业组织(FAO)一直在世界范围内致力于有关食用昆虫的主题活动。FAO 的贡献主要包括以下领域。

- 通过关于食用昆虫的出版物、专家会议和一个网络门户发布和共享有关成果。
- 通过媒体(如报纸、杂志、电视)的宣传帮助公众提升对于昆虫角色的认知和意识。
- 通过实地项目支持成员国(如老挝技术合作项目)。
- FAO 内部、外部与各行各业的网络性和多学科跨界(如利益相关者处理营养、饲料和立法相关的问题)。

以下所列是一些最重要的里程碑。

1.2.1　中非研究记录的角色：毛虫

2003 年，FAO 林业部在中非发起了一项关于食用昆虫对饮食贡献的非木材林产品项目调查。因为一些重要的野生昆虫消费都是来自于重要的森林资源和野生动物的生态系统，所以 4 个案例和其他一些研究被委托给位于中非的刚果盆地地区。该报告对于森林昆虫食品安全的贡献在于：在中非地区进行的毛虫案例量化了食用昆虫作为食品的作用，这样就发起一个了解食虫习俗在食品安全方面扮演重要角色的讨论。本文的摘要和结论被海外发展研究所的野生动物政策简报所收录，这有助于进一步提升决策者在林业决策上的意识和关于食用昆虫对于依靠丛林生活的人们的食品安全发挥重要作用的危机的讨论。

1.2.2 在泰国清迈的会议

2008年2月，FAO亚洲及太平洋区域办事处在泰国清迈组织了一次国际研讨会，主题是以森林昆虫为食：人类的反击。这个世界性研讨会聚集了许多昆虫学专家，大会主要集中讨论了可食用昆虫的科研、管理、采集、收获、加工、销售和消费情况，以及它们在被当地居民商业化养殖后所具有的潜力。清迈研讨会旨在提高人们对可食用森林昆虫作为一种食品来源潜力的认识，证明可食用昆虫对于农村生计的贡献，强调可持续性的森林管理和保护。

1.2.3 老挝技术合作计划，2010～2013年

2010～2013年，FAO在老挝实施了一项技术合作项目，这个项目被称为“为营养最大化、改善食品安全和提高家庭收入的可持续昆虫采集和养殖”。该项目及时回应了老挝国家营养战略和国家营养行动计划的阻碍，该项目于2009年12月完成并成书，即提高营养摄入量及解决其根本问题(通过改善食品的来源和提升日趋多元化的国内粮食生产水平来实现)。

该项目致力于通过提高昆虫采集、制备、加工和消费的可持续性、安全性和高效率，以及扩大昆虫养殖等途径，来强化昆虫在当地饮食中作为补充食品的角色和认识到传统的野外昆虫采集的作用。

1.2.4 FAO和瓦赫宁根大学合作

2008年，作为FAO在清迈的后续工作，FAO林业部和瓦赫宁根大学研究中心(WUR)(昆虫学实验室)联合开展了一个非木材林的产品项目，发起了一个共同努力推进昆虫食用的倡议。FAO林业部第一步创建了一个政策简报，简报中提到，应在保证粮食安全的前提下使可食用昆虫在森林资源中的贡献达到最大化。这个简报概述了FAO在集成食用昆虫项目、FAO常规计划、(国际)国内组织(机构)和捐助者在处理食品安全上的创新意识这几个方面上的一个长期战略计划。2010年，两名研究员也是本文的作者——来自瓦赫宁根大学的Arnold van Huis和Joost Van Itterbeeck，在FAO进行了几个月工作。本书关于食用昆虫方面的参考目录和食虫界内“谁是谁”的数据库都是基于一个广泛的调查问卷而建立的。此外，在本书写作开始之际，出版商于2012年1月准备并举行了一个国际专家信息咨询会。

1.2.5 专家咨询会议

2012年1月23～25日，在总部位于罗马的FAO进行的专家咨询会议上，专家评估了潜在的可作为食品和饲料的昆虫的安全性问题。会议由FAO和瓦赫宁根大学联合举办，并在荷兰政府的经费支持下召开，会议旨在提供一个对话平台来

共享关于食用昆虫作为食品、饲料的潜在益处的信息和知识，并作为一项更为广泛的全球粮食安全战略的一部分来实现。从国际机构、科研机构邀请的专家和部分利益相关的私营部门，与一些从事相关 FAO 学科(营养、水产养殖、畜牧、兽医、食品安全、森林保护等方面)的工作人员中邀请了共计 57 名专家出席会议。这些专家和企业家——昆虫饲养、植物保护和食品工程方面的专家——确定昆虫的当前地位及以下几个主题领域的知识空白：昆虫生态学和生物学；昆虫饲养学，昆虫作为牲畜、鱼饲料；昆虫营养；昆虫加工贸易；食品和饲料安全；战略交流及实现粮食安全的策略。

1.2.6　食用昆虫的网站管理系统

FAO 自 2010 年以来一直在维护更新 webportal 上的食用昆虫信息。这个网站提供了许多潜在可食用昆虫的基本信息及相关的链接，如 2008 年在清迈的会议、2012 年在罗马举行的信息专家咨询会议和其他相关的技术信息、视频和媒体报道资讯。这个网站的网址是 www.fao.org/forestry/edibleinsects。

2 昆虫在自然界中的角色

2.1 昆虫对人和自然的益处

在过去的 4 亿年中，节肢动物门进化出了各种各样的与其所在环境相适应的物种。在地球上已描述的 140 万种动物中有 100 万种是昆虫，并且人们估计还有几百万种昆虫未被发现。与人类所想的不同，在这 100 万种昆虫中，只有 5000 种被认为对作物、家畜和人类有害(van Lenteren，2006)。

2.1.1 昆虫对自然的益处

昆虫在生态学中的功能对人类的生存是非常重要的。例如，昆虫对**植物的繁殖**起着非常重要的作用。在已鉴别的约 10 万种传粉物种中，昆虫所占比例高达 98%(Ingram et al.，1996)。在 25 万种显花植物中，超过 90%的种类依靠虫媒予以传粉，并且在为世界提供大部分食物的 100 种作物中，有 3/4 的作物也是依靠虫媒传粉的(Ingram et al.，1996)。其中家养的蜜蜂负责了 15%的作物授粉。因此，昆虫对农业和自然界的生态重要性是毋庸置疑的。

昆虫在**有机废弃物的生物降解**方面也有着至关重要的作用。甲壳幼虫、苍蝇、蚂蚁和白蚁清理死去的植物，降解有机物，使之可以被真菌和细菌吸收。通过这个过程，土壤中死亡生物体的营养物质和矿物质就可以更好地被植物摄入和吸收。例如，动物残骸能被蛆和甲虫的幼体分解。粪食性金龟子(蜣螂)，目前已知约有 4000 种，在动物粪便降解方面也起着重要的作用。在粪便排出的 24h 以内，它们可以进入并阻止苍蝇的侵入。如果粪便暴露在土表，有 80%的氮元素会流失到空气中；然而金龟子却可以使碳元素和矿物质回归到土壤中进一步分解为腐殖质。

1788 年当牛被引进澳大利亚时，牛粪的降解成为迫在眉睫的问题，因为当地的甲虫不足以降解日益增长的粪便。澳大利亚本土的金龟子已经适应了有袋类动物(如袋鼠)的粪便，然而这种粪便在大小、质地和含水量等方面与牛粪是不同的(Bornemissza，1976)。于是澳大利亚启动金龟子工程项目，南非、欧洲和夏威夷的金龟子被引进澳大利亚大陆来解决这个问题(共引进 46 种，其中 23 种成功定居)。

有益的动物，包括昆虫，强化了农业生态系统的自然抗性。害虫有着大量的天敌，如捕食者和寄生者，这些生物把害虫数量控制于经济阈值水平之下。然而，杀虫剂的使用却使益虫比靶标害虫死亡得更快。其中一个原因是靶标害虫一般比益虫受到环境更好地保护(如螟虫躲在茎中而低龄幼虫躲在网洞中)。随着化学杀虫剂的应用，害虫的数量一开始会减少然后会急剧地增加，这是因为害虫失去了益虫天敌的调控。一个著名的例子就是由杀虫剂滥用引起的褐飞虱在水稻作物上的暴发(信息栏 2.1) (Heinrichs and Mochida，1984)。

信息栏 2.1　褐飞虱的暴发

褐飞虱通过刺吸水稻的汁液引起水稻枯萎死亡，造成相当大的损失。同时它们也会传播 3 种阻碍水稻发育和种子形成的病毒。当使用杀虫剂时，若使用不当，那些捕食褐飞虱的有益昆虫也会被杀死。这些益虫可以保持害虫种群数量处于虫害暴发水平之下。然而，当这种平衡被打破时，褐飞虱虫灾就会暴发。

农业生态系统受益于天敌昆虫，本质上是因为天敌昆虫可以**自然调控害虫的数量**。在昆虫界，以其他昆虫为寄主或食物的昆虫种类数量十分巨大。其中有 10%的昆虫为寄生性(Godfray，1994)。昆虫内的许多目都是捕食者，如蜻蜓目(蜻蜓)和脉翅目(网状翅膀的昆虫，如草蛉和蚁蛉)。很大比例的蝽(半翅目)、甲虫(鞘翅目)、苍蝇(双翅目)和黄蜂、蜜蜂及蚂蚁(膜翅目)也是捕食者。在农业生态系统中，有益的昆虫种类要远远多于害虫的种类。例如，在印度尼西亚一块肥沃的稻田中调查发现了 500 种益虫、130 种害虫(Settle et al.，1996)。另有 150 种昆虫被认为是中性的，因为它们不会危害水稻，却在水稻缺乏时对捕食者的生存有着重要的作用。人们目前已经用甲虫来控制水葫芦的入侵。从澳大利亚引进的象甲(水葫芦象甲)成功地控制了维多利亚湖中水葫芦的暴发(Wilson et al.，2007)。

2.1.2　人类对昆虫的利用

昆虫除了作为人类的食品来源，还可以为人类提供各种各样的**有价值的产品**(信息栏 2.2)。蜂蜜和蚕丝是最常见的昆虫的产品。蜜蜂每年大约可以生产 120 万 t 的商业蜂蜜(FAO，2009b)，而桑蚕可以生产 9 万 t 以上的蚕丝(Yong-woo，1999)。介壳虫(半翅目)可以产生出胭脂红这种红色染料，被应用于食品、纺织和制药等方面。昆虫体内含有一种类似橡胶的蛋白质——节肢弹性蛋白，它可以使昆虫跳跃，它的弹性现已应用于医药领域来修复动脉损伤(Elvin et al.，2005)。昆虫在医学领域的应用还包括蛆疗法和蜜蜂产品——蜂蜜、蜂胶、蜂王浆和蜂毒液。这些产品被用于外伤、伤口感染和烧伤的治疗(van Huis，2003a)。

信息栏 2.2　与昆虫有关的常见产品与应用领域

胭脂虫洋红(胭脂红色染料)：介壳虫
蜂王浆(美容产品)：蜜蜂
蜂蜜：蜜蜂
蚕丝：蚕
紫胶(上光剂)：半翅目的许多种类
白蚁冢(建筑模型)：白蚁
授粉：许多昆虫
蜂毒液(炎症疾病的治疗)：蜜蜂
蜂胶(天然药品)：蜜蜂
蜂蜡(化妆品和蜡烛)：蜜蜂
节肢弹性蛋白(应用于动脉修复)：跳蚤

昆虫还为**工程技术**方法提供了灵感。节肢动物(如蜘蛛)的丝结实而又有弹性，被用作生物材料(Lewis，1992)。昆虫(蜘蛛)丝的这种独特结构，具有与生命系统的生物相容性，它的热稳定性及作为新型材料工程工具的功能，使它成为具有多种临床应用前景的材料(Vepari and Kaplan，2007)。例如，有研究者将蜘蛛的蛛丝基因插入山羊的基因组中，可使羊奶中含有蛛丝蛋白。这种蛋白可以用来制作网状材料。研究者还从昆虫外骨骼的甲壳质中提取出壳聚糖。这种糖的聚合物是可被生物降解的有机聚合物，具有可作为食品包装材料的潜力。因为这种以昆虫表皮为原料的材料可以更好地维护内部环境，防止动物和微生物的侵害。更重要的是，这种材料本身具有可以抗氧化和抗微生物(如细菌、霉菌和酵母)的性质(Cutter，2006；Portes et al.，2009)。然而，壳聚糖对湿度很敏感，所以它的自然存在形态不具有实用性(Cutter，2006)。白蚁冢内部复杂的网络隧道和通风系统，对现代建筑的内部空气质量、温度和湿度的有效调节有着重要的参考价值。借鉴自然或直接模仿自然来解决人类的问题，称为**生物拟态或仿生**。

文化昆虫学，是昆虫学的一个分支，是科学地研究昆虫对人类文化(如语言、文学、艺术和宗教)的影响(信息栏 2.3)(Hogue，1987)。它展现了昆虫在文学(尤其是儿童读物)、电影和视觉艺术方面发挥的作用，以及昆虫在收藏界、装饰界带来创造性表现的灵感上重要的地位。

信息栏 2.3　文化昆虫学的案例[1]

1. 鉴赏性昆虫

昆虫是一类令人着迷的动物。人们可以轻易地捕捉到它们并将它们长期存放。某些属和种的昆虫，主要是甲虫和蝴蝶，它们有着五颜六色的外表，所以成为了收藏对象。其中具有商业价值的昆虫大部分来自少数的几个蝴蝶科和甲虫科。大多数鉴赏性昆虫来自野外捕捉活动，但也已经有一些农场人工养殖并贩卖普通蝴蝶的蛹。昆虫爱好者养殖昆虫也成为近些年(最多几十年)来的趋势。然而昆虫标本的市场和收藏者的人数却好像正在衰减。

公共场所(如动物园和蝴蝶公园)偏爱那些大型的、吸引人的蝴蝶种类。这些蝴蝶一般在热带国家饲养，它们的蛹被船运到世界各地[2]。每一只蛹的单价很低，从几美分到几美元不等。这些饲养场会雇佣劳动力并给当地人带来收入。在巴布亚新几内亚，政府积极地鼓励饲养一些外形似鸟类翅膀的鸟翼凤蝶属内奇异的蝴蝶，作为当地农民的收入来源。

在原产地人们通常不会饲养甲虫和其他某些昆虫，但世界上一些私人的职业昆虫饲养者会饲养它们。日本和中国台湾有大型的甲虫(主要是锹甲科、花金龟科和犀金龟科)饲养社团，它们拥有工业规模的饲养设备、一些位于大城市的昆虫商店和许多论述甲虫生长的杂志。不过在昆虫原产地饲养这些昆虫具有天然的优势，如有着适合昆虫生长的场所。

对于这些鉴赏性昆虫来讲，主要的阻力来自法律部门。随着森林的减少和有些种类日益灭绝，越来越多的物种被禁止交易。其次是来自社会公众层面：昆虫收集者并没有一个好的名声。人们指责他们常常搜集外来的物种和活的动物并将它们装在笼子里当作宠物。此外，人们对于有扩散危险的物种的恐惧使这些物种出入国境时变得非常麻烦。在这种环境下，鼓励或创建一个国内代理可能比较好，就像巴布亚新几内亚一样来调控昆虫交易和保证昆虫养殖者的收入水平，也会促使人们保护自然森林。

一旦上述措施实施的话，人们会惊讶地发现鉴赏性昆虫是如此容易饲养。鉴赏性昆虫饲养者可以提供关于优良的食用昆虫品种建议，如犀金龟科幼虫，每只可以长到 200g。水生甲虫可以在未成熟阶段和成年阶段被交易(Ramos Elorduy et al.，2008)。有些花金龟科的物种具有较高的繁殖率和生长率，尤其是它们的幼虫含有大量的蛋白质，因此有作为人类食品的潜力。但是幼虫

---

1 这个信息栏中鉴赏性的昆虫由 Benjamin Harink 提供。

2 蝴蝶农场的列表，请参阅蝴蝶参展商的国际协会。

所含蛋白位于柔软的体壁中，含少量的壳聚糖需要去除。然而鉴赏性昆虫最大的优点在于它们以堆肥和分解植物材料为生，如蘑菇种植厂产出的废弃菌糠。蘑菇收获后留下的废弃菌糠是生产蛋白质的甲虫幼虫的理想食物。并且它们不会与人类争夺食品资源。另外，幼虫的排泄物是植物优良的有机肥料(虫粪基人工土壤*)并能增加土壤湿度。昆虫爱好者和对昆虫作为食品感兴趣的人们之间的亲密合作是令人满意的，希望未来会有新的和更适合的物种被人们发现。

2. 唱歌的蟋蟀

在亚洲文化甚至一些西方社会中，将蟋蟀作为宠物已经有几百年的历史了。昆虫第一次在文献中提及可以追溯到公元前600年古希腊的一首短诗中。诗中提到了一个年轻的女孩和她垂死的蟋蟀宠物。自那以后，描述蟋蟀的此类诗歌越来越多，尤其是描述蟋蟀歌声的(Weidner，1952)。

在中国，2000 多年以前，蟋蟀就成为了家庭的宠物。在唐朝时期(公元618～906年)，人们将蟋蟀放在笼中听它们唱歌：

“每至秋时，宫中妇妾辈，皆以小金笼捉蟋蟀，闭于笼中，置之枕函畔，夜听其声。庶民之家皆效之也。”——《开元天宝遗事》(公元742～759年)**

3. 斗蟋蟀

在中国，斗蟋蟀作为一种流行运动盛行于宋朝(公元960～1278年)。清朝时(公元1644～1911年)这项活动被官方禁止，从而转入私下进行。今天斗蟋蟀又重新流行起来，尽管只是在上海、北京、天津、广州和香港这些大城市才有相关的俱乐部和社团。随着中国人不断移居国外，在纽约和费城等地也可以看到斗蟋蟀的活动(Xing-Bao and Kai-Ling，1994)。

然而，斗蟋蟀也有不利的一面：过度搜集已经导致了明显的问题。仅在上海就有30万～40万蟋蟀迷，并且其中90%的人喜欢拿斗蟋蟀进行赌博。在中国大城市附近蟋蟀已经明显减少。据报道，收藏家甚至为了寻找蟋蟀而破坏了郊区的菜地。更多的信息请参考Ryan(1996)和 Costa-Neto(2003)***。

资料来源：Jin，1998。

---

* 译者注：虫粪基人工土壤，是指以不同虫粪沙的有效成分和植物营养吸收规律为依据，以虫粪沙为主要原料，配以大量或微量元素，进行加工而成的有机肥料。

** 译者注：宁阳县是山东省泰安市的下辖县。宁阳蟋蟀历史悠久，早在《诗经》中就有“蟋蟀在堂，十月入我床下”的记载。古代被誉为“江北第一虫”。宁阳蟋蟀的特点一是品种多，质量好；二是性情刚烈，搏斗凶狠，强悍而善斗。

*** 译者注：直到现在，在山东济南、泰安等大多数城市，每至深秋季节仍以小笼蓄蟋蟀和蝈蝈销售于农贸市场，并有专业人员从事这一经济领域。

2.2　世界各地的食虫习俗

2.2.1　已确定的可食用昆虫数量

全世界食用昆虫的准确数字难以准确提供，有几个原因。非昆虫专业人士很难根据林奈系统分类法来描述一种昆虫，这增加了官方统计难度。在许多文化中相同的昆虫种类有不止一个名称，使事情变得更加复杂。通过使用唯一的拉丁学名和校正的同义词，瓦赫宁根大学研究中心的 Yde Jongema 利用 2012 年 4 月之前的文献列了 1900 种西方国家和温带地区的食用昆虫清单。还有其他一些统计数据，但专项研究较少。DeFoliart(1997)统计了 1000 种，而 Ramos Elorduy 记载了至少 1681 种。有人做了区域性和国家内的统计。van Huis(2005)对非洲的 250 种食用昆虫进行了分类；Ramos Elorduy 等(2008)罗列了墨西哥的 549 种食用昆虫[然而 Cerritos(2009)仅仅罗列了 177 种]；在中国，陈晓鸣等描述了 170 种；Young-Aree 和 Viwatpanich 报道了在老挝、缅甸、泰国和越南的 164 种；Paoletti 和 Dufour(2005)统计了亚马孙河流域的 428 种。

2.2.2　可食用昆虫的主要类群

总体上讲，最普遍的食用昆虫[1]是甲虫(鞘翅目，约占 31%)(图 2.1)。这并不

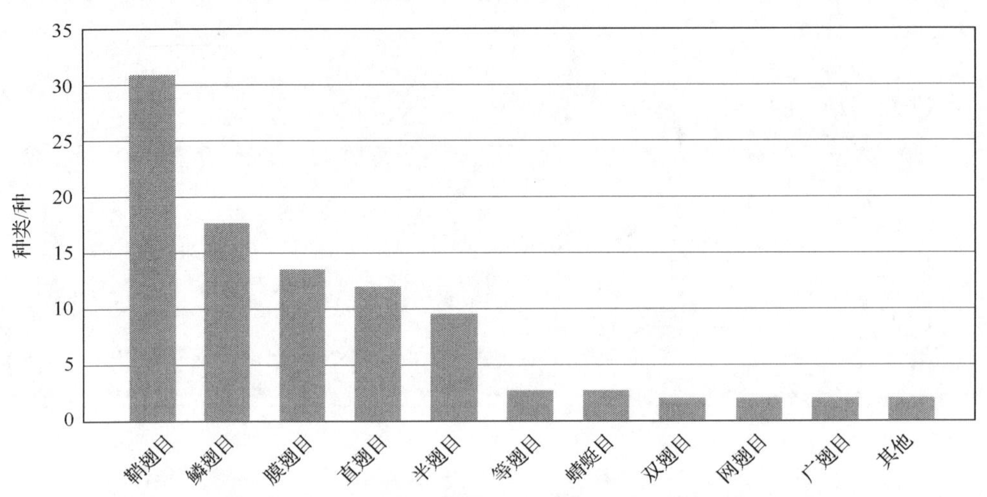

图 2.1　世界日消耗可食用昆虫的种类

总数=1909

资料来源：Jongema，2012

1 这不应该和在一个确定的组织中食用昆虫的频率混淆。

令人奇怪，因为这个目内的种类占已知昆虫种类的40%。人们消费的毛虫(鳞翅目)数量约占18%，并且毛虫在撒哈拉沙漠以南的非洲地区非常受欢迎(信息栏2.4)。蜜蜂、胡蜂和蚂蚁(膜翅目)消费排在第三位，约占14%(这些昆虫在拉丁美洲非常常见)。其次就是蚱蜢、蝗虫和蟋蟀(直翅目，约占13%)；蝉、叶蝉、稻飞虱、介壳虫和蝽蟓(半翅目，约占10%)；白蚁(等翅目，约占3%)；蜻蜓(蜻蜓目，约占3%)；苍蝇(双翅目，约占2%)；其他目昆虫，约占5%。鳞翅目昆虫如毛虫整个生活史中的不同阶段都可被食用，而膜翅目昆虫被食用的通常是它们的幼虫和蛹。鞘翅目的成虫和幼虫都可被食用，而直翅目、同翅目、等翅目和半翅目昆虫多在成虫期被食用(Cerritos，2009)。

信息栏2.4 地域性昆虫多样性示例：中非共和国的可食用昆虫

不同地区、不同国家和不同群体间消费食用昆虫的种类有着相当大的多样性。例如，在中非共和国有96种昆虫被食用。人们食用最多的是直翅目(蝗虫和蚱蜢，约占40%)，其次是鳞翅目(毛虫，约占36%)、等翅目(白蚁，约占10%)、鞘翅目(甲虫，约占6%)，以及其他种，如蝉和蟋蟀，约占8%。

资料来源：Roulon-Doko，1998。

鞘翅目 Coleoptera(甲虫)

此目含有多种可食用的甲虫，包括水生甲虫/蛀木幼虫和金龟子(幼虫和成虫)。Ramos Elorduy、Pino和Martínez-Camacho(2009)列出了78种水生食用昆虫，主要包括龙虱科、豉甲科和水龟甲科。通常只有这些昆虫的幼虫可食用。到目前为止，在热带地区最受欢迎的食用昆虫是棕榈象甲，属于隐喙象属(*Rynchophorus*)，是分布于整个非洲、南亚和南美棕榈树的主要害虫：腓尼基棕榈象甲(*R. phoenicis*)分布在热带和赤道附近的非洲(信息栏2.5)；红棕象甲(*R. ferrugineus*)生活在亚洲

信息栏2.5 声音在采集昆虫上的应用

在喀麦隆，女人通常从事采集甲虫幼虫劳作。她们通过将耳朵贴在树上倾听幼虫啃食树木的声音，以此寻找幼虫。这种方法通常用来判断甲虫的发育时期，从而选择最佳的采集时期。而在刚果民主共和国，这种方法通常用来从腐烂的或活着的油棕树、酒椰树、欧洲矮棕树和棕榈椰树中采集象甲、天牛和金龟子等昆虫的幼虫(Ghesquière，1947)。

资料来源：van Huis，2003b。

(印度尼西亚、日本、马来西亚、巴布亚新几内亚、菲律宾和泰国)；而美洲棕榈象甲(*R. palmarum*)位于热带的美洲(中美洲、西印度群岛、墨西哥和南美洲)。

在荷兰，拟步甲科粉甲属的幼虫，如黄粉虫(面包虫)、黑粉虫和大麦虫是爬行动物、鱼和鸟类宠物的饵料。其中某些种类适合作为人类食品并在一些专门的商店里作为人类食品出售。

鳞翅目 Lepidoptera(蝴蝶与蛾类)

人们一般多食用蝴蝶和蛾类的幼虫(如毛虫)，但也会食用其成虫。有报道称，澳大利亚土著居民食用夜蛾科地老虎属的布冈夜蛾(*Agrotis infusa*)(Flood，1980)。在老挝，人们会食用去除翅膀和附肢的天蛾(*Daphnis* 和 *Theretra*)(J. Van Itterbeeck，私人通信，2012)。然而这种行为却是有限的。

可乐豆木毛虫(*Imbrasia belina*)无疑是最流行的和具有重要经济意义的食用毛虫。在安哥拉、博茨瓦纳、莫桑比克、纳米比亚、南非、赞比亚和津巴布韦特有的可乐豆木林地内，毛虫的栖息地约为 384 万 km^2(FAO，2003)。据估计，在南部非洲，每年收获 9.5 亿可乐豆木毛虫，总价值 8500 万美元(Ghazoul，2006)。人们也会食用其他的毛虫，但相对较少。Malaisse(1997)在刚果民主共和国、赞比亚和津巴布韦境内共找到 38 种不同的毛虫。Latham(2003)记载了刚果民主共和国西部下刚果省的 23 种可食用毛虫。

毛虫的采集并不是非洲特有的。在亚洲，竹毛虫也被称为竹螟、竹虫，是一种非常受欢迎的食品。泰国农业部下属林业部门鼓励发展这种收入持续增加的行业(Yhoung-Aree Viwatpanich，2005)。在墨西哥恰帕斯州，当地人食用 27 种毛虫(信息栏 2.6)。

信息栏 2.6　龙舌兰虫

红龙舌兰虫(*Comadia redtenbacheri* 的幼虫)和白龙舌兰虫(*Aegiale hesperiaris* 的幼虫)生长在墨西哥中部的龙舌兰树叶片上。在幼虫完全成熟时，富含营养的毛虫被墨西哥农民视为美味。它们经过油炸或焖炖，蘸上辣酱油，和玉米饼一起食用。和龙舌兰象甲(幼虫)一样，红龙舌兰虫也在墨西哥瓦哈卡州被发现并制成一种瓶装的龙舌兰酒(一种蒸馏酒，原料为龙舌兰植物，红色龙舌兰虫生活在这种植物上)。这种酒非常受欢迎，以至于在雨季期间酒厂主需要派遣保安来阻止偷猎者进入龙舌兰种植园。

资料来源：Ramos Elorduy et al.，2007。

膜翅目 Hymenoptera(黄蜂、蜜蜂和蚂蚁)

在世界的许多地方蚂蚁都是备受推崇的美味佳肴(Rastogi，2011；Del Toro et

al.，2012）。尽管蚂蚁也有负面作用，但它们更具有重要的生态功能，包括促进养分循环和作为果园害虫的天敌（Del Toro er al.，2012）。编织叶蚁（*Oecophylla* spp.）在各种作物（如芒果）上发挥生物控制的作用。蚂蚁中生殖个体的幼虫和蛹（蚁后幼虫），又称蚁卵，是流行于亚洲的食品（参见第 4.5.1 节）。在泰国，编织蚁的幼虫和蛹以罐装形式销售。Shen 等（2006）报道了黑色编织叶蚁（*Oecophylla* spp.）在中国西南部、孟加拉国、印度、马来西亚和斯里兰卡的广泛分布。在中国市场的营养保健品中黑色编织叶蚁常作为营养成分。中国国家食品药品监督管理总局及国家卫生和计划生育委员会数据显示，自 1996 年以来含蚂蚁的保健产品有 30 多种。

在日本，当地人食用小黄蜂（*Vespula* 和 *Dolichovespula* spp.）的幼虫并称其为 hebo。在一年一度的 Hebo Festival 上，小黄蜂幼虫制成的食品（Nonaka et al.，2008）供不应求，需要从澳大利亚和越南进口来满足人们的需求（K. Shono，私人通信，2012）。信息栏 2.7 提供了关于蜜蜂的背景资料。

信息栏 2.7　世界各地的养蜂业

尽管蜜蜂对自然和农业的贡献已经广为人知（Bradbear，2009），但是对它们可以直接食用的认识却甚少（Chen et al.，1998）。少数几项研究表明，蜜蜂的各个形态（卵、幼虫和蛹）和一些蜂科的成虫都可食用，包括蚕蛾科（Bombycidae）、Meliponidae 和蜜蜂科（Apidae）（Banjo et al.，2006；Ramos Elorduy，2006）。Finke（2005）做的一个综合的营养分析表明，蜜蜂幼体（基于意大利蜜蜂）含有丰富的氨基酸、必需矿物质和维生素 B。

筑巢的昆虫，如蜜蜂，可以过半养殖的生活：如蜜蜂可被吸引至特定的地点筑巢，并且它们的人工蜂巢可以更接近自然蜂巢。这些技术长久以来已在世界范围内广泛应用（DeFiliart，1995）；在中美洲，可以追溯到玛雅文明时期（Villanueva et al.，2005）。Coletto-Silva（2005）描述了为采集麦蜂属蜜蜂（*Melipona* spp.）而在其聚居地发展无刺蜂的一个独创性的想法，通过没有被毁坏的树木主干，树是开放式的，在蜜蜂原发地收集，以及用天然树脂将树干重新封闭。

关于蜜蜂的更多知识：

- 在泰国北部黄蜂和蜜蜂是最重要的食用昆虫。各种发育阶段的蜂在当地的饮食中均很常见，市场需求量很大，所以通常它的价格很高（Chen et al.，1998）。
- 在马维拉，养蜂盈利是种植当地主食作物玉米的 3 倍以上（Munthali and Mughogho，1992）。
- 在澳大利亚，本地无刺蜂蜂巢（简称为蜜袋或糖袋）是最受当地人欢迎的糖源（Cherry，1991；O'Dea et al.，1991）。

2002 年，Ramos Elorduy 和 Pino 在墨西哥 Chiapas 的一项调查表明，此州大部分(67%)可食用昆虫种类属于膜翅目。其中两种切叶蚁(*Atta mexicana* 和 *A. cephalotus*)的生产越来越商业化。此州以南的印第安人也有关于食用切叶蚁属蚂蚁的记载(Dufour，1987)。切叶蚁属的种群有 100 万以上工蚁，有的可高达 700 万。在新热带区，它们对植物的影响可与非洲大草原的大型食草哺乳动物相比。因此，一个切叶蚁群落被认为相当于一头牛(Hölldobler and Wilson，2010)。

直翅目 Orthoptera(蝗虫、蚱蜢、蟋蟀)

全球消费的蝗虫大约为 80 种，其中大部分蝗虫种类是人类可食用的。因为蝗灾时常发生，所以人们很容易收获蝗虫。在非洲，人们食用沙漠蝗、飞蝗、红色蝗虫和棕色蝗虫。然而作为农业害虫，蝗虫会遭到政府或农民个人喷洒的杀虫剂处理。例如，在科威特国内的蝗虫食品中检测到了相对高浓度的有机磷农药残留(Saeed et al.，1993)。

人们在温度较低的早上(昆虫这类冷血动物此时活动相对较慢)捕捉蚱蜢和蝗虫。在马达加斯加有一种俗语：“怎么可能一边睡觉一边捉蚂蚱呢？”(“想要捉蚂蚱就要起得早”)，因为蚱蜢(*Sphenarium* 的可食用蝗虫)在温度高时太活跃而难以捕捉(Cohen et al.，2009)，所以在哈瓦那，人们在凌晨 4～5 点捕捉蚱蜢(Cerritos and Cano-Santana，2008)。

蝗虫在西非国家尼日尔当地市场或路边摊上出现是很平常的事情。有趣的是，研究者发现在种植蜀黍地区，蝗虫的市场价格比蜀黍还要高(van Huis，2003b)。

蚱蜢是拉丁美洲最著名的食用蝗虫，它已成为几个世纪以来当地菜单的一部分，并且在墨西哥的一些地方仍能吃到。瓦哈卡州的山谷是食用蚱蜢有名的地区。将蚱蜢洗净，蘸一点油，撒一点盐，跟大蒜和柠檬一起烤；这样的吃法在哈瓦那地区的城市和乡村都非常流行(Cohen et al.，2009)*。蚱蜢是短翅的，它的翅膀是退化的、无功能的。*Sphenarium purpurascens* 是苜蓿田中的害虫，但也是墨西哥重要的食用昆虫之一。捕捉者用没有把手的圆锥形的网(直径约 80cm，深约 90cm)轻轻拍打苜蓿来捕捉蚱蜢。平均每户每周可以捕捉到 50～70kg 蚱蜢(Cerritos and Cano-Santana，2008)。蚱蜢在当地小规模市场上、餐厅和出口市场都占了可观的份额。虽然蚱蜢具有营养和文化价值，但最近研究发现，蝗虫体内含有高浓度的、有时甚至是危险浓度的铅(Cohen et al.，2009)。

在亚洲，野外的双斑蟋蟀(*Gryllus bimaculatus*)、乌头眉纹蟋蟀(*Teleogryllus occipitalis*)和白缘眉纹蟋蟀(*T. mitratus*)被捕捉作为食品食用。家养的蟋蟀一般被

---

* 译者注：在山东省寿光市，历史上即有制作蝗虫酱的习俗。目前，山东农业大学新农人大学生创业团队将现代科学知识与传统工艺发掘相结合，已经推出了蝗虫酱新品，制作工艺如下：清洗虫体—油炸—粉碎—发酵—加配料(葱花、花生、辣椒、食盐等)—混匀—灌装—灭菌—成品。

用作饲料和食品食用。尤其在泰国，因为蟋蟀身体较软，所以人们比较偏爱食用。2002年在泰国的一项研究表明，76个省中有53个建有蟋蟀饲养场(Yhoung-Aree and Viwatpanich，2005)。截至2012年，泰国大约有20 000人从事蟋蟀饲养工作。此外，还有一种短尾蟋蟀(*Brachytrupes portentosus*)，头大体阔，也是流行的昆虫食品。然而，这种蟋蟀无法人工饲养，因此只能在野外捕捉(Y. Hanboonsong，私人通信，2012)。

尽管人们对饲养昆虫进行了大量实践，但是被商业化养殖的只有两种食用蟋蟀：双斑蟋蟀(*Gryllus bimaculatus*)和家蟋蟀(*Acheta domesticus*)。其他蟋蟀，如花生大蟋(*Tarbinskiellus portentosus*)，由于它们生活周期长而无法饲养。然而在老挝和柬埔寨这一问题有改变的迹象：销售者称消费者更喜欢饲养的蟋蟀，因为它们比野外的蟋蟀更好吃(P. Durst，私人通信，2012)。

同翅亚目 Homoptera(蝉、叶蝉、飞虱和介壳虫)，半翅目的一个亚目

在马拉维，几种蝉(*Ioba*、*Platypleura* 和 *Pycna*)是十分受欢迎的食品。人们用顶端含胶水类似物(如纳塔尔榕树的胶乳)的长芦苇或长草来粘住树干上的蝉。胶乳可以粘住蝉的前翅或后翅，而前翅或后翅会在食用前被去除。有些同翅目昆虫的产品可食用，如胭脂洋红染料(一种亮红色颜料，又称E210)。从仙人掌胭脂虫中提取用于食品中。人们也食用一种昆虫蜜，一种结晶化的糖(木虱幼虫保护性外壳的组成成分)。例如，在南非，人们食用以可乐豆木树(*Colophospermum mopane*)韧皮部汁液为食的木虱(*Arytaina mopane*)。澳大利亚含有大量 *Eucalyptus* 的木虱可以分泌昆虫蜜。澳大利亚的当地人将其作为甜食的来源(Yen，2005)。关于昆虫蜜的信息请见第2.4.3节。

异翅亚目 Heteroptera(蝽)，半翅目的一个亚目

在撒哈拉以南的非洲，尤其在南非，人们普遍食用蝽蟓(见2.4.4节)。在苏丹，蝽蟓是造成旱地高粱歉收的害虫。人们一般将其烘烤食用。人们也会从这些昆虫中提取油用于食用或治疗骆驼的斑点病(van Huis，2003a)。

然而大多数食用蝽蟓是水生的。著名的墨西哥鱼子酱中含有至少7种[1]水生半翅目昆虫卵。这些昆虫养殖是墨西哥几个世纪以来的支柱产业(信息栏2.8)。这种养殖方式采用简单且成本低的传统方法(Parsons，2012)(见第4章)，然而重度污染和干涸的水体正在使这种养殖方式面临威胁(Ramos Elorduy，2006)。

1 *Corisella mercenaria*(Say)、*C. texcocana*(Jacz)、*Krizousacorixa femorata*(Guér)、*K. azteca*(Jacz)、*Graptocorixa abdominalis*(Say)、*G. bimaculata*(Guér)(Hemiptera-Corixidae)和 *Notonecta*(Hemiptera-Notonectidae)。

信息栏 2.8　墨西哥“鱼子酱”

在 *Historia de las cosas de la Nueva España* 中，Sahugan（1557）陈述了皇帝蒙特祖玛和在他之前 10 世纪的阿兹特克国王的朝廷，墨西哥鱼子酱只用于祭神的仪式上。为了让君主早餐吃到新鲜的鱼子酱，当地人跑着将鱼子酱从特斯科(Texcoco)送到特诺奇蒂特兰城(Tenochtitlan)。当地人称墨西哥鱼子酱为 aguaucle，意为“水中的种子”。Sahugan 记载墨西哥鱼子酱是由苍蝇在死水中产下的大量的卵制成，并在特斯科及其周边村庄的市场上销售。

资料来源：Bachstez and Aragon，1945。

等翅目 Isoptera(白蚁)

大白蚁属(*Macrotermes*)白蚁是最常见的食用白蚁。在旱季末期的第一场雨后，有翅的白蚁会从白蚁巢附近的洞中出现。van Huis(2003b)发现非洲的当地人通过拍打白蚁冢附近的地面(模拟暴雨)刺激白蚁出现。

Syntermes 白蚁是亚马孙河流域最大的食用白蚁。人们将棕榈叶伸入蚁巢的通道中，待兵蚁上来撕咬后，将棕榈叶取出来收集白蚁(Paoletti et al.，2003；Paoletti and Dufour，2005)。更多的信息请参见第 2.3.3 节。

2.2.3　可食用昆虫的季节性和地区性

有关昆虫在世界范围内消耗频率的记载十分缺乏。文献中只有几个来自非洲、亚洲和拉丁美洲的例子。

非洲

非洲大陆广泛分布着大量的昆虫。当主食缺乏时，昆虫就成为了重要的食品来源。在雨季，当狩猎和捕鱼遇到困难时，昆虫在食品供应中就会起到重要作用。毛虫在雨季尤其受欢迎，尽管它们在同一国家内的种类和数量随着气候条件改变而改变(Vantomme et al.，2004)。表 2.1 表明了中非国家毛虫数量的季节性变化。

Takeda 和 Sato(1993)记载了季节性昆虫和它们的消费情况。一项关于刚果民主共和国热带雨林的研究，描述了人们在获得季节性食品方面的非凡智慧：种植或养殖的、野外采集或捕捉的植物、蘑菇、野兽、鸟类、鱼、爬行动物类和昆虫。一项关于该国更早的研究表明，毛虫的食用与捕鱼和狩猎活动减少有相当的关联(Pagezy，1975)(图 2.2)。

刚果民主共和国的首都金沙萨的市场上常年有丰富的毛虫供应。每个家庭每周可消耗约 300g 毛虫。据估计，金沙萨每年消耗约 96t 毛虫(Kitsa，1989)。到目前为止，可乐豆木毛虫的消耗超过了其他毛虫。金沙萨的 800 万居民中约有 70%因为其营养价值和口味而食用毛虫(Vantomme et al.，2004)。

表 2.1 中非毛虫的丰度

国家	省份	1月	2月	3月	4月	5月	6月	7月	8月	9月	10月	11月	12月
CAR							+	+	+	+			
Cameroon								+	+	+	+		
DR Congo	East Kasaï						+	+					
	West Kasaï							+	+	+			
	Bandundu									+	+	+	+
	Kinshasa									+	+	+	+
Rep.du Congo	Sangha								+	+			
	Likoula								+	+			
	Brazzaville										+	+	+
	Pool	+											
	Plateaux	+											

资料来源：Roulon-Doko，1998。“+”表示在这个月份存在毛虫。

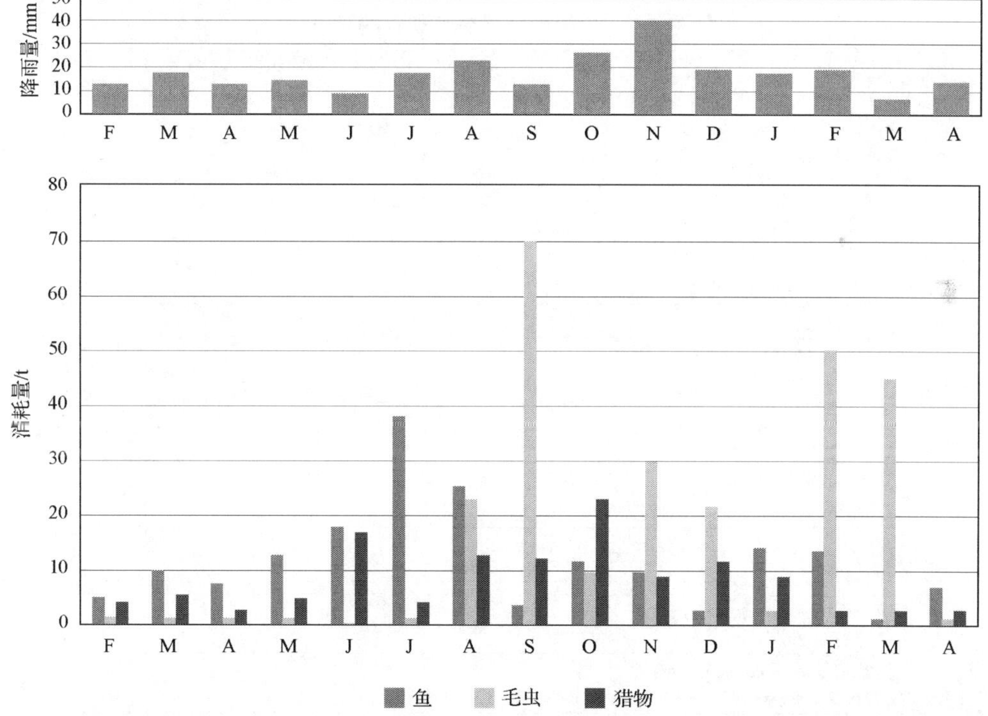

图 2.2 刚果民主共和国 Tumba 连续 15 个月的月最大降雨量与月消耗鱼、毛虫和猎物量

资料来源：Pagezy，1975

在中非共和国毛虫成为了雨季(7～10 月)人们(尤其是俾格米人)重要的蛋白质来源 (Bahuchet，1975；Bahuchet and Garine，1990)。在雨季，平均每人每天

食用 42 条新鲜的毛虫。在一年的其他日子里，尽管昆虫经过干燥或烟熏后可以全年食用，但人们食用得非常少(图 2.3)。据记载，当地的巴亚人，食用 96 种不同的昆虫。这相当于他们蛋白质摄入量的 15%(Roulon-Doko，1998)。

在某些地方，昆虫的消费与主食的产量相关。在马达加斯加，旱季末期水稻的消费下降而毛虫的消费增加(Decary，1937)。当地人在旱季末期从森林树木上采集毛虫。毛虫干燥后可以储存到食物短缺时。在非洲南部人们在一年中的食物匮乏期普遍采食帝王蛾幼虫(天蚕蛾科)。

亚洲

在东南亚地区有 150～200 种昆虫被食用。西米椰子树(*Metroxylon sagu*)上的红棕象甲(*Rhynchophorus ferrugineus*)风靡大陆，在某些地区是一种非常珍贵的美味(Johnson，2010)。有些昆虫，包括许多水生昆虫，全年都可被食用；而有些昆虫则只在某一季节可被食用。表 2.2 显示的是老挝国内某些昆虫一年内的可食用时期。在缅甸、泰国和越南，人们全年从各栖息地中采集各种昆虫种类。这样可使人们得到稳定的食用昆虫供应(Yhoung-Aree and Viwatpanich，2005)(表 2.3)。

表 2.2　老挝食用昆虫可获取的月份

栖息地	俗名(学名)	1月	2月	3月	4月	5月	6月	7月	8月	9月	10月	11月	12月
水栖	水蝎(*Laccotrephus* sp.)(蝎蝽科 Nepidae)	+	+	+	+	+	+	+	+	+	+	+	+
	龙虱(*Cybister* sp.)(龙虱科 Dytiscidae)	+	+	+	+	+	+	+	+	+	+	+	+
	牙甲(*Hydrophilus* sp.)(水龟虫科 Hydrophilidae)	+	+	+	+	+	+	+	+	+	+	+	+
	蜻蜓的幼虫	+	+	+	+	+	+	+	+	+	+	+	+
	田鳖(*Lethocerus indicus*)(负子蝽科 Belostomatidae)	+	+	+	+	+	+	+	+	+	+	+	+
陆栖	蟋蟀(*Tarbinskiellus portentosus*)(=*Brachytrupe sachatinus*)(蟋蟀科 Gryllidae)										+	+	+
	介壳虫(*Drosicha* sp.)(绵蚧科 Monophlebidae=珠蚧科 Margarodidae)	+	+	+									
	金龟子(金龟亚科 Scarabaeinae)	+	+	+	+	+						+	+
树木/灌木	蝉(蝉科 Cicadidae)			+	+	+							
	织叶蚁(*Oecophylla smaragdina*)(蚁科 Formicidae)			+	+	+							
	臭蝽(*Tessaratoma quadrata*)(蝽科 Pentatomidae)				+	+	+						
	金龟甲(齿爪鳃金龟)(*Holotrichia* sp.)(金龟甲科 Scarabaeidae)				+	+	+						
	蚱蜢(直翅目 Orthoptera)					+	+	+	+	+			
	竹虫(*Omphisa fuscidentalis*)(螟蛾科 Pyralidae)							+	+	+	+		

资料来源：Nonaka，2010

表 2.3 泰国食用昆虫可获取的月份

月份	昆虫
1月	蚱蜢、金龟甲、弄蝶
2月	红蚂蚁成虫、蜣螂、圣甲虫、蝽蟓
3月	蝉、白蚁、粪金龟
4月	粪金龟、蝗虫
5月	蟋蟀
6月	田鳖、吉丁虫、龙虱
7月	仰泳蝽、沼梭甲、豆娘、蜘蛛
8月	大黄蜂、胡蜂、甲虫
9月	独角仙、蜘蛛
10月	蟋蟀
11月	星天牛
12月	蝼蛄、水生甲虫、牙甲、水蝎子甲虫

资料来源：Yhoung-Aree and Viwatpanich，2005

如今许多亚洲国家的食虫文化是移民的结果。例如，昆虫一直在泰国东北部的饮食中占有重要地位，但是随着劳动力向南部旅游区包括曼谷的转移，食用昆虫行为扩散到了整个泰国(Yen，2009)。据估计，有 81 种昆虫在农村和城市都被食用。此外，南亚(印度、巴基斯坦和斯里兰卡)食用昆虫种类超过 50 种，在巴布亚新几内亚和太平洋群岛食用昆虫种类超过 39 种，而在东南亚则有 150～200 种昆虫被食用(Johnson，2010)。

拉丁美洲

在墨西哥，当地人拥有丰富的关于传统饮食里的植物和动物知识，包括昆虫的生活史(Ramos Elorduy，1997)(信息栏 2.9)。昆虫已被当地人“历法化”，因为人们认为昆虫和自然现象协调运转，如植物生活史、月亮的圆缺、雨季和雷电。例如，在土著人中广为人知的是，千里光开花的时节是准备收获蚂蚁幼虫的时刻。在哈瓦那、墨西哥，随着雨季的到来，人们开始收获毛虫并持续整个雨季。在亚马孙，昆虫收集也具有季节性。住在亚马孙河流域西北部巴西境内的热带雨林中的狩猎者，马库印第安人部落，在捕鱼和打猎困难的雨季(7～9 月)会以收集昆虫为生(Milton，1984)。在哥伦比亚的亚马孙河流域，奴卡部落在雨季采集隐喙象属的幼虫(Politis，1996)。

信息栏 2.9　墨西哥 Los Reyes Metzontla Puebla 地区波波洛卡人的野生食物摄入量

食物可获取量

野生食物为波波洛卡人提供了重要的饮食补充，特别是在玉米和大豆的储量缺乏时（表 2.4）。野生植物和昆虫主要是在雨季获得，时间为 4～10 月，且在玉米和大豆收获之前。野生食物一般是波波洛卡人耕作时在农田收集的。例如，在 5 月，可收获几种仙人掌科水果，如 chende（*Polaskia chende*）、墨西哥仙人掌（*Polaskia chichipe*）、xoconostle（*Stenocereus stellatus*）、火龙果（*Stenocereus pruinosus*）和仙人掌（*Opuntia depressa*），还有昆虫，如蝽蟓（Stink bugs）、白龙舌兰虫（*Aegiale hesperiaris*）和切叶蚁（*Atta mexicana*）。大多数昆虫（约 60%）2～9 月均可获得，约 40%的昆虫一年四季都可获得（如黄蜂窝）（图 2.3）。

表 2.4　墨西哥 Los Reyes Metzontla Puebla 地区波波洛卡人食用的昆虫和昆虫产品

月份	昆虫及其产品	食用量
全年	Cazahaute 虫	每个家庭每年食用 2～3 次共 1/4～1/2L
	黄蜂的巢（5 种）	每个家庭每年 1～4 个蜂巢
	意蜂蜂蜜	无参考数据
1 月	全年性昆虫	—
2 月	*Comadia redtenbacheri*	每个家庭每年 1～2 次约 1L
3 月	Mormidea (Mormidea) *Notulata* 和 *Euschistus* sp.	每个家庭每年 1～2 次 1～2L
	Comadia redtenbacheri	每个家庭每年 1～2 次约 1L
	墨西哥荔枝草蜂蜜	每年春天采集一次
4 月	Mormidea (mormidea) *Notulata* 和 *Euschistus* sp.	每个家庭每年 1～2 次 1～2L
	Thasus gigas	每个家庭每年 1～3 次 1/4～2L
	Plebeia mexica honey	每年春天采集一次
5 月	Mormidea (mormidea) *Notulata* 和 *Euschistus* sp.	每个家庭每年 1～2 次 1～2L
	墨西哥荔枝草蜂蜜	每年春天采集一次
	美大弄蝶	每个家庭每季约 50 只幼虫
	墨西哥切叶蚁	每个家庭每年 1/4～1L
6 月	*Aegiale hesperiaris*	每个家庭每季约 50 只幼虫
	Pochocuile	每人每年约 12 只幼虫

续表

月份	昆虫及其产品	食用量
7月	*Aegiale hesperiaris*	每个家庭每季约 50 只幼虫
	Pochocuile	每人每年约 12 只幼虫
8月	*Paradirphia fumosa*	每年一次从每人约 15 只幼虫到每户 3L
	胡椒树蠕虫	每户每年 2～3 次 1/4～1L
9月	*Paradirphia fumosa*	每年一次从每人约 15 只幼虫到每户 3L
10月	全年性昆虫	—
11月	全年性昆虫	—
12月	全年性昆虫	—

资料来源：Acuña et al.，2011

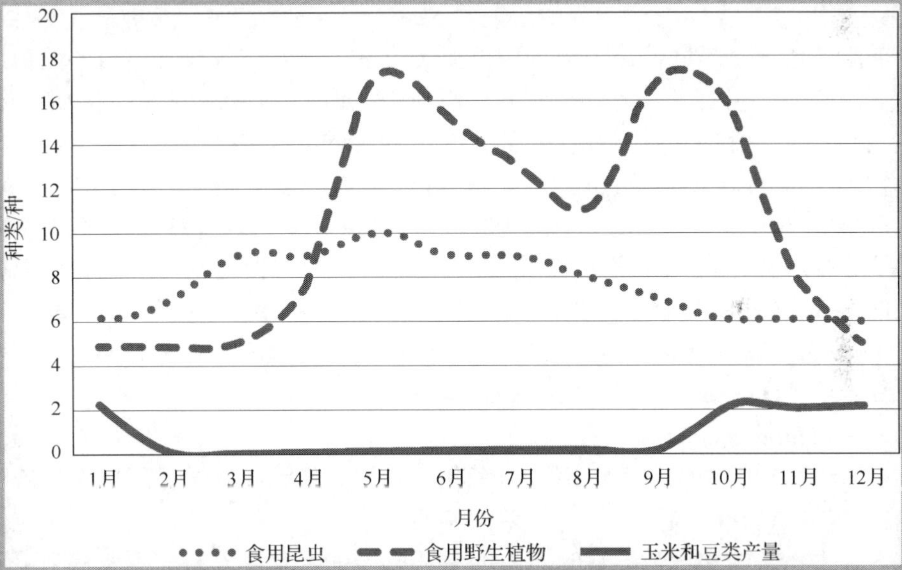

图 2.3 墨西哥波波洛卡人的食用昆虫、野生植物和粮食作物的时间格局

资料来源：Acuña et al.，2011

频率和数量

昆虫被食用的频率和数量取决于 3 个主要因素：气候条件的一致性（影响昆虫的收获量）；个人选择的差异；在其他生计活动（如农业）中偶然遇到某物种的概率大小。

资料来源：Acuña et al.，2011。

在厄瓜多尔高地，*Platycoelia lutescens* 甲虫在 10 月下旬和 11 月初出现在基多的市场上，它们是在冬季雨天被采集到的。位于牧场和草原土壤中的它们较容易被捕捉到。人们认为雨水和雷声引起的振动促使它们的出现(Smith and Paucar，2000)。然而不是所有的昆虫都是在雨季捕捉的。例如，从 9 月到翌年 1 月雨季结束时，人们在委内瑞拉东北亚马孙河收集南美棕榈象甲虫(*Rhynchophorus palmarum*)幼虫和胡须象甲(*Rhinostomus barbirostris*)。事实上，雨水能驱走甲虫成虫，增加真菌侵染的发生(Choo et al.，2009)。

2.3　可食用昆虫的重要种类

本节介绍一些食用昆虫种类，但并非详尽无遗。

2.3.1　毛虫

毛虫是世界上多样性最大的食用昆虫类群之一。它们不仅是宝贵的蛋白质和微量元素资源，也对世界上许多地方人们的生计作出了重要贡献。其中最著名的是澳大利亚对木蠹蛾幼虫[1]的消费食用(Meyer-Rochow，2005)及在泰国和老挝流行的竹虫(*Omphisa fuscidentalis*)。在撒哈拉以南的非洲，吃毛虫是普遍的。所有食用昆虫中 30%是毛虫(van Huis，2003b)。Malaisse(1997)在深入研究的基础上列出了居住在该地区的本巴人(赞比亚东北部高原及邻近地区的刚果和津巴布韦的班图语人)的 38 种食用毛虫。在刚果民主共和国，毛虫占总食用动物蛋白的 40%(Latham，2003)(信息栏 2.10)。在非洲大陆最流行和最有利润的毛虫无疑是可乐豆木毛虫[*Imbrasia*(= *Gonimbrasia*) *belina*]。

豆木毛虫(*Mopane caterpillar*)

在博茨瓦纳、纳米比亚、津巴布韦和南非的北部地区都发现了豆木林地。豆木毛虫就是在这样广阔的栖息地繁荣昌盛的。在一些农村地区，当地有关昆虫的生态学和生物学的知识是丰富的(Mbata et al.，2002)。其分布与主要宿主可乐豆木树(*Colophospermum mopane*)有关。豆木毛虫在许多地区是二化性的，意思是每年发生两代(第一代在 11 月和翌年 1 月之间大暴发，第二代在 3 月和 5 月之间)(Stack et al.，2003；Ghazoul，2006)。

像许多其他食用昆虫一样，豆木毛虫不仅仅是粮食短缺时期食用的“饥荒食品”。虽然粮食短缺时毛虫是重要的营养来源，但它也可以构成正常饮食的一部分(Stack et al.，2003)。

---

1 在澳大利亚的一个术语，用于描述大的、白的、吃木头的[*Xyleutes* (=*Endoxyla*) *leucomochla*]幼虫，这是一种传统的土著美食。

信息栏 2.10　刚果民主共和国对毛虫的说法

“毛虫和肉在人体内发挥同样的作用。”
“作为食品，毛虫是村里的常客，而肉是陌生人。”

资料来源：Muyay，1981。

豆木毛虫的收集、加工、贸易和消费是当地饮食文化的一个组成部分，尤其是边缘人群的生计(Illgner and Nel，2000；Stack et al.，2003)。这些毛虫主要由妇女和儿童手工收集，然后取出内脏，加盐水煮熟并晒干。晒干这些毛虫要持续几个月，在困难时期它们是很有价值的营养来源。毛虫的收获和交易也是许多农村家庭收入的重要来源，这通常是收集毛虫的主要动机(Stack et al.，2003)，比较而言，毛虫往往比传统农作物收入更高(Munthali and Mughogho，1992；Chidumayo and Mbata，2002)。由毛虫收获所得收入为许多家庭购买衣服、学习材料和基本用具提供了资金(Stack et al.，2003；N'Gasse，2004)。因为营养价值和经济回报高，大量的人参与豆木毛虫的收获，他们都愿意在豆木林地里行走数百公里去搜寻这种昆虫(Kozanayi and Frost，2002)。

豆木毛虫的蛋白质含量为 48%～61%，脂肪含量为 16%～20%，其中 40%是必需脂肪酸。这种毛虫也是钙、锌和铁的一个很好来源(Glew et al.，1999；Headings and Rahnema，2002)。关于营养的更多信息参见第 6 章。

2.3.2　棕榈象甲

“Larvae assate in deliciis habentur”(炸幼虫很好吃)——关于 Rynchophorous 在 1758 年 Linneus 的 Systema Naturae 中就有记载。

亚洲(*R. ferrugineus*)、非洲(*R. phoenicis*)和拉丁美洲(*R. palmarum*)是食用棕榈象甲(*Rynchophorous* spp.)幼虫的主要地区。它的美味(Cerda et al.，2001)主要源于高脂肪含量(Fasoranti and Ajiboye，1993)。在热带地区，当存在寄主植物时，害虫一年四季都发生。这些寄主植物大多是贫瘠土地上生长的树木；这就是说，这种树木可能之前已被别的昆虫伤害，特别是犀金龟(*Oryctes* spp.)，或者被用于制作当地传统的棕榈酒(Fasoranti and Ajiboye，1993)。倒下的棕榈树可以作为繁殖场所并且能够维持数百只幼虫的生长；为此，棕榈树经常会被故意砍倒。这种做法在亚马孙的 Yanomamö(Chagnon，1983)和 Jöti Indians(Choo et al.，2009)非常普遍。Van Itterbeeck 和 van Huis(2012)注意到许多土著人对棕榈象甲的生态非常了解，可以通过养殖措施提高其可用性和可预见性。在 Alto Orinoco 村庄的实验已经研究出比传统棕榈树砍伐方法更可持续的提高棕榈象甲的产卵量生产方式（Cerda et al.，2001）。

生态学

棕榈象甲侵染棕榈科植物，其中最重要的有椰子（*Cocos nucifera*）、椰枣（*Phoenix dactylifera*）、西米棕榈（*Metroxylon sagu*）、油棕（*Elaeis guineensis*）和酒椰棕榈（*Raphia* spp.）。对于非洲棕榈象甲，Fasoranti 和 Ajiboye（1993）指出成年雌虫能够将几百只卵产在新叶或者直接产在树干上。象甲幼虫能够钻入棕榈树干中，导致其死亡。生命周期需要 7～10 周。完全伸展的幼虫平均体长 10.5cm、宽 5.5cm、重 6.9g。从棕榈树中抓获幼虫是高强度劳动，往往只能由年轻人完成这一工作（Fasoranti and Ajiboye，1993）。

发现幼虫

在刚果，妇女通常知道收获象甲幼虫、天牛和金龟子的最佳时期，主要发生在非洲棕榈科正在生长或者腐烂的油棕、酒椰棕榈、棕榈和椰子树上（Ghesquière，1947）。她们把耳朵对着树木去听甲虫幼虫咀嚼和穴居发出的声音。这种方法在喀麦隆也用于收获棕榈象甲幼虫（*Rhynchophorus phoenicis*），并在其最适龄时（发育阶段）进行食用（van Huis，2003b）。在中非和美洲也有同样做法的记录。在意大利，森林督察已经知道使用电子收听装置检测红棕象甲早期的侵扰，因为一旦损伤症状变得明显，棕榈树将会死亡（信息栏 2.11）。

信息栏 2.11　红棕象甲

红棕象甲（*Rhynchophorus ferrugineu*）在大多数亚洲国家和中东普遍发生。它在 20 世纪 80 年代作为入侵物种到达地中海，2009 年 8 月摧毁了西西里岛超过 13 000 颗椰枣。甲虫还沿着地中海海岸传播并且入侵到意大利大陆，使树木死亡，最远传播到热那亚的北部。在意大利，其危害对象主要限于观赏植物加拿利海枣。在这个国家和整个地中海地区主要控制方法是系统地使用杀虫剂。

资料来源：Mormino，2009。

食用

棕榈象甲幼虫通常经收集、洗净、油炸之后被食用（Fasoranti and Ajiboye，1993）。由于幼虫有很高的脂肪含量，在煎炸过程中会渗透出来，因此不用加油。常用调味品有葱、胡椒和盐。烧烤也是常见的做法。

在尼日利亚，成人不鼓励孩子吃棕榈象甲幼虫。据认为，这样做是为了防止儿童砍伐棕榈树，以增加可用树干作为繁殖场所，使许多幼虫能在短期内收获，但是这样做会对寄主造成不可挽回的长期损害(Fasoranti and Ajiboye，1993)。保护棕榈树对部落人是十分必要的，因为人们依赖于棕榈树的主要产品，包括棕榈油和棕榈酒。

2.3.3 白蚁

在西方世界，白蚁通常等同于害虫，素以吞噬木材能力而闻名。据说在美国，白蚁每年造成超过 5 亿美元的损失。然而，白蚁是世界许多地方的美味佳肴。它们可作为主菜和配菜，或者去翅、油炸和晒干后直接当成零食被食用(Kinyuru et al.，2009)。

尽管它们经常被误称为蚂蚁或白蚂蚁，但是白蚁与蚂蚁不同，属于等翅目。食用白蚁，通常属于大白蚁亚科(Macrotermitinae)，一般包括旱季末开始的第一场雨之后的白蚁群蜂拥形成的有翅型形式(通常被称为婚飞)。这些有翅型白蚁是未来的蚁王和蚁后。它们可以食用，兵蚁也可以食用。白蚁是已知的有大而精致的巢穴的昆虫；许多种类的巢穴高度能达到 8m，一个巢穴有 100 万个房间，由工蚁、兵蚁、蚁后和蚁王组成。据推测，全球白蚁的生物数量超过人类。

白蚁无法消化纤维素和木质素，所以它们的消化系统中有共生的原生动物和细菌，以消化木材中的纤维素。白蚁借助这种消化副产品与其互利共生。例如，大白蚁亚科的种群在巢穴中使用真菌，有助于消化纤维素和木质素，以获得更多的食物营养来源。该真菌的体外消化系统消化的木质素转换成高质量的寡糖和更容易消化的多糖。反过来，“外包”的白蚁消化纤维素。这种消化释放的甲烷可增加 4%的温室效应(Sanderson，1996)。

蚁后和兵蚁

白蚁中的蚁后被认为是特别重要的美味佳肴，甚至被作为特殊场合预留食品(van Huis，2003b)。其营养价值很高，在乌干达和赞比亚喂食给营养不良的儿童。蚁后平均每天能产 2000 个卵，体长可达 10cm。挖掘蚁后非常费力，而且一旦蚁后没了，蚁群也就死亡了。

食用白蚁种群中的大量兵蚁在中非共和国、刚果民主共和国、委内瑞拉和津巴布韦都有记载(Bequaert，1921；Bergier，1941；Owen，1973；Chavanduka，1976；Roulon-Doko，1998；Paoletti et al.，2003)。它们往往被油炸或捣成饼。例如，在乌干达，有时只吃头部(van Huis，2003b)。兵蚁一般由妇女和儿童进行少量收集(Roulon-Doko，1998)。与有翅型不同，兵蚁在一年的任何时候都能收集。

收集白蚁

收集有翅型白蚁有多种方式。例如，在城市地区，利用趋光性在光源附近设水盆诱集。在农村地区，通常在白蚁堆中间点燃一捆草，有翅型白蚁被火吸引而出现，然后就掉进了挖好的洞中。

在刚果的有些地区，人们把筐倒立在白蚁洞口，这样白蚁就能附着在篮子的底部，当篮子摇动时白蚁就会掉落在洞穴中(Bergier，1941)。除了篮子，也可用棍做成陷阱结构，覆盖香蕉叶、竹芋的大象草及毯子(Bergier，1941；Osmaston，1951；Roulon-Doko，1998)。所有的逃生路线用栅栏隔开，白蚁被迫通过一个单一出口的结构，而飞行白蚁被吸引是因为太阳、月亮、火炬或者火灾发出的光。在出口处放置容器收集白蚁(Harris，1940；Bergier，1941；Ogutu，1986)。Osmaston(1951)描述，乌干达地区，在白蚁出没的洞口放置错综复杂的管道网络并引导至一个容器收集白蚁。也有报道称，连续击打和敲打地面(效仿下雨的效果)也能触发白蚁的出现(Owen，1973；Ogutu，1986；Roulon-Doko，1998)。最近，Ayieko等(2011)正在结合现代技术与本土试验收集白蚁(信息栏 2.12)。

信息栏 2.12　肯尼亚融合传统知识和新技术捕获白蚁

在肯尼亚进行的一项与工业发展协作的研究中发现，在维多利亚湖地区的阿戈拉，构建一个简单的光陷阱和受体能够促进大白蚁 *Macrotermes subhyalinus* 的大量聚集，在社区之间进行食虫实验也提高了食品安全性。

本项研究提出，该地区的教学社区为了最大限度地收集昆虫，充分利用当地的和容易获得的材料来构建陷阱和对不同白蚁种类在当地发生规律的熟练掌握。例如，明确阿戈拉白蚁的发生规律。总之，如要识别潜在活跃的土堆，最大限度地进行收集与评估环境改变内容是同样重要的。融合现代科学与本土实践已经有明确研究，但是深入的研究仍很重要，了解为什么目前世界有如此之多的变异及其他问题。

资料来源：Ayieko et al.，2011。

白蚁的食用和营养价值

白蚁富含蛋白质、脂肪和其他微量营养素。油炸或者晒干的白蚁含有 32%～38%的蛋白质(Tihon，1946；Santos Oliveira et al.，1976；Nkouka，1987)。必需脂肪酸，如亚油酸在非洲地蚁冢的白蚁种群中含量很高，如非洲大白蚁(*Macrotermes bellicosus*)(34%)和 *M. subhyalinus*(43%)(Santos Oliveira et al.，1976)。在委内瑞拉玻利瓦尔共和国，*Syntermes* 物种(如 *Syntermes aculeosus*)中的兵蚁以具有很高的营养价值而著称，其蛋白质含量高达 64%；还含有必需氨基酸，如色氨酸，以及铁、钙和其他微量营养素。

在乌干达，白蚁虽然在香蕉叶中蒸煮，但是它们经常以油炸、晒干或者蒸熏的方式被食用。对白蚁进行晒干或蒸熏，首先要通过蒸煮或者烘烤几分钟来杀死白蚁(Silow，1983)。有时他们用杵和臼将其粉碎成粉末和蜂蜜一起食用(Ogutu，1986)。刚果的阿赞德人和俾格米人用白蚁的脂肪残余物来油炸肉类(Bequaert，1921；Bergier，1941)。俾格米人也使用这种油来治疗他们的身体和护理头发。白蚁油是通过在管内挤压干燥的白蚁提取出来的(Costermans，1955)。在非洲东部许多城镇和村庄，可以在当地市场买到晒干的白蚁(Osmaston，1951；Owen，1973)。晒干的白蚁可以磨成粉，混合其他食品配料(Pearce，1997)进行发酵、煮、蒸或加工成饼干、蛋糕、香肠或肉面包(Kinyuru et al.，2009；Ayieko et al.，2010)。在博茨瓦纳，妇女收集有翅型白蚁并用热灰和沙子进行烧烤(Nonaka，1996)。

白蚁作为猪、家禽和鱼饲料

白蚁作为饲料在许多国家都有记载。在非洲布基纳法索，人们利用小葫芦进行白蚁采集，巧妙地利用小葫芦填满潮湿的粪便、芒果或其他有机材料，埋置在地下(van Huis，1996)。3～4 周后，将充满白蚁的小葫芦拿出并将白蚁从土中分离出来饲喂家禽。这种方法在旱季末期食物缺乏时特别重要(Iroko，1982)。Farina 等(1991)研究表明，在多哥的农村使用白蚁饲喂的珍珠鸡和普通鸡可以与在布基纳法索使用传统技术饲养效果相媲美。蚁群在印度已经用于饲养珍珠鸡的小鸡，在非洲农场也用于饲养鸵鸟。

白蚁巢穴上的蘑菇

除了白蚁，在热带国家白蚁巢穴上生长的蘑菇也常用于食用。野生蘑菇是当地居民的重要食品补充，在传统文化中扮演着重要角色。在非洲的许多地方，蘑菇在超市中很常见，在寒冷干燥的季节储存备用。在尼日利亚的优鲁巴族，传统医生用一些鸡枞菌(属离褶伞科 Lyophyllaceae)作为药物或引物。这些蘑菇也在神话传说中出现过(Oso，1977)。

鸡枞菌属的蘑菇直接从白蚁巢中的真菌圃中产生(Zoberi，1973)。在当地这些蘑菇的名字常来自白蚁的本地名称。例如，在乌干达，Nyoro 部落使用术语 obunyanaka 来称呼长在 enaka 白蚁堆上的蘑菇，而 obunyantaike 则是长在 entaike 白蚁土丘上的蘑菇。鸡枞菌属中的种类有的很大(直径长达 80cm)，小白蚁伞(*T. microcarpus*)例外，它的直径在 0.5～2cm(Parent and Thoen，1977)，在非洲西部和南部都有发现(Skelton and Matanganyidze，1981)。

2.3.4 蝽蟓

在墨西哥(Ramos Elorduy and Pino，2003)、非洲的南部和东南亚不难发现人们食用蝽蟓(半翅目蝽科)的若虫和成虫(DeFoliart，2002)。在非洲南部，

Encosternum(=*Natalicola*) *delegorguei* 被视为美味。蝽蟓在马拉维、南非、津巴布韦都有食用(Faure，1944；van Huis，2003b；Morris，2004)，而 *Tessaratoma* 的种类，荔枝蝽(*T. papillosa*)、龙眼蝽(*T. javanica*)和 *T. quadrata*(“mien kieng”，是老挝当地的一个名字)在中国、老挝和泰国被广泛追捧(Nonaka，2007；Chen et al.，2009)。

生态学

一种俗称“食用蝽”(*Encosternum delegorguei*)的昆虫(文达语中的 thongolifha，特松加语中的 xipembele 和南非北索托语中的 podile)，体型比较大，食草；有淡绿色的刺吸式口器，吸取植物的汁液(Triplehorn and Johnson，2004)。这个名字来自昆虫被干扰时释放的气味(Aldrich，1988)。这种蝽 5～8 月采集，这是它们发生数量最大的时期(Faure，1944；Dzerefos et al.，2009)。在东南亚的干旱季节，荔枝蝽能在各种各样的树上被见到(在 3 月和 4 月达到高峰)(J. Van Itterbeeck，私人通信，2012)。蝽类还能危害农作物，因此被认为是农业害虫(Panizzi，1997)。

经济意义

在世界上许多地方，大量的蝽类或荔蝽科昆虫为农村的饮食作出了重要贡献。在津巴布韦，蝽蟓是 Norumedzo 社区收入的重要来源，是人们购买生活用品和支付学费必不可少的经济收入(Makuku，1993)。由于出口到周边国家的需求量大，人们甚至可以走到 200km 之外、发生数量多的地方收集蝽类(Teffo，2006)。虽然已有许多描述，但是关于蝽类营养价值的数据仍然十分缺乏。根据 Teffo(2006)介绍，100g *E. delegorguei* 含有 35.5g 蛋白质、50.6g 脂肪；食用 100g 可以产生 2599kJ 的能量，该物种也被发现富含铁、钾和磷。在东南亚，蝽类特别受重视。在老挝的万象市，人们收集、消费和出售蝽类(J. Van Itterbeeck，私人通信，2012)。

在整个非洲南部及东南亚地区，人们手工收集蝽类。收集时昆虫常常出现黄色或橙色防御性分泌物(Faure，1944)，这就是收集者要将塑料袋套在手上(J. Van Itterbeeck，私人通信，2012)，并附加一个长网棍的原因。人们通过扔小木棍或者摇动树枝将昆虫从树上振落下来(J. Van Itterbeeck，私人通信，2012)。收集者要特别注意保护自己的眼睛，因为他们相信分泌物能够感染眼角膜甚至导致失明(Faure，1944；Siripanthong et al.，1991)。当天气变冷时，如在清晨、日落，特别是在阵雨之后，蝽类最容易收集(Faure，1944)。

在非洲南部和东南亚，蝽类可以生食也可以煮熟食用(Faure，1944；J. Van Itterbeeck，私人通信，2012)。通过挤压或去除死亡的蝽蟓头部，可以脱去它们的“毒”(Faure，1944；Toms and Thagwana，2003)。在老挝，油炸后只除去小盾片(neckpiece)，据说那是苦味的来源(J. Van Itterbeeck，私人通信，2012)。将蝽类浸泡在水中或温水中，也能引起昆虫释放分泌物；它们晒干后可以被食用(Toms and Thagwana，2003)。*Nezara robusta*(一种绿盾蝽)的分泌物作为农药能够保护房屋和花园免受白蚁破坏(Morris，2004)。

生态意义

蝽蟓面临的威胁与其他广受欢迎的食用昆虫类似，因为它们已经成为经济收入和丰富营养的重要来源，过度捕获和栖息地的管理不善受到越来越多的关注。原因之一是收集者在收获蝽蟓之前先将整棵树砍倒，非常不利于可持续发展(Faure，1944；J. Van Itterbeeck，私人通信，2012)。此外，过度捕获最终会削弱蝽类的种群数量，威胁随后交配期(10 月中旬开始)的生存数量。另一个原因是环境和食品安全问题——蝽类被认为是农业害虫，可能受到化学处理(如荔枝蝽 *Tessaratoma papillosa*，在荔枝上被发现)(Menzel，2002)，这是一个公共健康问题。捕获蝽蟓可以保护作物并提供额外的经济收入和丰富营养；将其作为害虫根除同样会减少经济收入，所以应该避免这种两败俱伤的行为(Cerritos，2009)。

收集昆虫对生活和生计带来益处是正确管理的动机。例如，津巴布韦 Norumedzo 社区已经被指定为蝽蟓的保护地。这些森林不断受到监测，砍伐树木保持在最低限度之内(Makuku，1993)。

有些农业区域，蝽蟓的产生受机械收割限制。在这种情况下，通过手工收集蝽蟓既保护了农作物又能赚取销售收入。农业害虫同时具有营养和经济价值，这种观念在这种文化中越来越被普遍接受。

2.3.5 食用蚱蜢

开发和收集

食用蚱蜢(*Ruspolia differens*)，正式名称为 *Homorocoryphus nitidulus vicinus*，是螽斯科的长角蝗虫。它是非洲东部和南部许多地区常见的食品来源。在东非的维多利亚湖地区，蚱蜢在那里被称为 nsenene，它们形成了饮食文化的一个重要组成部分(Kinyuru et al.，2010)。坦桑尼亚布科巴区的 Bahaya 民族认为蚱蜢是美味的。在乌干达，妇女和儿童对 nsenene 进行传统的收集。

蚱蜢将卵分批次产在草的茎秆里，卵在干燥的条件下不能发育，降雨能促进其发育，大约需要 4 周(McCrae，1982)。幼虫和成虫吃草的花粉和谷物，如大米、小米、高粱和玉米。这些草蚱蜢白天聚集在一起(Mors，1958)。

“Okulingae nsenene”的意思是坦桑尼亚 Bahaya 人们清晨走出小屋去寻找田地里的 nsenene。当他们找到时，会大声呼喊告知 nsenene 的所在地，如在香蕉林或者荒芜失管区域，或在山上。年轻人和老年人，尤其是妇女和儿童去抓获它们。

蚱蜢可以在任何地方收集。例如，在香蕉园中人们不把蚱蜢驱逐而是收集起来。在收集的时候，土地被视为公有的。

现在，扩大使用人造光源使夜间收集蚱蜢更加容易。专业收集者能够使用强力人造光源收集蚱蜢，虽然妇女和儿童也参与其中，但她们大多使用街道光源。

一些收集者甚至使用电力公司(每月 170 美元)供应的夜间恒定电力来收集昆虫(Agea et al.，2008)。失去电力供应会对依靠收获食用蚱蜢而获得的经济收入造成巨大损失(信息栏 2.13)。

信息栏 2.13　电力断供损害乌干达的食用蚱蜢生意

拉闸限电在乌干达很常见，乌干达首都坎帕拉一些家庭停电多于 48h/周。对于许多乌干达蝗虫的收集者和销售商，断电让他们生活很困难。

Julius Kafeero，一位来自乌干达首都坎帕拉的蝗虫收集者表示，电灯对他们的生意特别重要。电力供应的不稳定性使他及其他收集者迫不得已寻找其他可替代的电力来源，如燃料发电机等。

尽管价格提升，但炸蚱蜢在乌干达依然是一道佳肴。Juliet Nakalyango，一位在 Nakasero 市场的销售者说，尽管价格翻倍，顾客仍然买他的蚱蜢。一匙量的蚱蜢现在需要花费大约 0.40 欧元(0.50 美元)。末季，同样数量可以买一整塑料杯蚱蜢。

资料来源: Gitta，2012。

贸易

在乌干达，在坎帕拉和马卡卡地区的一份关于 *Ruspolia nitidulain* 的市场调查发现，作为一道美味佳肴，在当地市场，1kg 蚱蜢的价格比 1kg 牛肉要高出 40%(Agea et al.，2008)。经过对 70 个交易商和 70 个消费者的一项调查研究显示，3/4 的零售商从批发商那里购买，剩余的部分直接从收集者那里购得。此外，大多数交易者的活动表明，*R. nitidulawas* 的交易集中在高速公路服务区的路边。虽然男性在贸易中占主导地位，但是女性也参与其中。蚱蜢的批发价约为 0.56 美元/kg，而零售价约为 5 倍(2.80 美元)。平均来说，通过 *R. nitidula* 的交易，交易者的销售收入每季度超过 200 美元。然而，阻碍销售的问题是昆虫只是季节性的商品，并且保质期短。

其他蚱蜢种类

蚱蜢收获(主要是小翅稻蝗)与水稻收获是同步的。当蚱蜢因早上的露水而变湿时开始收集。蚱蜢收集后要活体保存一个晚上，以便给它们排除粪便的时间。第二天去除它们足后，进行炒或者煮，因为足不适于食用*。太阳晒干后，蚱蜢用酱油和白糖煮熟。秋天，人们把它作为副菜或点心来食用。有人能将它们存放一

* 译者注：去除足只是因为足易卡喉咙而使食用者受伤，而非虫足营养价值的问题。

年。然而在日本，蚱蜢收获和消费量在逐年下降(Nonaka，2009)。

大多数亚洲国家食用稻田蝗虫。在韩国，它们通常被作为配菜，如作为盒饭的配料和零食。20世纪六七十年代，杀虫剂的使用使人们对稻田蝗虫的食用量下降。1981年，杀虫剂强制使用条例松动，农民开始减少使用杀虫剂，从而使蚱蜢种群数量增加。杀虫剂使用量的减少和许多韩国人想吃无农药水稻的愿望引发了有机农业 Chahwang Myun 公司的发展。这在经济上是可行的，因为喷洒农药和不喷洒农药水稻产量是一样的，而有机大米的价格更高。1989年，Chahwang Myun 农业合作社的功能是购买、磨碎和销售水稻，并开始从农民收集者手里购买干的蚱蜢。主要收集的为3种，其中长翅稻蝗(*Oxya velox*)是最常见的物种[黄绿色，体长27～37mm，在日本、中国(包括台湾岛)、朝鲜半岛发现]，占总数的84.5%；其次是 *Oxya sinuosa*，占14.8%；*Acrida latawith* 则少于1%。1991年和1992年，Chahwang Myun 合作社继续购买和出售大量蚱蜢，许多人开始直接从农民手里购买蚱蜢(Pemberton，1994)*。

40年前，泰国玉米上暴发了印度黄脊蝗。1978～1981年，由于空中喷洒杀虫剂没有成功，政府开始提倡食用黄脊蝗。蚱蜢被深度油炸，作为薄脆饼干的成分和发酵成酱汁。今天，蚱蜢(深度油炸)是泰国最著名和最受欢迎的食用昆虫，它已经不再是主要的农业昆虫。许多农民甚至种植玉米来养殖昆虫，而不是出售玉米产品(Hanboonsong，2010)。

蚱蜢的商业化高度依赖地区性。在老挝，蚱蜢是继蚂蚁之后的第二畅销昆虫(Boulidam，2010)。当水稻种植结束时，大量蚱蜢被收集作为家庭消费。蚱蜢调味很简单，用少量的水直到煮干即可。大多数时候人们采用的是炒，而更多的是炸脆，像炸大虾。它们也可以烧烤。通常，蚱蜢作为单一的菜，不混合蔬菜或肉(Chung，2010)。

在墨西哥，蚱蜢(*Sphenarium purpurascens*)，俗称 chapulines，是一种很受欢迎的街头食品形式。虽然通常可以在非正式的街头小摊和小城镇的餐馆出现，但相对于其他昆虫，蚱蜢现在也可在更昂贵的餐馆菜单上找到，干燥包装的蚱蜢可以在商铺市场中买到(Ramos Elorduy，2009)。

2.4 重要的昆虫产品

丰富的蜂产品包括蜂蜜、蜂胶、蜂蜡，这些都是民众所熟知的，并被 Bradbear (2009)所记录。事实上，众所周知，丝绸是蚕的产物。然而，公众还不知道许多

---

* 译者注：把稻谷和蝗虫都视为收获物，是全物质利用概念，体现了三全利用(全物质、全空间、全过程)理念，更新了“农产品”的内涵。

其他昆虫的产品，其中许多都能在大多数厨房橱柜中发现，如药物和其他家用产品。例如，胭脂红也称胭脂虫红，是一种产自介壳虫的红色染料，通常用于食品、药品和纺织品染色。尽管由美国食品和药品监督管理局批准而广泛使用，但胭脂红是最近争议的主题。例如，一个受欢迎的美国咖啡连锁公司违背消费者意志在饮料中使用(信息栏 2.14)。蚕蛹是亚洲美食(见 2.4.2 节)。桉叶胶(见 2.4.3 节)和一系列来自蝽科昆虫的食用油(见 2.4.4 节)是常用的其他昆虫的产品。

信息栏 2.14　胭脂虫红(染料)应用的争议

在 2012 年早期，关于星巴克公司的草莓星冰乐(卡布奇诺)发生了争议，这家国际流行咖啡大型联合企业阐明饮料的粉红色源自脱水的胭脂虫提取物和胭脂虫。

在用胭脂虫提取物之前，星巴克选择人造添加剂，并且趋向于一种更自然的加色手段(Leung，2012)。这在美国引起一些素食[1]主义者的关注，这个事件通过博客和网络论坛迅速传播并且被北美媒体广泛报道。

针对消费者的评论，美国星巴克公司的董事长回应消费者对其他产品应用胭脂虫提取物的情况："公司现在用番茄为主材的色素"(Burrows，2012)。在美国和加拿大，应用胭脂虫提取物要通过食品和药品监督管理局的许可(Health Canada，2006；USFDA，2009)。

2.4.1　胭脂红

胭脂红(洋红)是一种红色染料，主要来自胭脂虫，在食品、纺织和制药行业中被应用。这种昆虫生活在仙人掌上，它的果实称为刺梨。加那利群岛、智利、厄瓜多尔、秘鲁和玻利维亚多民族国家是生产胭脂红数量最多的国家。由于天然饮料利益的不断增长，食品(金巴利和达能草莓酸奶等产品)行业的需求量增加，2000～2006 年，世界产量增加 2.5 倍以上。2006 年，秘鲁全国生产总额 2300t(占全球总产量的 85%)，产生 3960 万美元的出口外汇。胭脂红较大的进口国是巴西、丹麦、法国、德国和美国。秘鲁的其他胭脂红产品有胭脂红漆(1290 万美元)、干胭脂虫(365 万美元)和胭脂红酸(203 万美元)(Torres，2008)。

除了能在食品工业中使用之外，胭脂虫的生产在秘鲁还可以提供就业机会，并产生了许多社会效益，胭脂虫生产因其环境效益而被称赞，其寄主植物——印榕仙人掌，保护露天土地免遭侵蚀，提高耕地土壤肥力，并从大气中吸收大量的碳。

---

1 素食饮食者排除食用动物和动物产品，包括昆虫。

2.4.2 蚕产品

桑蚕生产是亚洲许多地区的一种古老的生产实践，欧洲十字军东征也有介绍。在中国，桑蚕生产的证据可以追溯至5000年前。著名的贸易路线被称为丝绸之路，早在公元前 139 年，从中国东部到地中海就进行丝绸贸易，以及其他商品生意和国际事务。家蚕生产也具有相当的经济价值，特别是在中国和印度，年产量分别达 115 000t 和 20 410t。最近，巴西、泰国和乌兹别克斯坦的产量也显著升高。

除了植桑养蚕，重要的丝绸产品还从中国(橡树)柞蚕蛾(柞蚕)和樟脑蚕(樟蚕)、泰国桑蚕(蓖麻蚕或萨米亚蓖麻蚕 *Philosamia*)和日本橡木天蚕(日本柞蚕)中得到。2005 年，柞蚕茧生产取得了 6 万 t 产量。雄蛾还用于生产保健食品、保健酒。此外，蚕蛹常常被食用，在许多市场和中国东北地区的蔬菜杂货店都有出售(Zhang et al.，2008)。许多亚洲国家和地区，如日本、泰国和朝鲜半岛，家蚕常被食用。

泰国蚕是一个传统的产品，现在分布于全球范围内。幼虫是一种商业上可行的产品，不仅因为它产生了大量的丝绸，还因为其蛹在中国、日本、泰国和越南被认为是美食，有很高的蛋白质含量，它们是非常有效的营养源。在泰国，大约有 13.7 万家庭养蚕。80%的桑蚕生产和收入主要来自于整个国家的农村家庭。2004 年，从生产中产生的收入为 5080 万美元(Sirimungkararat et al.，2010)。家蚕经过加工、包装和标签后出售。因此，泰国蚕蛹可以被认为是最早分布于全球市场的昆虫产品之一*。

在国际蚕业委员会第二十二次会议上强调：利用家蚕废弃品进行非纺织性生产大有利益(ISC，2011)，桑蚕会议中也探讨了关于发展新的有前景的有关桑蚕药物和营养的议题，这个会议是由 Black、Caspian Seas 和 Central Asia Silk Association(BACSA，2011)组织的。在印度 Tamil Nadul 农业大学蚕桑系的研究中，探索了利用桑蚕产业高废液在肉鸡饲料生产中的可能性(ISC，2011)。在韩国，因蚕粉有降低葡萄糖的作用，蚕粉可以作为药物用于糖尿病患者(Ryu et al.，2012)。

2.4.3 桉叶胶

桉叶胶是结晶糖分泌物，作为防护罩由木虱(属于半翅目异翅亚目)的幼虫所产生。木虱排泄大量物质是由于取食的韧皮部汁液是碳水化合物，缺少必需营养物质，如氮。因此，它们需要大量的韧皮部汁液来获得足够的营养和其余的排泄蜜露。当昆虫蜕皮时，木虱的锥形结构由昆虫本身、分泌物和 5 个外骨骼组成。

---

* 译者注：中国食用蚕蛹主要是 3 个种类，分别为产于桑蚕产区的家蚕蛹，产于东北地区的柞蚕蛹，产于广西的蓖麻蚕蛹。

锥形结构附着于叶子上。通常整个昆虫“锥”都可以吃。

在澳大利亚的桉属植物上发现了几百种能够产生桉叶胶的木虱(Yen，2002)。此外，在非洲和日本形成的物种中也有桉叶胶产生种(在每个地区虽然可能只有一个物种)。桉叶胶能减少干旱环境的干燥，是许多鸟类和动物的重要食物来源。在澳大利亚，贝尔鸟放牧木虱，以其产生的桉叶胶作为食物来源，但留下若虫，从而能够持续不断地生产新的桉叶胶(Austin et al.，2004)*。

信息栏 2.15　用介壳虫提高蜂蜜产量**

介壳虫 *Marchalina hellenica* 已被引入地中海一些地区，主要是希腊和土耳其，用于提高蜂蜜产量。这种昆虫吸吮一些松树的汁液，如卡拉里亚松、地中海松、樟子松、珠母贝、松果。昆虫产生的蜜露对蜜蜂来说是重要的食物来源，用于产生蜂蜜。通过养蜂人的人工感染可以导致昆虫和它们自然天敌生态均衡的损失，结果，周围的松树死亡(Gounari，2006)。

单词 lerp 是来自一个澳大利亚的原居民的名字“Larp”，lerp 是昆虫形成的厚结壳，传统上这是可采集的食品(Yen，2005)。“manna”(以色列人在荒野 40 年中神赐的食粮)，一个广义的术语，引自《圣经》和《古兰经》，含义是“上帝的礼物”，“从天上来”，被认为是同一种物质，能在森林中的地面、树木和灌木中发现。而“manna”也用于描述从植物、地衣和真菌等整个生物体渗出的含糖物质(Harrison，1950)；也指动物通过寄主植物间接产生的物质，如蚜虫或蚧甘露的排泄物，这是昆虫吸食植物的汁液转化而来。

manna 的一个产品是可乐豆木面包(mopane bread)，这是由可乐豆木木虱(*Arytaina mopane*)产生的。这些昆虫吸食可乐豆木树(*Colophospermum mopane*)的韧皮部汁液作为食物，可乐豆木树在非洲南部是一种常见的树种(Sekhwela，1988)。当寄主树木无叶时可乐豆木毛虫(*Imbrasia belina*)离开，它是桉叶胶生产的竞争对手(Hrabar et al.，2009)。在自然界中，动物物种间常分享和争夺食物资源。可乐豆木毛虫与大象分享主要的食物来源——可乐豆木树，大象取食时经常咬断可乐豆木树的树茎和枝干，也破坏了可乐豆木飞蛾产卵。毫不奇怪，大象的活动已经对这种毛虫产生了大量负面影响(Hrabar et al.，2009)。这表明一种脊椎动物大象和两种无脊椎动物木虱与豆木毛虫之间的相关性***。

---

* 译者注：鸟都掌握可持续利用资源的原则，人类怎么可以竭泽而渔呢？

** 译者注：国内蜂蜜的生产以花为主；定植植物初有开始。尚未见有介壳虫、蚜虫蜜露提升蜂蜜质量的研究论文和报道。

*** 译者注：国内研究同一种寄主植物上的不同昆虫种群之间的竞争关系较多。对于以寄主植物为核心，全面研究脊椎动物—寄主植物—无脊椎动物之间的关系近乎为空白。这与国内博物学教育的缺失存在密切的关系。

可乐豆木面包每 100g 含有 250cal 热量，它的单糖和水溶性碳水化合物的比例高，蛋白质含量低，钾的浓度高(Ernst and Sekhwela，1987)，使其成为一个有价值的营养来源。但是，可乐豆木面包在干燥的季节是唯一可用的，当雨水把落叶上的产物冲洗干净时，它可以被晒干并存储。当可乐豆木面包与牛奶混合时很美味(Sekhwela，1988)。

桉叶胶特别受澳大利亚土著居民的欢迎(Bourne，1953)。他们收集叶片浸泡溶解糖作为饮食的补充。Yen(2002)描述，在澳大利亚的维多利亚州，桉叶胶可以生吃也可以与相思树树胶混合食用。在干旱地区，受影响的桉树枝可收集并放在阳光下晒干，干燥的桉叶胶做成球食用。

2.4.4　苏丹从瓜虫和高粱虫中制作食用油

瓜虫[*Coridius*(=*Aspongopus*) *vidutus*]广泛分布于苏丹，主要在科尔多凡和达尔富尔州西部地区。西瓜被认为是传统雨养农业最重要的作物。这些州的小农场主把西瓜作为战略作物，因为其是夏天饮用水的主要来源，西瓜的残留物是动物的饲料。瓜虫被认为是一种害虫。事实上，它被认为是西瓜上主要的害虫，因为它将伤害强加于西瓜。瓜虫的若虫和成虫都能刺穿叶、茎和果实，吮吸汁液，造成萎蔫、落果和最终死亡。

虽然瓜虫是一种害虫，但其烹饪在整个国家是被赞赏的。通常在瓜虫最后的若虫期被食用，此时较软。在纳米比亚，当地人收集成虫，将它们作为调味品或香料(粉末状)。在苏丹西部科尔多凡省，从瓜虫中提取的油(浸泡热水后)，当地人称为 um-buga，是营养的重要来源。在前苏丹偏远地区也用于烹饪，食品短缺时尤为重要。瓜虫油被用于医学，如治愈皮肤病变(Mariod et al.，2004)。

瓜虫(特别是瓜虫油)除具有营养价值外，还具有抗菌性能。Mustafa 等(2008)测试了瓜虫油对 7 个菌株的抗性，发现它有高抗菌性。他们的结论是，瓜虫油可用来在肉和肉制品中防腐，从而抑制革兰氏阳性菌(大多数人类病原体为革兰氏阳性菌)。研究还表明，在低于 30℃温度下保存两年，瓜虫油只有很轻微的化学变化。此外，将葵花仁油与稳定性高的瓜虫(或者高粱虫)食用油混合起来，可以改进瓜虫油的氧化稳定性(Mariod et al.，2005)*。

在苏丹，高粱虫(*Agonoscelis pubescens*)可被食用，在雨养和灌溉地区被称为 dura(高粱的主要害虫)。9～10 月高粱虫开始冬眠，这时可以在成堆或者裂缝的岩石中发现它们(van Huis，2003b)。在努巴山区，人们在科尔多凡省常常可以从这些裂缝中发现和采集昆虫。在前苏丹西部，高粱虫成虫收集后可被油炸食用。在

---

* 译者注：苏丹瓜虫油的开发与利用，可为中国黄粉虫油深度开发所借鉴。黄粉虫已经成为中国昆虫资源产业的代表性种类，其生产技术、规模、分布、市场开拓均具有重大影响，黄粉虫油也成为了大宗产品。

一些地区，从高粱虫中提取油，用于烹饪和医学。在前苏丹 botana 地区，游牧民族使用加热的高粱油来治疗骆驼的皮肤感染(Mariod et al.，2004)。已经开始探索这些虫油作为生物柴油的潜力，从而开启昆虫相关研究进入一个全新的领域(Mariod et al.，2006)。

3　食用昆虫的文化、宗教和历史

厌恶是人类一种最基本的情绪——唯一一个我们必须学习的情绪，并且没有什么现实的东西比奇怪的食物更容易引发这种情绪。

3.1　为什么西方国家的人不食用昆虫？

中东的阿拉伯地区及北非的尼罗河流域和尼罗河三角洲，拥有西亚的肥沃土地，这个地区被认为是农业的发源地之一。从这里，食物产品(如植物和驯化的动物)很快就传到欧洲(Diamond，2005)。被驯化的最有价值的动物物种都是大型的陆生哺乳食草性动物和杂食性动物。全世界有 14 种这样被驯养的哺乳动物，平均体重在 45kg 以上。引人瞩目的是，欧洲宣称有 13 种这种动物，第 14 种(美洲鸵)在美国。这些动物不仅能提供大量的肉(使它们成为动物食品的主要来源)，也提供保暖物品、奶、皮革、羊毛、犁牵引力和交通工具。因此普遍认为这些动物的使用，导致昆虫(除蜜蜂、蚕和介壳虫以外)在欧洲得不到关注。昆虫无法提供与动物相同的利益。相反，美国中央大盆地西部的肖肖尼人(Shoshoni)可能更多地依赖小型动物(如啮齿动物、蜥蜴、昆虫)，这是因为大型动物很稀有并且不能大量迁徙(Steward，1938；Dyson-Hudson and Smith，1978)。

中东阿拉伯地区和欧洲的食品生产导致了更多动物和植物物种的人工驯化。反过来，农业生产在产量上和效率上得到了奇迹般的增加。现在食品可以储存，食品来源变得稳定，狩猎的生活方式最终退居二线，主要的生活方式则依靠农业。这种主要生活方式的变化是伴随着昆虫作为主要食品的不确定性进行的，由于昆虫的季节性，可能导致人们丧失对昆虫作为食品的兴趣 (DeFoliart，1999)。尽管有记录表明在中东阿拉伯地区(如以色列)，蝗虫曾被消费过(Amar，2003)，但发生的不可预见性导致它们变得不重要。

定居农业的重要性可能导致人们产生一种看法，那就是昆虫容易令人们产生厌恶感，而且认为昆虫对粮食生产是有害的。总之，非人工养殖的食品来源显得越来越不被人们重视(DeFoliart，1999)。在现代农业中，农业生态系统被极度地简化：生物多样性变少，从自然界获取食品的潜力也在普遍下降。在西方国家中更加广泛的城市化，使人们不能与自然接触，而在许多热带地区人们生活的更加乡村化，尽管情况正在改变(UN，2012)。如果昆虫供应到城市的量一直保持很小和不可靠及城市不断西方化，那么城市化的增长将导致世界上发展中地区的昆虫消耗量改变。例如，在中东阿拉伯地区一些西方化程度较高的地方，基本上消失了对于蝗虫的消费（Amar，2003）。

西方国家的人们对食用昆虫有一种厌恶感(Rozin and Fallon，1987)。可以确定地说人们不愿意甚至不考虑食用昆虫，他们认为这种行为与原始人行为*相似(Vane-Wright，1991；Ramos Elorduy，1997；Tommaseo Ponzetta and Paoletti，1997)。厌恶的情感，尽管是一种先天的反应(Rozin and Vollmecke，1986；Herz，2012)，但构成了一个基本的道德判断并且在人们拒绝食物方面起到了主要作用(Fessler and Navarette，2003)。厌恶的情感主要是由以下问题引发的：这是什么或者它来自哪里(Rozin and Vollmecke，1986)？除却人们基本的情感，厌恶还起源于文化(即“品尝是文化”)，而其无疑对人们的饮食习惯有着重要的影响。在环境、历史、社区结构、人们的尝试、移民和政治经济体系的影响下，文化定义了什么能食用、什么不能食用的规则(Mela，1999)。总之，对于食用昆虫的接受或者拒绝是一个文化的问题(Mignon，2002)(信息栏 3.1)。

信息栏 3.1　“天空虾”和“海蟋蟀”

本土的美国人，如那些生活在被称为美国犹他州的人们，很习惯吃草蜢、蝗虫和蟋蟀。当他们第一次吃虾的时候，Goshute 的印第安人被报道称它们为海蟋蟀。

最近在澳大利亚，新南威尔士州基础工业部门的 Christopher Carr 和 Edward Joshua 认为应重命名蝗虫为“天空虾”(sky prawn)，这是在美国更加容易接受的描述，并且被编译到食谱中。

3.1.1　昆虫在热带地区的食用量为什么比温带地区多？

人们普遍认为食用昆虫的习惯只存在于热带地区，这是错误的。因为处于温带或全部处于温带地区的一部分国家也消费昆虫，如中国(Feng and Chen，2003)、日本(Mitsuhashi，2005)、墨西哥(Ramos Elorduy，1997)。即使是在热带地区的国家，国家之间及国家内不同种族之间，在昆虫可食用性方面也有很大的区别(Meyer-Rochow，2005)。然而，昆虫在热带地区的消费是普遍的，而在温带地区就经常不会发生。虽然在热带地区支持食用昆虫的趋势被认可，但不可否认的是有一些未得到文献的支持。

- **热带地区的昆虫体型往往更大，这有利于捕获。**尽管与温带地区相比，在热带地区更容易发现体型大的昆虫，但这种趋势并不是普遍的(Janzen and

* 译者注：在食物的选择上，现代人应适度地保留“原始人行为”。

Schoener，1968；Gaston and Chown，1999）。昆虫的体型与新陈代谢有关，但是目前还不完全清楚昆虫的不同体型是如何产生的（Gaston and Chown，1999）。然而，几乎所有特殊的大型昆虫都是热带品种，这可能在一定程度上与昆虫的呼吸方式有关。和人类一样，昆虫也是吸入氧气、呼出二氧化碳废气。然而，昆虫没有肺，它们用一系列称为气管系统的管道进行呼吸。气体通过扩散进出昆虫的身体，在温度高时呼吸进行得更快。因此在暖和的气候条件下会形成大型昆虫（Kirkpatrick，1957）。生物化石表明，在古生物时期，昆虫拥有更大的体型（Shear and Kukalová-Peck，1990），有些达到 1m 长，这是由更高的大气温度所导致的。

- **在热带，昆虫经常大量聚集，因此人们可以在一个季节把大量的昆虫收集起来。**蝗虫在晚上群居，因此在夜晚和清晨很容易收集。白蚁在干燥季节下过第一场雨后会进行集体婚飞，因此大量白蚁会从白蚁堆中涌出。森林中的毛虫会自然地聚集在一起。一些昆虫也会在温带聚集，如摩门螽斯（*Anabrus simplex*）和栎列队蛾（*Thaumetopoea processionea*）。美洲本土人喜欢吃摩门螽斯（Madsen and Kirkman，1988），但是栎列队蛾身体上有鳞毛，会引起鳞毛病（皮炎、结膜炎和肺结核）（Gottschling and Meyer，2006），因此不能吃。
- **在热带地区，各种各样的可食用昆虫在全年中都可以被发现。**在温带地区，昆虫要冬眠以度过寒冷的冬天。在这个阶段，没有活跃的昆虫种群可以找到，它们的生长发育处于停滞状态。
- **对于热带地区许多昆虫物种，收获是可以预测的。**例如，这对于蝗虫群是不可预见的，但是很多当地人知道在什么时间到哪里去收集大量的昆虫种类。这种知识在温带地区和西方化的地区已经或正在消失。
- **位置。**例如，棕榈象甲被发现从棕榈树上落下来（如常发生在亚洲的台风后）或者通过故意砍伐棕榈树来引发象甲产卵（Choo et al.，2009）。竹毛虫可以在竹子的竹干上被发现，蜣螂位于粪堆下面，工蚁位于蚁堆中等。许多昆虫种类偏爱植物或树木。
- **丰富的时间。**这可能是季节性（通常取决于雨量）或者是一天中首选的时间。例如，草蜢可以在早上较早时间进行收集，这时气温很低，不利于它们飞行。

3.2 为什么昆虫从未作为食物而被驯养？

昆虫在世界上许多地区被认为是美食，尤其是在热带。例如，1992 年的《马拉维食谱》将许多以昆虫为原材料的菜谱列在了“传统美食”标题下，里面大部分昆虫菜品都很受欢迎，包括烤棕榈象甲虫和红烧白蚁。那么为什么除了蜜蜂、胭脂虫和家蚕以外的其他昆虫从来没有被家养呢？

动物和植物的人工驯化养殖、种植发生在 1000 多年前，当时以不同的形式在不同的时间、不同的地点涌现。中东阿拉伯、中国、印度、中美洲（墨西哥中部和南部及邻近地区)、南美的安第斯山脉和美国的东部都声称食物生产出现在很早的时间(Diamond，2005)。值得注意的是，中美洲阿芝特克人努力建立了一个复杂的社会，拥有大规模的人口密度但没有大型家养动物，他们主要的蛋白质来源之一被认为是昆虫和昆虫产的卵，后来在墨西哥平顶山的沼泽和池塘里进行了半人工养殖(Parsons，2010)(详见第 4 章)。

围绕各种非家养昆虫资源，今天在热带森林中可以看见管理的活动(Perez，1995)。近期家养的植物和动物种类较多，包括澳大利亚坚果(*Macademia integrifolia*)、杨桃(*Averrhoa carambola*)、天竺鼠(*Agouti paca*)和鬣蜥(*Iguana iguana*)(Vantomme et al.，2010)。也存在其他食用昆虫半养殖的例子(Van Itterbeeck and van Huis，2012)，一个著名的例子是在拉丁美洲的棕榈象甲(*Rhynchophorus palmarum*)(Choo et al.，2009)。驯养和管理物种是家养化的基础和前提(Barker，2009)，至今其他食用昆虫(除了蜜蜂、胭脂虫及家蚕)从来没被家养化和半养殖。显然仅有一个简单的解释是不行的，但一些有关的重要因素可以被加以描述*。

体重在 45kg 以上的大型陆生哺乳食草动物和杂食动物有 148 种。实际上其中只有 14 种被家养，这不是因为人们的无知也不是因为人们的无能，而是由动物固有的生物学特征决定的。Diamond(2005)鉴定了用于家养物种必须具备的 6 个特征。

- 充足的食物(食草动物作为食物来源是最容易也是最有效的)。
- 高的生长速率(投资生长快的动物更便宜更有价值)。
- 可以圈养(一些动物直接拒绝这样做)。
- 有一个可驯养的性情(如对马的家养很成功，但对于斑马的家养就失败了，这是由于斑马的攻击性和无情撕咬的倾向)。
- 相对温和的习性(具有恐慌倾向的动物产生危险的状况)。
- 一个清楚的社会结构等级(允许人类承担领导者的角色)。

和哺乳动物一样，不是所有的食用昆虫种类都可以被家养化。然而因为昆虫不是哺乳动物，上面提到的特征不能被简单地假定为潜在的家养昆虫评定的标准。Gon 和 Price(1984)编辑了一系列有关的特征来为昆虫驯化选择候选(这些在第 7 章中进一步讨论)。

植物和动物家养的历史环境也应该被考虑。大型动物和植物的家养带给欧洲超过其他地区的巨大优势，这被他们世界性的掠夺所证明(Diamond，2005)。这些战利品使欧洲人在食品生产上发挥了主要影响，将习惯、知识、技术和生物体输送到世界各地。在最近一段时间，上述关于否定食用昆虫的态度也许造成了困局(信息栏 3.2)。可以想象，如果有更多的时间并且没有欧洲人的殖民地化和进口，那么昆虫的半人工养殖(甚至是家养)会传播得更广泛而且会包括更多物种。

---

* 译者注：没有出现尼龙网前，无法生产小动物、微家畜，也不能驯导昆虫。

信息栏 3.2 马里和美国的例子[1]

西方文化在压制本土人的身体、情感和文化上有一段很尴尬的历史。例如，25%～50%美国本土部落存在一段很长的食用昆虫的历史；现在由于西方文化缺乏这种强烈的实践的文化经历并且认为这是野蛮人的行为，所以在18～19世纪这两种文化团体相互影响时他们在美国的本土部落中阻止并镇压食用昆虫。西方文化将对美国本土部落相似的这种损害强加给其他的本土部落，包括许多撒哈拉以南非洲国家，他们的目标是将本土人现代化和西方化。这种文化压制在20世纪末依然很流行。结果，食用昆虫的行为在加拿大和美国几乎消失了，并且在非洲西部也出现了明显降低的信号。

马里 在以前传统里，马里的孩子捕捉草蜢作为小食品来吃。在Sanambele的村子里，可以看到孩子在棉花地里捕捉这种昆虫。然而2010年以后，棉花成为了村子的经济作物，为获得较高产量而种植在离村子很近的孩子可以收集草蜢的地方。西方专家建议农民使用杀虫剂带来稳定的经济，这个观点是基于任何作物对昆虫的零容忍。实际上草蜢是生态系统的一部分，它对于Sanambele村的孩子的营养健康是很重要的，但没有被考虑。最新数据显示，Sanambele村23%的孩子已经面临着蛋白质能量营养缺乏的危险或已经产生了一种被称为Kwashiorkor的病。草蜢虽然只是一种季节性的蛋白质资源，但充足的蛋白质可以弥补这个缺口。Sanambele村的母亲担心孩子接触杀虫剂，现在已经警告他们不要去捕捉和食用草蜢了。西方对于食用昆虫的态度导致了不利于非洲西部的人们健康和对脆弱环境的损害。

美国 与美国肖松尼族印第安人关系很近的犹特人，他们是生活在今天被称为犹他州的美国本土部落，尤其分布在大盐湖附近的部落。18世纪末，白种人坐着大篷车从东部来到这里定居，他们怀揣很多梦想，但几乎没有当地或传统的生产生活知识。他们的作物由于低降雨量和蝗虫的袭击都死了。所以，他们储存的食品的数量显然难以支撑全家度过寒冷的冬天。这些移民求助当地居民给他们食品。犹特人给他们准备了传统的高蛋白有营养的小吃，称为“草原蛋糕”，这种蛋糕是用当地的一些浆果、坚果和其他当地材料做成的。这些白种人移民发现这种蛋糕很好吃并且利用它度过了冬天。这些移民的后代声称移民者后来发现这种草原蛋糕的一种主要成分是在大盐湖岸边非常丰富的一种昆虫(美洲大螽斯)，于是他们拒绝食用这种蛋糕——这是现存的关于150年前西方文化讨厌食用昆虫的证据。那些拯救了摩门教徒生命的美洲大螽斯(katydid)现在称为摩门螽斯(Mormon cricket)。

1 此信息栏由Florence Dunkel提供。

3.3　对待昆虫的负面态度

总的来说，可以很明确的是，关于昆虫的负面观念在西方社会根深蒂固(Kellert，1993)。昆虫的捕获是与狩猎采集时代相联系的，它们反过来作为食品获取的“原始”形式。随着农业的发展和定居生活方式的发展，昆虫仅仅被看作一种害虫(Pimentel et al.，1975；Pimentel，1991)。这与世界上许多热带地区的观点是完全对立的，在这些热带地区昆虫具有装饰性用途，被用于娱乐、药物和魔术，而且存在于神话、传说和舞蹈中(Meyer-Rochow，1979；Yen et al.，2013)。

在西方社会，蛋白质仍然主要来源于家养动物(昆虫几乎等同于厌恶的东西)：蚊子和苍蝇会侵扰家庭，前者会留下不想要的咬伤；白蚁会破坏木质财物；一些昆虫会死亡在食品中(引起厌恶的因素)。有些昆虫也是疾病的传播者(Kellert，1993)。例如，一种媒介物的载体如家蝇，可以将传染性的致病因子携带在身体表面，然后在食物消费之前将其转移到食物中。像蚊子、壁虱、跳蚤和虱子这些生物载体，它们体内含有病原，经常导致严重的血液疾病，如疟疾、病毒性脑炎、美洲锥虫病、莱姆病、非洲昏睡病。节肢动物如蜘蛛也与疾病侵染相关，尤其是在10世纪以后的欧洲(Davey，1994)。蝴蝶和瓢虫是昆虫中极少数不会引起人们厌恶、躲避、讨厌和鄙视的昆虫(Kellert，1993；Looy and Wood，2006)。极少数的人意识到大多数昆虫是有益的，只有极少数是有害的。

西方人关于厌恶食用昆虫态度的争议也影响了热带地区国家人们的偏好。根据Silow(1983)所说：“众所周知，一些传教士将食用白蚁的行为定为异教徒的行为。”正是这个原因，一个基督教徒告诉他“他永远不会食用这种东西，并且认为那些人不是基督教徒”。在马拉维，研究发现，那些生活在城市地区的人和虔诚的基督教徒对于食用昆虫是鄙视的(Morris，2004)。研究表明，这些西方的影响，特别是在非洲，可食用昆虫对于营养上和经济上的贡献，以及昆虫生态学和生物学的研究都变得很零散(Kenis et al.，2006)。至今昆虫在饮食中的食用一直存在，尽管有时被消费者不情愿地接受(Tommaseo Ponzetta and Paoletti，1997)。DeFoliart(1999)认为：“西方人应该意识到一个事实，那就是他们对于昆虫食品的偏见产生了负面的影响，从而导致对昆虫的食用逐渐衰退，且不能替代丢失的营养和其他利益。”

然而，西方的观念正在改变，正如一些研究者所说，“昆虫在世界贫穷地区作为一种主要的饮食成分已经存在很长时间了，现在正是科学家意识到这个事实并去研究它的时候了，而不应该阻碍或忽视这种存在”(Ramos Elorduy，1990)。

3.4 食用昆虫的历史

3.4.1 食虫风俗和宗教

食品的实践是受文化影响的，它在历史上受到了宗教信仰的影响。食用昆虫的行为在一些宗教的文献中都曾提到，如基督教（信息栏 3.3）、犹太教和伊斯兰教。《圣经·旧约》中写到了蝗虫作为食品，最可能指的是沙漠飞蝗（*Schistocerca gregaria*[1]）。只要是有翅膀、用四足爬行的物种、有足、在地上蹦跳的，你们都可以食用（《利未记》XI:21）。

其中有蝗虫、蚂蚱、蟋蟀与其他同类、蚱蜢与其他同类，这些你们都可以吃（《利未记》XI:22）。

信息栏 3.3 昆虫的食用和现代基督教

2012 年，丹麦的牧师圣洗约翰向人们展示着他食用昆虫的故事。《圣经·新约》明确地描述了圣约翰的蛋白质来源：

约翰穿骆驼毛的衣服，腰束皮带，并且食用蝗虫和野花蜂蜜（Mark I: 6）。

有人抱怨这个示范没有得到一个经常去做礼拜的人的好评。然而，丹麦的主教承认他没有犯错，因为他演示的是《圣经》的世界。由于教父进行食用草蜢的表演，抱怨者离开了教堂。

资料来源：Rohde，2012。

在伊斯兰教传统上有几个关于食用昆虫的例子，包括蝗虫、蜜蜂、蚂蚁、虱子和白蚁（El-Mallakh and El-Mallakh，1994）。大量的例子是关于蝗虫的，尤其是提到了食用生物的许可：

食用蝗虫是被允许的（Sahih Muslim，21.4801）。

蝗虫是大海的猎物，你可以食用它们（Sunaan ibn Majah，4.3222）。

蝗虫是真主的军队，你可以食用它们（Sunaan ibn Majah，4.3219，3220）。

食用昆虫也存在于犹太人的文学著作中。Amar（2003）认为食用犹太蝗虫的某些品种在古时候是被接受的。然而这种实践在相当大的一部分犹太侨民中逐渐衰退，这是由于他们缺乏在《圣经》中提到的各种类型的“飞行群集生物”知识。食用昆虫的传统仅仅存在于也门和北非的一些犹太人之中。Amar（2003）认为西方化导致了以前食用昆虫的犹太人逆转了他们的习惯。

---

1 Jørgen Eilenberg 提供的圣经引用。

3.4.2 古代的食用昆虫

Bodenheimer(1951)进行了很好的食用昆虫的历史记录。在公元前8世纪的中东地区，仆人们已经将蝗虫串插在棍上供给亚述巴尼拔(Ninivé)的皇宫宴会。欧洲第一次提到食用昆虫是在希腊，这里把蝉作为一种美味。亚里士多德(公元前384～前322年)在他的动物志里写道："蝉的幼虫在土里达到成熟后会变为蛹，然后在外壳破裂前(即最后一次脱皮前)吃起来很好吃。"他也提到，作为成虫，雌性尝起来更好吃，这是因为它们体内有很多卵。

关于食用昆虫在整个地区和几个世纪一直持续地被记录(信息栏3.4)。在公元前2世纪，西西里岛的狄奥多罗斯称来自埃塞俄比亚的人为"吃蝗虫和草蜢的人"(直翅目蝗科)。在古罗马，作家、自然学家及博物学家Pliny——《自然史百科全书》的作者——认为木蠹蛾是罗马人垂涎的一种美食。根据Bodenheimer(1951)记载，木蠹蛾是一种生活在橡树上的天牛的幼虫。

中国古代的文献资料中也提到了食用昆虫。李时珍的《本草纲目》是中国明代(1368～1644年)药物史上影响最大和传播最广泛的书籍之一，它包括大量的昆虫，它的纲要也突出了昆虫的药用优势。

信息栏3.4　绵延几个世纪的食用昆虫

阿拉伯半岛和利比亚的游牧民很高兴欢迎蝗虫群的到来。在1550年摩洛哥的Leo Africanus，他们把它煮熟并食用它，或者在太阳下晒干然后磨成面用于将来食用。

Ulysse Aldovandi在他1602年的书中(*De Animalibus Insectis Libri Septem*)写道德国士兵在意大利不止一次吃油炸蚕，并很喜欢。

我们可能会及时克服食用昆虫的反感，接受它们作为我们的饮食，并意识到它们本身并没什么可怕的，甚至可以为我们提供愉悦的感觉。在法国的各个地方我们已经逐渐习惯吃青蛙、蛇、蜥蜴、甲壳类动物、牡蛎等。也许我们食用它的首要动力是饥饿——在René Antoine Ferchault de Réaumur1737年著写的*Mémoires pour server à l'Histoire des Insectes*中。

大多数的非洲人、一部分亚洲人，尤其是阿拉伯人都吃蝗虫。在这些地方的市场上，蝗虫经常被大量地用于烧烤。当腌制后，蝗虫可以保存一段时间，可以作为甜点或者与咖啡搭配时的小食，用于供应船只。这种食品看起来或想象起来并不令人讨厌。它们尝起来像对虾，并且可能更加美妙和具有风味，尤其是有卵的雌性个体——这在Foucher d' Obsonville 1783年的关于各种国外动物的哲学论文中提到；里面有关于对几个东方国家的法律和习俗的观察。

3.4.3 近代食虫学术派

意大利的昆虫学家、博物学家 Ulysse Aldovandi，出生于 1522 年，他被认为是近代昆虫学研究的创始人。他的 *De Animalibus Insectis Libri Septem* 一书出版于 1602 年，其中充满了源于他的研究和最初发现的参照及概念。Aldovandi 是研究蝉的专家，他认为在公元前几世纪直到 19 世纪，当探险家带着他们的发现从热带地区国家回来，西方人才开始熟悉食用昆虫。非洲的探险家，如 David Livingstone 和 Henry Morton Stanley，将食用昆虫的事编成故事，有助于向西方介绍这种实践。例如，1857 年，德国的探险家 Barth Heinrich 写了一本名叫《非洲北部和中部的旅游与发现》的书，书中写到那些食用昆虫的人“不仅能够得到享受美味的喜悦，而且可以获得报复昆虫破坏庄稼的快乐”，这对于农业害虫是一个有趣的尝试。

在 19 世纪的美国，洛基山蝗虫群(*Melanoplus spretus*)经常席卷美国的西半部(向北到达加拿大)，导致庄稼遭到毁坏(Lockwood，2004)。一个著名的目测发现蝗虫跨越 19.8 万平方英里*。根据世界吉尼斯纪录中一个迄今为止最大的动物聚集记录，这个蝗虫群估计重 2750 万 t，包含了 12.5 万亿只昆虫。

引领美国的昆虫学者 Charles Valentine Riley，在 1868 年被任命为密苏里州的第一位州昆虫学者，让他研究 1873～1877 年蝗虫群侵扰西部许多州而引起的黑死病。他主张通过简单地食用蝗虫来控制它们(Lockwood，2004)：

每当我参加以不同形式准备的蝗虫食品宴会时，我都会吃光。有一天，没有其他食品可吃，我必须吃以几千只未完全发育的蝗虫为原料制作的食品。我怀着疑虑开始了实验，满心期待着要克服不愉快的味道，但我很快就惊奇地发现无论昆虫食品以何种方式准备都是美味的。未加工的蝗虫是最令人厌恶的，但经过煮熟的昆虫是可以接受的，它们足够温和以至于可以与其他任何食品混合，可以通过品尝和想象而轻松地被掩饰。但是我认为喜欢它们最重要的一点是不需要复杂的准备或调味……

目前，英国的昆虫学家 V. M. Holt 通过 1885 年发表的题为《为什么不食用昆虫？》的小书而成为将昆虫带给更多听众的最有影响力的人。这本书请求他的英国同胞考虑食用昆虫这个建议：

有一个不变的疑问就是农民如何成功地与贪吃他们作物的昆虫作斗争？我认为这些昆虫贪吃者应该被贫穷的人收集起来作为食品。为什么不这样做呢？(Holt，1885: 14～15)。

Holt 的建议建立在高尚的维多利亚时代价值观之上，包括供养穷人和节约资源(Friedland，2007)。Holt 对不接受昆虫作为食品的人感到疑惑，因为构成其他

---

* 1 平方英里=2.589 988km^2。

被认为是美味的动物(如龙虾)的成分与昆虫几乎是一样的。但是，他将昆虫做了不同分类,包括他认为不干净且不能食用的(如苍蝇和埋葬虫)及干净的昆虫(如甲虫和草蜢)。Holt 也意识到了其他文化中的食用昆虫：

如果我从古代或者是那些声称不文明的现代国家提出例子，我预见我会遇到争议，“我们为什么要模仿这种不文明的竞赛？”但是通过查看会发现，尽管不文明，但大多数这些人在食品安全方面比我们更加独特，他们看待我们把不干净的猪或者是生牡蛎当作食品比把品尝以合适方式做的干净喂养的蝗虫或是棕榈蛴螬更加恐怖(Holt，1885)。

Holt 在 1885 年持有这种观点在他那个时代是很超前的,在那个时候食用昆虫从未被英国的饮食文化广泛接受。

4 可食用昆虫的自然资源属性

4.1 可食用昆虫生态学

可食用昆虫资源是一类主要从自然资源中获得的非木质森林产品(NWFP)(Boulidam，2010)。可食用昆虫栖息在多种栖息地里，如水生生态系统、森林和农田生态系统。在一个较小范围内，可食用昆虫可能会以植物叶片(如毛虫)或者植物根部(如木蠹蛾幼虫)为食，生活在树木的树枝和主干上(如蝉)或在土壤中繁殖(如蜣螂)。

昆虫生态学可以被定义为昆虫个体及昆虫群体与环境之间的相互作用。这包括以下过程，如营养物循环、授粉和迁移，以及种群动态和气候变化。尽管自然界中一半以上的有机体是昆虫，但是人类的昆虫生态学知识很缺乏。一些物种一直被认为能产生有价值的产物，如我们都知道的蜜蜂、蚕和胭脂虫，然而许多其他昆虫的知识仍然很缺乏。这一章明确指出了研究食用昆虫的必要性及如何应用这些知识。

4.2 野外采集昆虫的潜在风险和解决方案

4.2.1 风险

昆虫为生态系统提供许多很重要的服务*，如授粉、堆肥、防止野火和控制害虫(Losey and Vaughan，2006)(详见第 2 章)。像蜜蜂、蜣螂、织叶蚁这些食用昆虫，在热带被广泛地作为食品，它们就提供了这些生态系统服务。目前来看，可食用昆虫似乎仍是取之不尽的资源(Schabel，2006)，但是像大多数自然资源一样，一些可食用昆虫正处于灭亡之中。Ramos Elorduy(2006)在墨西哥的伊达尔戈州发现了 14 种面临生存威胁的可食用昆虫，包括用于麦斯卡尔酒的红龙舌兰虫(*Comadia redtembacheri*)(=*Xyleutes redtembacheri*)、纳瓦霍保留地蚂蚁(*Liometopum apiculatum*)和龙舌兰象鼻虫(*Scyphophorus acupunctatus*)。

大量的人为因素对可食用昆虫群体产生着威胁。对可食用昆虫本身的采集会导致与它的捕食者的**直接竞争**，从而导致损害群体生存的能力(Choo，2008)。多

---

* 译者注：生态系统服务功能指人类从生态系统获得的所有惠益，包括供给服务(如提供食物和水)、调节服务(如控制洪水和疾病)、文化服务(如精神娱乐和文化收益)，以及支持服务(如维持地球生命生存环境的养分循环)。

数的可食用昆虫是其他昆虫(如瓢甲类和寄生蜂)和其他生物(包括鸟类、蜘蛛、哺乳动物、两栖动物、爬行动物)的猎物和寄主，昆虫种群下降对它的捕食者的影响还不明确。许多可食用昆虫本身就是捕食者或分解者，它们种群数量的下降会对其他昆虫物种和生态系统的功能产生负面影响。**昆虫资源的过度利用对现在以及未来的昆虫利用造成了严重的威胁**(Morris，2004；Schabel，2006)，尤其是当大量的个体(成熟的和未成熟的)被利用并且超出了其再生能力的时候(Cerritos，2009)。另外，如果昆虫的采集没有选择性，那么将会导致昆虫种群的稳定性和再生能力受到威胁(Latham，2003；Illgner and Nel，2000；Ramos Elorduy，2006)。这种情况会发生在成熟昆虫第一次交尾和产卵之前就被捕获的时候(Cerritos，2009)。此外，许多地区是“开放获取”的，增加昆虫的采集会对现存的种群造成威胁(Akpalu et al.，2009)(信息栏 4.1)。更加复杂的问题就是关于可食用昆虫的持续利用及栖息环境的本土知识正在逐渐消散(Kenis et al.，2006)，并且没有经验的采集者有时会采用不可持续的采集方法采集昆虫(Ramos Elorduy，2006；Choo，2008)。

信息栏 4.1　老挝人民民主共和国

在老挝人民民主共和国 Dong Makkhai 村子里，21 种食用昆虫被采集起来并在 Sahakone Dan Xang 鲜活市场上出售。在这个村子中平均 23%的家庭总收入来源于食用昆虫的生产和售卖。大多数被消费者喜爱的是蚂蚁的卵(*Oecophylla smaragdina* 的幼虫和蛹)、草蜢(各种品种)、蟋蟀(*Tarbinskiellus portentosus*、*Teleogryllus mitratus* 和 *Acheta domesticus*)、胡蜂(*Vespa* spp.)、蝉(*Orientopsaltria* spp.)和蜜蜂(*Apis* spp.)。今天，昆虫采集者声称他们需要更多的时间来寻找与 10 年前相似的可食用昆虫，这可能主要是因为昆虫采集者增加。

资料来源: Boulidam，2010。

最后，像其他的自然资源一样，**栖息环境的破坏**(包括森林砍伐、森林退化和污染，如通过杀虫剂)会对可食用昆虫的群体产生生存压力(Morris，2004；Ramos Elorduy，2006；Schabel，2006)。寄主树木经常被砍伐以增加昆虫采集量，如采集以萨佩莱树(sapele tree)的叶子为食的可食性毛虫就对将来的收成造成了影响(Vantomme et al.，2004)。栖息地被破坏经常是源于农业活动，如伐木和放牧(FAO，2004)。对昆虫栖息地的影响必然会影响它们的数量和分布(FAO，2011c)。**气候条件改变**影响热带可食用昆虫种群相对还是未知的，温度升高会导致一些昆虫种群数量的增加，但是极端的炎热或者干燥也会导致数量的下降(Toms and Thagwana，2005)，并且种群的分布也会受到影响。

可食用昆虫种群面临的问题与它们的采集直接相关，并且这些问题深深植根于人类对自然环境的不持续利用的观念。如果采集它们是纯粹商业化的而没有注意可持续性管理，采集的可食用昆虫将有可能证明对一些重要的生态系统产生威胁(信息栏 4.2 和信息栏 4.3)。

信息栏 4.2 亚洲和太平洋地区野生昆虫采集：过去、现在和未来

在过去，亚洲和太平洋地区大多数捕获的野生型昆虫仅仅在农村被消费，获取的数量取决于个人的消费需求。今天，捕获的野生型昆虫已经成为一种额外的收入来源。在可能的情况下，越来越多的昆虫被收集起来，收集的一部分昆虫可以在市场上出售，剩余的用于个人消费。随着可捕获的昆虫资源越来越少，更少的昆虫用于家庭消费，而获取的现金收入则常常用于购买不健康的食品。昆虫资源利用方法的改进(通过新公路和现代运输方法)导致了来自远方更多的采集者，反过来，这也使得当地的村民将他们的捕获物运到更远的地方和更大的市场。

需求的增加也引起了对昆虫种群数量及其环境的压力。然而，目前对于食用昆虫野生捕获的可持续性及其生态影响的信息还很缺乏。此外，可持续的采集方式和采用其他形式生产食用昆虫可减少野生食用昆虫种群的潜在压力，包括栖息地管理。小型的密闭条件下(如网箱和池塘)和工业生产系统(工厂)的人工控制饲养，需要鉴别出适合饲养的昆虫种类。利用无脊椎动物的高多样性，可能有助于其增加对疾病和气候变化等意外冲击的抗性。

资料来源：Yen，2012。

信息栏 4.3 可乐豆木毛虫和其他非洲毛虫

可乐豆木毛虫的数量已经自 20 世纪 90 年代的商业化陷入大幅波动后逐渐减少，可乐豆木毛虫种群遇到了和非木质森林产品(NWFP)同样的问题：一旦发现一个重要的市场，过度开发的压力就会变得日益激烈，这会导致不可持续地利用(Sunderland et al.，2011)。贫穷、粮食不安全和环境灾难加剧了这一问题。

在过去，采集毛虫是被限制的（如*Cirina forda*的第一代传统上不采集，只采集第二代；Latham，2003）。但是农村贫穷的加剧和城市中心经济没落，造成了毛虫的过度采集。这让一个充满希望的新收入和更便宜的蛋白质来源陷入了保护困境。在津巴布韦和一些其他国家，对可乐豆木毛虫的过度捕捉使幼虫年生产量逐渐下降（Roberts，1998；Illgner and Nel，2000），即使给予最优的生长环境，种群数量也是不可能恢复的。环境灾害（如干旱）带来的低产量，可能会引发人们进一步触发收获这种廉价和开放的资源的增长，这已经在许多地区发生了（Toms and Thagwana，2005）。

此外，当无法捉到毛虫时，绝望的人们往往会砍倒一整棵树，这种做法一直以来都是不被赞成的，因为失去寄主树木对未来种群生存是有害的（Latham，2003；Morris，2004；Toms and Thagwana，2005）。然而，确定可持续发展的采集水平仍然是一项艰难的任务，这对区域未来的发展是一个重要的问题，因为几个重要的变量包含在了种群水平的确定中。资源的季节性和种群暴发的不可预测性，再加上生物和环境因素广泛的复杂性，使这成为一个有争议的问题（Stac et al.，2003；Ghazoul，2006）。如果该行业想继续发展并且想继续为南非地区的贫民作出贡献，这些问题值得研究而且必须研究。

很多当地居民都很清楚这种危险行为会伤害可乐豆木林地，同样意识到保护措施的重要性，如足够的消防管理、监测毛虫及其发展、具体栖息地的保护和坚持限制收获期（Holden，1991；Mbata et al.，2002；Toms and Thagwana，2005）。问题是，这些地方的积极性，在他们的社会经济背景下是否现实？贫困—环境之间的关系一直存在，经济和营养问题会刺激驱使当地居民为满足眼前的生活需求而过度地采集。保护政策需要把几个方面的内容考虑在内。例如，在季节开始时就收获小幼虫会导致开发过度，这是一个浪费的做法。然而，努力限制可乐豆木毛虫采收期就必须为当地人提供其他的饮食和生财之道。此外，在一些地区，当地的信仰不承认可乐豆木毛虫的生命周期，所以栖息地的管理（即限制收获）被认为是不必要的（Toms and Thagwana，2005）。如果要成功地进行管理，那么管理措施就需要平衡生态和社会、文化、经济目标之间的关系。

4.3　可食用昆虫资源的保护和管理

在森林管理者中，很少有对可持续管理和采集昆虫资源的潜力欣赏和认可的人。大部分人对于治理森林植被或增加昆虫收获的最大化或昆虫种群的可持续性没有相关的知识储备和经验。事实上，因为许多昆虫都会对有价值的商业树木造成损害，使树木死亡率增加，所以许多森林管理人员认为，几乎所有的昆虫都是潜在的破坏性害虫。管理昆虫的知识往往被传统的丛林居民和依赖森林为生的人们所掌握(Durst and Shono, 2010)。

科学家通常从 3 个层次谈论生物多样性：生态系统、物种和遗传基因。以此为基础，人们相信生物多样性可以为食品安全和改善营养作出重大贡献(Toledo and Burlingame，2006)。鉴于昆虫为生态所提供的服务被视为对人类生活至关重要，保护昆虫和它们所占据的栖息地最近受到了越来越多的关注(DeFoliart，2005；Samways，2007)。“旗舰物种”(flagship species)一词的推广用来刺激公众产生对昆虫保护成果的兴趣(Simberloff，1998)。同样，保护生物学家认为以“保护伞物种”(umbrella species)为代表的物种保护行为会间接利于出现大量自然共生物种和利于其栖息地(Roberge and Angelstam，2004)。虽然这些物种往往是大型的、具有象征意义的哺乳动物，如大熊猫、老虎，但是食用昆虫物种作为“旗舰物种”和(或)“保护伞物种”等自然资源是值得关注的，这不仅仅是因为它们为必需的生态系统提供的重要作用(Yen，2009；DeFoliart，2005)。然而，对于这种情况，昆虫分类学上的知识仍远远落后于对脊椎动物和植物的，这种状况需要改变(Winfree，2010)*。关于昆虫物种对当代威胁和保护及管理的要求的知识记录也相对较少(与脊椎动物和植物的物种相比)(Yen，2012)。虽然昆虫占整个森林生态系统的生物多样性比例最大，但它们仍然是研究最少的森林生物(Johnson，2010)。

Samways(2007)作出了一个关于昆虫保护的罕见但有前景的贡献，他详细描述了如何有效地管理和监控昆虫种群和栖息地，并提出以下足够维持昆虫种群水平的 6 条原则：保持储备；尽可能多地保持高质量的景观异质性；降低残余地块和邻近不良地块之间的对比；设置昆虫可储备的土地；模拟自然条件和干扰；连接质地类似的栖息地地块。Boulidam (2010)补充认为，食用昆虫的管理工作应注重于有巨大潜力和价值的种类。这些原则对林业、生态学和昆虫学专家尤为重要。然而，昆虫保护的努力如果不能得到来自国内和国际研究开发机构与当地群众充分的支持，仍将是徒劳的(Schabel，2006；Cerritos，2009；Boulidam，2010)。

当今，在昆虫生态学上的空缺是制约可食用昆虫可持续发展的主要障碍。迫切需要研究的问题包括确定可食用昆虫的物种、种群的估计、了解物种及其栖息地的生态学和生物学，以及了解确定物种丰富度的因素。增加如最大丰度、种群动态和生命周期理论等因素的知识，对应对可食用昆虫资源的枯竭是必不可少的(Ghazoul，2006；Cerritos，2009)，利用已有的知识证明可能是特别有用的。鉴

* 译者注：昆虫分类学不应仅仅局限于种类的描述和发育系统的理论构建，更应该关注昆虫物种的生态服务功能及其资源功能，或许这会成为昆虫分类学、昆虫生态学和昆虫资源学的交叉学科。

于以上情况，很显然对可食用昆虫研究领域的下一个步骤是持续增加生产和饲养野生可食用昆虫，通过扩张或集约化生产最终实现在生态学上良好的森林管理做法(Johnson，2010)。

森林和森林产业长期以来一直将毛虫当作害虫，因为它们取食新鲜的树叶，因此被认为是对树木有害的种群。然而，实际上，树木会产生更多的树叶来回应这种取食。N'Gasse 等(2004)发现毛虫对树叶造成的消耗对树木只有有限的影响。事实上，将森林中的毛虫采集起来被认为是一种生物防治方法，只要在采集的时候不伤害树木(Vantomme et al.，2004)(更多的有害生物管理详见 4.3)。作为交换，寄主树木的养护和管理对毛虫的保护大有益处(Holden，1991；Munthali and Mughogho，1992；Chidumayo and Mbata，2002；Toms and Thagwana，2005)。

在东非的濒危昆虫名单。国际热带农业研究所(IITA)在贝宁建立了有一份 34 个昆虫物种的红色濒危物种名录。昆虫面临的主要威胁包括变异和在一些地区由于污染导致的栖息地的消失，以及过度的农业生产、拙劣的农耕技术、随意焚烧、无限制地砍伐、对保护区的不重视，从长远来看，还有气候变化和授粉昆虫的消失等因素。鉴于大多数濒危昆虫生活在森林生态系统，森林砍伐成为最基本的问题(Neuenschwander et al.，2011)。这份名录包含一种确定在中非地区被食用的物种：*Goliathus goliathus*(Bergier，1941)。在贝宁，这种昆虫受到威胁是因为它们的首要寄主树木——*Holoptelea grandis* 减少。由于现在 *Goliathus goliathus* 可以很容易饲养，因此捕杀这种昆虫的行为减少，并且不再将其认为是对这些树的一种威胁(Neuenschwander et al.，2011)。

用于食品和农业的微生物和无脊椎动物的生物多样性。联合国粮食及农业组织(FAO)的粮食和农业遗传资源委员会(CGRFA)及《粮食和农业植物遗传资源条约》认识到，微生物和无脊椎动物在植物生产生态系统和自然环境中提供服务，并且在食品安全和可持续农业中扮演了基础性的角色。CGRFA 将功能组区别如下：授花粉器；生物控制剂(生防)；土壤生态系统工程师和调节器；食品供应商和非木材林产品(如蚕丝、蜂蜜、可食用昆虫)的提供者；水生无脊椎动物及它们对渔业和水产养殖的贡献(可能延伸到包括无脊椎动物作为传统牲畜的食物的使用)(FAO，2009a)。联合国粮食及农业组织具有悠久的技术工作传统，研究微生物和无脊椎动物对食品和农业的重要性。这些都是该组织有害生物综合治理(IPM)的计划和策略。通过 CGRFA，关于对“潜在的生物多样性”的关注度增加了。

FAO 还协调了《生物多样性公约》的两个全球性举措，这是根据微生物和无脊椎动物在所有生产系统中提供的基本服务建立的：“保护和可持续利用传粉者国际计划”和“土壤生物多样性可持续利用的国际计划”。国家昆虫生物多样性的可持续利用，详见信息栏 4.4。许多合作组织就这些重要的举措与 FAO 展开合作。

信息栏 4.4 巴西的昆虫及其生物多样性

巴西是全球公认的生物多样性的热点地区(Myers et al.，2000)。这个国家也拥有丰富的文化多样性，具有 222 个明显的土著民族及其他一些团体，包括手工渔民、亚马孙平原居民(或河流居民)和非洲裔巴西人。这种组合的多样性被称为生物社会多样性(Costa Neto，2012)。

在文献中记载，分布于巴西 26 个州的 135 种可食用昆虫，分属于 9 目 23 科，其中 95 个物种已经被鉴定到种，18 个物种被鉴定到属，其他仅有俗名(图 4.1)。最多的物种是膜翅目(63%)、鞘翅目(16%)和直翅目(7%)(Costa Neto，2012)。考虑到巴西丰富的生物社会多样性，“可以这样说，人类食虫性被低估了，因为营养丰富的可食用昆虫可以被大量食用”(Costa Neto，2012)。

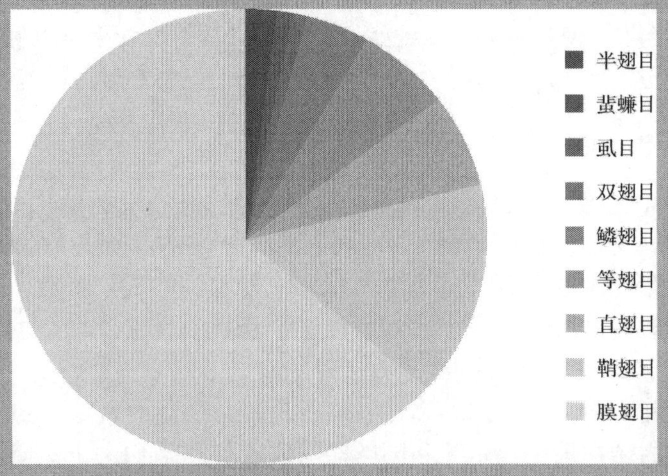

图 4.1 巴西昆虫的分布(彩图请扫封底二维码)

资料来源: Costa Neto，2012。

4.4 可食用昆虫的半人工养殖

对一个特定的昆虫物种，更好的生物学和生态学的知识不仅可以让我们了解它发生的季节性，还能有更多方面的了解，例如，或许可以发展采集昆虫的有效工具。也可以实现对一个或大或小的可食用昆虫的栖息地的控制，如控制昆虫在一年内的行为和可用性(Van Itterbeeck and van Huis，2012)。这被称为**半人工养殖**，它类似于培养，是一个通过使用劳动和技能促进有机体生长(或提高质量)的过程。半人工养殖很少涉及昆虫的抚育(因为反对实际的培养或养殖，这是第 7 章的主题)。半人工养殖昆虫可在野外获得，但一般不密闭培养(即使一些昆虫可能在它们发展的一些阶段被捕获，如棕榈象甲幼虫，在委内瑞拉这种幼虫可在塑料瓶中养殖，Cerda et al.，2001)*。半人工养殖昆虫并没有把昆虫从野生种群中分离出来。在亚马孙河流域、印度尼西亚、马来西亚、巴布亚新几内亚、泰国和热带非洲的棕榈象甲幼虫，在非洲撒哈拉以南地区的毛虫，泰国的竹毛虫，墨西哥水生蟒蝽的卵和撒哈拉以南非洲的白蚁都是半人工养殖昆虫的例子，它们的栖息地被控制在或大或小的区域。可食用昆虫的栖息地环境控制的证据可以在考古记录中发现，这表明它们是固定食品生产和驯化发展的重要基础(Barker，2009)。这种用于生产可食用昆虫的控制方式是有用的，因此可作为第一步，直到更多的生产控制。半人工养殖有很多好处，尤其是保证可食用昆虫的可用性和可预测性。周围的半人工养殖的活动有可能同时有助于可食用昆虫栖息地和食品安全保护。在热带地区，重点应放在半人工养殖措施已经到位的地方，使其最大限度地生产。如果对其他可食用昆虫种类的生物学和生态学有足够的了解，那么这样的活动可以发展到其他可食用昆虫种类。

4.4.1　棕榈象甲幼虫

半人工养殖的经典案例包括 *Rhynchophorus palmarum* 幼虫(美国中部和南部)、*R. phoenicis* 幼虫(非洲)和 *R. ferrugineus* 幼虫(东南亚地区)的半人工养殖(详见 2.3.2 节)。最详细的信息是对 *R. palmarum* 幼虫的半人工养殖。因为棕榈树在选定的地点和时间被故意砍伐，它们可以被视为控制变量。这个过程是相对简单的：人们砍伐后 1～3 个月回到树干收获幼虫(Choo et al.，2009)。一些印第安人使用这项技术作为一项让他们远离村庄进行狩猎、钓鱼的策略(Dufour，1987)。

已知在委内瑞拉玻利瓦尔共和国的印第安人使用他们关于棕榈象甲的土著知识来控制两个棕榈象甲物种的幼虫的相对数量，这两个物种是 *Rhynchophorus palmarum* 和 *Rhinostomus barbirostris*，其中雌性在相同的树干中排卵。这两种象甲物种在生物学上产卵不同：*R. palmarum* 成虫在暴露的砍伐的或自然倒下的棕榈树组织内部取食、交配和产卵。而 *R. barbirostris* 在完整的棕榈树躯干表面排卵，这样就可以利用整个躯干产卵。*R. palmarum* 成虫比 *R. barbirostris* 到达树木的时间要早，因此，当前者首先在柔软的内部消耗树干，这样就比 *R. barbirostris* 产下数量更多的幼虫。

类似的技术也在巴布亚新几内亚的西谷椰子(*Metroxylon sagu*)上被采用

---

* 译者注：充分利用废弃塑料瓶、塑料盒养殖昆虫将会具有重大意义。有数据显示，中国 2016 年的塑料制品产量为 7500 万吨，其中，食品包装袋、农用薄膜达到 1300 万吨，外买塑料制品 12 万吨，这些绝大多数可以直接用作昆虫养殖器具，或稍加改制或重塑成昆虫养殖器具。山东农业大学已经利用改制的废旧矿泉水瓶作为瓢虫的饲养器具，实现了大规模生产及应用于保护地有效控制蚜虫数量。

(Mercer，1994)。*R. ferrugineus papuanus* 的交配行为是群体性的，因此会很容易导致 100 条或者更多的幼虫在单一的树干中。由于象甲虫成虫只在树木死亡的区域取食淀粉并产卵，因此可有意地砍倒树木来采集幼虫以增加它们的数量。在巴布亚新几内亚，为了食物和饲料安全的未来前景，只能提供少量淀粉的棕榈树通常留给棕榈象甲幼虫半人工养殖使用(Townsend，1973)。

Cerda 等(2001)记录了在委内瑞拉的美洲印第安人在简易平房里饲养其他作物上的 *R. palmarum* 的方法。象甲虫喜爱在莫里契棕榈(*Mauritia flexuosa*)上生长，这是由于象甲虫生长在这里会有高达干重 40%的蛋白质含量，这比饲养在其他棕榈科植物中要高得多。4 周后美洲印第安部落的人从树上收集幼虫，然后继续在家附近的塑料容器中饲养几周。他们用香蕉假茎、废弃的蔬菜和水果喂养幼虫(Cerda et al.，2001)。对菠萝-甘蔗这种饲料也做过一定的探索(Giblin-Davis et al.，1989)。过度开发被认为是一个潜在的问题，因为棕榈树都被砍伐来诱发成虫产卵和供给随后幼虫的生长。尽管 Cerda 等(2001)称，12 科的 31 种植物都可以作为寄主饲养棕榈象甲虫，但是精心的管理仍然是保证可持续发展的重要前提。

传统的人们会管理和保护一些植物物种，包括棕榈树(Politis，1996)，以及干预环境，例如，砍伐森林、种植和照料植物(Barker，2009)。在世界的许多地方，树木被砍伐以刻意刺激棕榈象甲虫幼虫的生产，这表明这些是昆虫幼虫主要的食物来源。树木被砍伐可用来收获淀粉，收集水果，或汲取树汁来酿酒，幼虫生长在树干的未加工部分，因此被称为副产品(Dufour，1987)和第二作物(Bodenheimer，1951)。虽然双重生产极有可能是准备充分的，但是把棕榈象甲幼虫真正当作副产品时应该格外谨慎(Van Itterbeeck and van Huis，2012)。

4.4.2 毛虫

信息栏 4.5 提出了两个关于管理栖息地来提高毛虫(caterpillar)丰度的例子：分块迁移农业和消防管理。就其本身而言，这些活动可以被视为半人工养殖。同样，种植宿主树木和避免砍伐寄主树木增加了毛虫产卵场所(Takeda，1990；Latham，1999)。Latham(2003)提供了一份广泛的食用毛虫物种及其寄主植物的名单，并展示了传统是如何采集毛虫的，倡议保持或重新恢复。Mbata 和 Chidumayo(2003)详细描述了在赞比亚科帕地区各级社会参与的系统：高密度的蛾卵位点检测，对第一龄的外观和末龄(在当地人中允许收集的唯一龄期)进行监测。基于这些观察，控制采集时间，必要时暂时强制限制采集毛虫。老规矩还在照办，仪式还在举行，这将毛虫强烈地植入了当地的文化中。在刚果民主共和国的下刚果省，当地人在住宅附近的相思树上重新引入像 *Cirina forda* 这样的毛虫，并让毛虫成长直到它们能自己取食。有一些毛虫可以化蛹，长成成虫蝴蝶，并在同一地区产卵。以这种方式，毛虫在下一个季节的供应就能得到保证(Latham，2003)。

信息栏 4.5　消防管理和轮作对毛虫种群的影响

消防管理

消防措施在林业管理中非常常见。在马拉维的卡松古国家公园，消防措施已经影响毛虫产量(Munthali and Mughogho，1992)。例如，后期燃烧(9～10 月)是特别危险的，因为它正好与毛虫种群的成虫——蛾的产卵时期一致。相反，早期燃烧(6～7 月)会增加毛虫产量，这可能是因为早期燃烧减少了取食蛾卵和幼虫的食肉动物而且促进了作为毛虫饲料的嫩树叶的生长。最初认为最高的毛虫产量出现在树高 1～3m 的时候——恰好这也是采集能够达到的高度。如果这是真的，一个促进林地 0m 和 4m 之间的茎生长的周期循环燃烧方案也许会成为森林可持续管理政策的方式，并将同时有利于森林中的生物及其生活方式(Munthali and Mughogho，1992)。然而，后来的研究表明这种毛虫多数(70%)被发现在 3m 以上的寄主树木上(Roberts，1998)。这种差异可能是由栖息地不同的当地条件造成的。因此，消防管理政策应根据当地情况确定，首先要考虑的是重要的森林资源——如可乐豆木毛虫——人们赖以生存的粮食安全和生计方式。

轮作农业

在休耕地的轮作农业(即清理树冠)可以刺激毛虫宿主树的再生长从而增加毛虫潜在的数量(Chidumayo and Mbata，2002)。在某种程度上，选择性地砍伐可能有利于毛虫，因为它不会对林地产生负面影响。森林资源是可以提供这种栖息地管理形式的理想环境，也提供了教育当地人民对栖息地保护重要的一种方式。森林资源的作用可以被概念化，包括指定为毛虫生产的领域，这也将有助于阻止对毛虫寄主树木的采伐行为(N'Gasse，2004)。然而，这种管理策略的长期影响以及对高树和矮树比例的影响，还需要进一步研究。

鉴于面临野生种群的问题，如无规律和不可预知的种群暴发(Hope et al.，2009)，农林复合系统型毛虫和寄主植物的驯化正在探索之中。例如，通过简单的方法(如用防护布套覆盖树枝和阴暗的房子)可以使幼虫抵御干旱、高温和捕食者(这些因素会提高昆虫野外的死亡率)。然而，对于能长期生存的种群，目前还不清楚。圈养繁殖容易感染病毒和细菌性疾病及受到寄生蜂攻击，这个问题也发生在可乐豆木毛虫野生种群上。最近的研究表明，可乐豆木毛虫养殖应保持小规模以减少病毒病的影响。因此，一个村庄，有多个小规模的养殖场比一个大养殖场可能更好，如果养殖场间的信息能得到很好地交换，则出现问题的农场就能轻易地重新引进健康的卵或幼虫。然而，这取决于农民之间已经建立了信任度。半驯化是一个严肃认真的主题，可乐豆木毛虫养殖的疾病管理和控制非常值得关注。圈养繁殖的发展并不排除管理野生种群的持续发展和成功。相反，如何减少疾病死亡率的研究将同样使可乐豆木毛虫野生种群受益，并同时为毛虫饲养行业的发展作出贡献(Ghazoul，2006)。

考虑到非洲可乐豆木毛虫在经济和营养上的重要性，获取更多关于野生可乐豆木毛虫的生态学和种群生物学的科学知识是非常必要的。同样，也适用于其他可食用的毛虫(Munyuli Bin Mushambanyi，2000)。对将昆虫作为一种可行的食品和收入来源存在偏见是西方科学引起的(Kenis et al.，2006)。充实现有研究中存在的不足将为野生可乐豆木毛虫种群的可持续管理提供所需的知识。例如，如果能更准确地了解暴发时间及更好地理解疾病和寄生蜂对可乐豆木毛虫的影响将使农场和当地群众受益(Ghazoul，2006)。

在泰国，皇家森林部林产品研究部研究了成竹毛虫(*Omphisa fuscidentalis*)，又名竹虫。成竹毛虫生活在竹节间，它们以竹子柔软的内部组织为食。虽然收获毛虫的时候竹子必须切开，但是这并不会杀死竹子。业余的采集者也已经知道寻找毛虫不需要砍倒竹子，有毛虫的竹子能通过幼虫在进入竹子的时候留下的孔及节间的大小而分辨出来。而且被砍伐的竹子可以用作薪材和花园中的材料，或是制造工艺品。有关对竹虫的生物学和生态学数据的研究报告已由泰国皇家森林部门在2000年出版。除其他事项外，该报告鼓励当地人种植竹子来弥补由收集竹虫造成的危害，还提供了半人工养殖竹毛虫的方法，如成熟的幼虫可以在家里放了水并盖了网套的笋中饲养，产生的成虫在此交配，然后雌成毛虫在竹中产卵。目前的研究正在缩短滞育以允许全年生产(Singtripop et al.，2000)。

4.4.3　水生半翅目昆虫的卵

阿兹台克人认为水生的半翅目昆虫卵味道鲜美，称它们为ahuauhtle；西班牙征服者到来之后，它们被称为“墨西哥鱼子酱”(尽管这一词语多应用形容蚂蚁的幼虫)(Bachstez and Aragon，1945)。ahuauhtle(成虫被称为axayacatl)为0.5～1mm，其中最流行的是*Corisella*、*Corixa*和*Notonecta*种类的卵(Bergier，1941；Bachstez and Aragon，1945；Parsons，2010)。

鼓励ahuauhtle的生产是相对简单的。雌成虫在湖泊的水生植物上产卵(Bergier，1941；Bachstez and Aragon，1945；Parsons，2010)。如果给这些雌成虫提供产卵地，那么这些卵就是半人工养殖的。用捆绑的树枝、草和芦苇(如*Carex sedges*)；通过一根绳子绑在一起并和湖底隔开(平静和浅水区效果最好)(Guerin-Meneville，1857)，并用石头将它们固定在一个地方(Guerin-Meneville，1857；Ramos Elorduy，1993；Parsons，2010)。还可以将长U形草、芦苇捆间隔1m放一个，这种方法最近已经被应用。雌性的半翅目昆虫会产卵在这些捆上，通过移动这些捆或者摇动它们可以很容易地收获昆虫。然而，由于水体污染，在许多这样的湖里的收成已经下降(Ramos Elorduy and Pino，1989)。

4.4.4 白蚁类

Farina 等(1991)提出了一个在干燥、阴暗的地方通过提供潮湿的纤维素(如纸、纸板和干植物材料)和土壤的混合物来进行半人工养殖白蚁的方法，包括在土壤中室内养殖白蚁。在多哥，当地有专门用于白蚁半人工养殖的产品，称为 canari(一个涂石灰的储水器)、干高粱茎或其他谷物、水、一块旧麻袋、石头和一些潮湿的土壤。一个简单的木质结构用来在白蚁丘的入口控制储水器。白蚁可以在 3～4 周内收获。正在建设中的白蚁丘是理想的，但老丘也很好(Farina et al.，1991)。

4.5 有害生物治理

许多可食用昆虫被认为是对农作物有威胁的害虫(信息栏 4.6)，使用化学防治方法(如农药和杀虫剂处理)在世界的许多地方是司空见惯的。然而，人工采集这些害虫，不仅可以养活自己和保护作物，也有利于通过减少和减轻对农药的需求来保护环境。

信息栏 4.6　金龟子的案例：农业害虫变成美味的争议

虽然很难相信，但欧洲金龟子(*Melolontha melolontha*)，在 18 世纪的欧洲一直都被作为食品。Charles Darwin 的祖父 Erasmus Darwin (1731–1802 年)，一位自然哲学家、心理学家、发明家和诗人，1800 年在 *Phytologia* 中写了一篇将昆虫当作食品的文章：

我观察到一只麻雀杀死五月金龟子，取食了它的中心部分。有人告诉我说，火鸡和乌鸦也是一样。然后我得出结论，如果东方的蝗虫或白蚁经过妥善烹调也会成为美味的食品。可能是大的昆虫，或是它的幼虫，秃鼻乌鸦在刚耕作过的农田里把它叼起，就好像是和 Grugru 一样好吃的幼虫，或者像取食棕榈树的毛虫一样，这两者在西印度群岛都被人们烤了并吃掉。(后者可能是指 *Rynchophorus* 物种，棕榈象甲在几乎所有的热带国家都被当作美食。)

几年以后(1878 年 2 月 13 日)，这种昆虫引发了争议。为了应对农业昆虫(尤其是五月金龟子)对农业的危害，法国参议员 Tesselin 在政府公报上发表了金龟子食谱：

抓住这些昆虫，捣碎它们，然后把它们放在滤网中过滤。制造薄汤，就加水淹没它们。如果制备脂肪汤，就倒入肉汤淹没它们。这给出了一个令人喜欢的菜，深受美食家喜爱。

值得注意的是，由这种昆虫做的汤菜(在欧洲一些国家称为金龟子汤)成为传统汤肴中一个主要组成部分。实际上，直到20世纪中叶，这种汤——可与龙虾浓汤相媲美——才被认为是法国、德国和其他欧洲国家的美食。尽管这道菜是一道美食，但是其争论持续多年。今天，保护物种及其栖息地的努力正在进行。金龟子的案例可以被看作是一种昆虫开发作为食物来源的鼓舞人心的例子，因为这表明观念确实可以改变。

资料来源：Wikipedia, http://de.wikipedia.org/wiki/Maik%C3%A4fersuppe。

Cerritos和Cano-Santana(2008)记录了从苜蓿田中人工捕获一种流行可食用蝗虫——蚱蜢(*Sphenarium purpurascens*)的有效性，可以不通过化学防治就起到保护作物和昆虫的作用(详见2.2蚱蜢)。从蝗虫的消费和销售中产生额外的营养和收入来源获得的利益，几乎可以与作物产出的利益相媲美(即使通常情况要稍微要低一点)。在许多阿拉伯地区，农药的使用是不被赞成的；收购捕获的蝗虫减少了昆虫对作物的影响并且提供了额外的食品来源。Saeed等(1993)证明了在蝗虫暴发时期采收的昆虫有农药残留毒性，从而表明消费这些蝗虫对人类健康有风险。Cerritos(2009)确定了15种食用昆虫物种在全球或地方的农业生态系统中是可以通过相应的措施或者选择管理而控制的，如采用机械控制，并广泛用于人类消费(表4.1)。

表4.1 可食用昆虫被视为可采用替代管理策略及人类消费控制的全球性或区域性农业害虫

目	种名	中文通用名	分布区域
直翅目	*Locusta migratoria*	飞蝗	大陆间的
	Locustana pardalina	南非飞蝗	非洲
	Schistocerca gregaria	沙漠飞蝗	大陆间的
	Zonocerus variegatus	斑驳蝗虫	非洲
	Sphenarium purpurascens	草蜢	墨西哥
鞘翅目	*Rhynchophorus phoenicis*	紫棕象甲	非洲
	Rhynchophorus ferrugineus	红棕象甲	亚洲
	Rhynchophorus palmarum	棕榈象甲	美国
	Augosoma centaurus	金龟子	非洲
	Apriona germari	桑长角牛杆甲虫	亚洲
	Oryctes rhinoceros	椰子犀牛甲虫	大陆间的
鳞翅目	*Agrius convolvuli*	甘薯天蛾	津巴布韦、南非
	Anaphe panda	野蚕	非洲
	Gynanisa maja	天蚕蛾	非洲

资料来源：Cerritos，2009

有一种不同的生态型害虫管理系统涉及了织巢蚁属编织蚁，即可以作为一些有重要商业价值的树木的高效的生物防治剂(Peng et al.，2004)。Offenberg 和 Wiwatwitaya(2009b)研究表明，将 *Oecophylla smaragdina* 作为食品[如在泰国和老挝普及蚁卵的孵化(Yhoung-Aree and Viwatpanich，2005；Sribandit et al.，2008)]和在芒果种植园中作为生物防治剂都有很大的潜能。

4.5.1 案例研究：织巢蚁属编织蚁

Oecophylla smaragdina 在中国、印度、印度尼西亚、老挝、缅甸、巴布亚新几内亚、菲律宾和泰国都被消费(DeFoliart，2002；Yhoung-Aree and Viwatpanich，2005；Sribandit et al.，2008)。在非洲，它的姊妹品种 *O. longinoda* 在刚果民主共和国也被消费(DeFoliart，2002)。喀麦隆的一种酱是基于工蚁制作的(A. Dejean，私人通信，2012)。*O. smaragdina* 的分布从印度延伸到澳大利亚，而 *O. longinoda* 是处于热带的非洲特有的。编织蚁之所以叫编织蚁，是因为它们的幼虫分泌的丝筑成的巢是绑在树叶上的。一个蚁群由许多巢组成，常常占据好几棵树(Lokkers，1990)。

通常幼虫和蛹(“蚂蚁卵”)，特别是大的注定要成为蚁后的幼虫，常被消费掉。人们不喜欢成蚁(工蚁、蚁后幼虫和雄蚁)，但它们常被用作调味品。工蚁因其味道酸酸的，在老挝被添加到鱼汤中，如同许多西方国家用的柠檬(J. Van Itterbeeck，私人通信，2012)。编织蚁也是中国、印度(Chen and Akre，1994；Oudhia，2002)和澳大利亚土著居民(Yen，2005)的一种传统药品。在印度尼西亚，编织蚁的幼虫和蛹被用作鸣鸟的饲料和钓饵(Césard，2004a)。*O. smaragdina* 还在澳大利亚北部地区的一个芒果园作为芒果叶蝉(*Idioscopus nitidulus*)的生物防治剂使用(Peng and Christian，2005)。

蚂蚁是高度区域化的(Hölldobler，1983)，并且会捕捉许多以寄主树木为食的昆虫，这些寄主树木包括腰果、可可、椰子、芒果、茶和桉树(Peng et al.，2004)。早在公元 304 年，蚂蚁(黄猄蚁)在中国就被用来防除柑橘害虫。经过这种生物防治方法处理的水果产量和质量被证明比那些通过使用常规杀虫剂获得的水果产量和质量要好(van Mele，2008)。编织蚁是一个成功的害虫管理范例。

生计之道

在泰国和老挝，收获季节高峰在 2～4 月，主要是由要成为蚁后的幼虫和蛹来确定(Sribandit et al.，2008；J. Van Itterbeeck，私人通信，2012)。蚂蚁巢被发现的领域被认为是开放获取的(Césard，2004b；J. Offenberg，私人通信，2010；J. Van Itterbeeck，私人通信，2012)。幼虫和蛹通常由女性采集，这为许多农村居民提供了收入来源。同时也是一种有价值的营养资源：每 100g 新鲜的幼虫和蛹可以提供 7g 蛋白质和 79.2kcal 的热量(Yhoung-Aree et al.，1997)。Sribandit 等(2008)估计，平均每个泰国家庭在蚂蚁收获的季节出售的幼虫和蛹达 49kg，收获蚂蚁的收入约占年收入的30%，但占据不到20%的劳动活动。因此，这种努力是许多家庭生计之道的一个重要组成部分。然而，Césard(2004b)报道，由于有限的保鲜技术和相关的价格下降，这种商业发展受到了限制。

收集实践

蚁后幼虫和蛹(俗称“蚂蚁卵”)在泰国的城市和农村地区是大众食品(Yhoung-aree，2010；Sribandit et al.，2008)。收集是用一根一端绑着一个篮子、包或者网袋的长竹竿捅破巢穴，然后把“蚂蚁卵”抓进网袋里(Césard，2004b；Sribandit et al.，2008；J. Van Itterbeeck，私人通信，2012)。“蚂蚁卵”似乎并没有被过度采集，最可能的原因是种群更新快，当然也有其他多方面的原因：例如，收集者故意避免将一个巢穴内所有的幼虫和蛹全部采集；发现蜂王的巢穴通常不收集(如在老挝，这样的巢经常很小，因此被预料到蚁卵的数量少而经常被忽略)；传统做法是在一个收获季期间只在不同的小地块之间循环收集；只有一小部分的工蚁被取走(Césard，2004b；Sribandit et al.，2008；J. Van Itterbeeck，私人通信，2012)。但是，必须小心，因为正如大多数非木质林产品一样，当经济效益增加(已经在一些地区出现)和采集者的数量也增加时，收获的压力也会增加。虽然不能确定是不是由收集昆虫的活动，或是收获压力和森林损失引起的，但是泰国的昆虫采集者已经报道了供应的下降。此外，采集者之间激烈的竞争会威胁系统的连续性，而且可能会导致他们放弃传统而采用更具破坏性的工具和方法(Sribandit et al.，2008)。更加肯定的是，已经观察到，当其他生计活动可满足目前收入时，就只有少量的“蚂蚁卵”会被采集(J. Van Itterbeeck，私人通信，2012)。

编织蚁(*Oecophylla* spp.)能成功地控制害虫，但这些积极的“工人”经常被认为是一种麻烦，尤其是当收获诸如水果一类的产品时。在泰国，最近的研究表明，使用编织蚁作为生物防治剂，在收获幼虫和蛹以后还可以同时被保留，这对于殖民生存者来说是不重要的。在一个有工作阶级性的蚂蚁聚集地中，“蚂蚁卵”采集高峰时期产生的幼虫和蛹的数量被认为是很小的(Offenberg and Wiwatwitaya，2009a)，在泰国，这些幼虫和蛹都是不收集的。收获过的巢甚至会在一段时间后发展成为具有较高的工蚁密度，因此它的生物防治能力就算不增加也能够保持。这种新型的农业系统可以建立在高果实产量和质量，而害虫——编织蚁蚁后幼虫和蛹——成为易于管理和方便获取的蛋白质食品(Offenberg and Wiwatwitaya，2009b)的基础上。在泰国的一项研究中，Offenberg(2011)确定 *Oecophylla smaragdina* 将成为一种很有前途的农场商业昆虫。

5 食品和饲料昆虫养殖的环境机遇

日益增长的世界人口要生存，加之更加苛刻的消费者，就必然要求食品产量也相应增长，从而会不可避免地对有限的资源(如土地、海洋、肥料、水资源、能源)造成沉重的压力。如果农业生产依旧是当前的模式，温室气体排放不断增长，那么乱砍滥伐、环境退化也必然会持续下去。这些环境问题，尤其是和畜牧养殖有关的，亟待密切关注。

对于绝大多数国家来说，畜牧业和渔业是重要的蛋白质来源。联合国粮食及农业组织 2006 年指出畜牧业生产在所有农业中用地的比例高达 70%。从 2000 年到 2050 年，预计全球对畜牧产品的需求将翻倍，从 22 900 万 t 增至 46 500 万 t，为了满足这种需求必须探求新的解决方式。与之类似的是，鱼产品的生产和消费在过去 50 年中显著增长。因此，水产养殖业井喷式发展，现在已经约占全球鱼类产品的 50%。水产养殖业的持续增长主要依赖于以陆生、水生植物蛋白为基础的饲料供给。昆虫帮助满足增长的肉类产品需求，以及代替鱼、肉，有良好的前景。

规模庞大的畜牧业和渔业设备在经济上是可行的，因为它们带来了高生产力，至少短期是如此。然而，这些设备将引发巨大的环境成本(Tilman et al.，2002；Fiala，2008)。储存和施用肥料的过程中会排放大量氨气，从而使生态系统酸化。此外，畜牧生产的任何增长都将需要额外的饲料和土地，也将有可能导致森林砍伐。亚马孙丛林就是一个典型的案例，昔日的丛林，现在 70%已经变成了草地，而剩下的那部分也有许多被饲料作物占据(Steinfeld et al.，2006)。

可食用昆虫具有很多优势。

- 昆虫具有很高的饲料转化率(动物将饲料转化为体重的能力，用每增加 1kg 体重所需的饲料重量表示)。
- 它们能够利用有机物废弃物来饲养，减少环境污染的同时还增加了有机物废弃物的利用。
- 它们排出相对较少的温室气体和极少的氨气。
- 比起养牛业，它们所需的水只是极少量的。
- 它们很少有动物福利问题，尽管昆虫感受疼痛的程度还不清楚。
- 它们传播人畜共患传染病的风险小。

尽管大有裨益，但在众多西方国家，消费者接受昆虫作为可靠的蛋白质来源的最大障碍之一是消费者的接受能力。不过，历史表明饮食模式是可以快速转变的，尤其是在全球范围内(以寿司的形式迅速接受生鱼片是个很好的例子)。

然而，用可食用昆虫取代一部分传统肉食，意味着停止从大自然无限制地索取，这将对野生种群产生巨大压力。食用昆虫生产需要转向至少村级规模来饲养，或者大规模工厂化。

5.1 饲料转化

由于肉食需求的增长，谷物及蛋白饲料的需求也随之水涨船高。这是因为，更多的植物蛋白才能相当于一定量的动物蛋白。Pimentel 和 Pimentel 于 2003 年计算出，牲畜要喂食 6kg 的植物蛋白才能得到 1kg 的高质量动物蛋白。产品增加 1kg 的重量所需的饲料重量，即饲料到肉类的转化率。转化率的变化主要取决于动物的等级和采用的生产方式。2002 年 Smil 指出在典型的美国生产体系中，活牲畜增长 1kg 的肉所需要的饲料重量分别如下：鸡肉需 2.5kg，猪肉需 5kg，牛肉需 10kg。而昆虫只需很少量的饲料。例如，蟋蟀鲜重增加 1kg 仅需要 1.7kg 饲料(Collavo et al.，2005)。通常来讲，并不是整个动物的所有部位都可以食用，所以当我们把这些数据应用到可食重量时，食用昆虫的优势就更加明显(van Huis，2013)。1991 年 Nakagaki 和 DeFoliart 估算过，蟋蟀虫体可被食用且易消化的部分多达 80%，相比之下鸡和猪只有 55%，而牛只有 40%。这意味着将饲料转化成肉的有效利用率蟋蟀是鸡的 2 倍，至少是猪的 4 倍，是牛的 12 倍(图 5.1)。这大概是因为昆虫是冷血动物而无需消耗食物来维持体温。

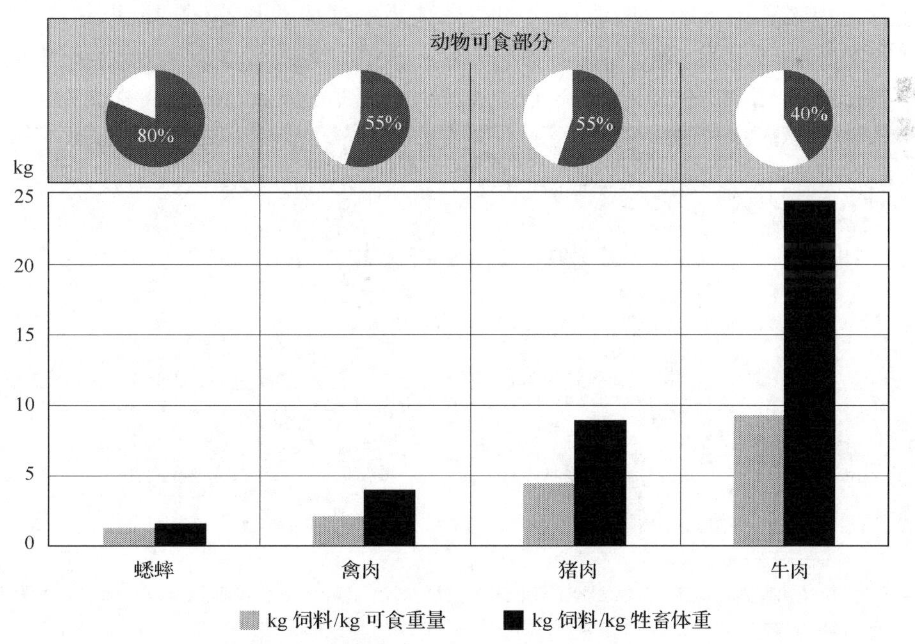

图 5.1 传统肉类生产及蟋蟀生产的效率

资源来源：van Huis，2013

5.2　有机废弃物

将昆虫作为备选的动物蛋白来源，有一个好处就是可以利用有机废弃物(如粪肥、猪舍粪汁、堆肥)来持续性地喂养昆虫。昆虫对有机废弃物的利用，始于用生物质能废弃物喂养昆虫*。昆虫用来喂养特定的牲畜(图 5.2)，所获得的肉食可卖给消费者(Veldkamp et al.，2012)(见第 8 章)。

生物有机废弃物→昆虫饲养→昆虫加工→饲料部门→畜牧水产部门→零售/消费者

图 5.2　昆虫在动物食物链中的地位

资料来源: Veldkamp 等改编，2012

昆虫种类如黑水虻(*Hermetica illucens*)、家蝇(*Musca domestica*)、黄粉虫(*Tenebrio molitor*)对有机废弃物的生物转化效率非常高。因此，这些种群受到的关注与日俱增。它们可以集中起来转化每年高达 13 亿 t 的生物质垃圾(Veldkamp et al.，2012)。其他昆虫种类，如蟋蟀，不必用鸡饲料之类的高品质饲料在昆虫农场喂养，用有机废弃物取代优质饲料有助于昆虫养殖的利润更大化(Offenbeg，2011)。但是目前的食品和饲料相关法律还不允许(见第 14 章)。

回收利用农业和林业有机废弃物作为昆虫饲料，可以极大地减少有机污染。据 DeFoliart (1989)所说，实际上每种物质的有机来源，包括纤维素，都是用一种或几种昆虫喂养得到的，所以成功的循环体系发展成熟只是时间问题。考虑到病原菌和污染物带来的未知风险，用有机废弃物喂养昆虫以满足人类消费的可能性正在探讨当中(信息栏 5.1)[1]。

信息栏 5.1　Ecodiptera 项目

2004 年，由欧洲生命组织联合赞助的名为 Ecodiptera 的项目正式启动，意在更好地利用整个欧洲大陆上产生的大量猪粪。化肥的过度使用导致一系列环境问题，包括硝化作用、土地和水富营养化，以及温室效应。此外，粪肥的使用将有可能传播环境中的病原菌，包括人畜之间。这个项目中，蝇蛆用来将猪粪转化成肥料和蛋白质。在斯洛伐克，一个生物的试验工厂采用现有的蝇蛆处理鸡粪的技术降解猪泥浆。维持苍蝇聚集种群方法及最优条件的筛选得到了长足的发展。该项目发现当苍蝇进入化蛹阶段时，它们就可以作为蛋白饲料应用于水产养殖业。

---

* 译者注：有机废弃物资源的全物质循环利用已被归纳为黑色农业，与绿色农业、白色农业和蓝色农业并列形成了“四色农业”结构。环境昆虫与微生物组合的生物系统技术是黑色农业的核心技术，昆虫资源产业化是黑色农业发展动力之一。

1 关于这个主题的更多信息，请查阅 *Insects as a Sustainable Feed Ingredient in Pig and Poultry Diets – A Feasibility Study* (2012)，由荷兰瓦赫宁根大学畜牧研究所著。

该项目目标：

- 证明利用双翅目蝇蛆的这种新的处理猪粪的方法在技术、经济上的可行性。
- 在环境和社会热点之间取得一种平衡，以增强社会的接纳度。
- 鼓励用先进的转化方式取代直接利用猪粪作为有机肥的现有习惯，这种习惯不被推荐的原因是猪粪中含有大量硝酸盐。
- 证明得到的副产品如可生物降解的废弃残留物、蛹、苍蝇，可以在其他环节中利用(如动物饲养、植物授粉)，以便于实现一个不产生废弃物的循环。
- 提出一种新的本地司法模式。
- 表明曾经被视为环境顽疾的、在猪粪中自然产生的蝇蛆具有重要的降解潜质，可发展成环境友好的处理技术。鉴于此，苍蝇为解决猪粪垃圾问题提供了一种持续性的方法。

资料来源: European Commission，2008。

5.3 温室气体和氨气排放

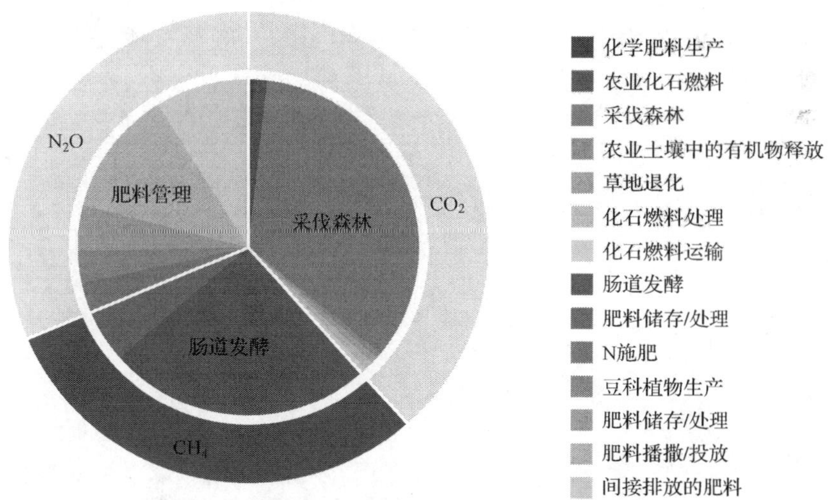

图 5.3 牲畜食物链产生的相关温室气体(彩图请扫封底二维码)

资料来源: Bonneau，2008

18%的温室气体(CO_2)排放是由畜牧业造成的，比交通运输行业占的比重还要高(Steinfeld et al.，2006)。甲烷(CH_4)和一氧化二氮(N_2O)比 CO_2 有更大的全球变暖潜力（GWP）：如果 CO_2 的 GWP 值为 1，那么 CH_4 的 GWP 值为 23，N_2O 的 GWP 值为 289（IPCC，2007）（表 5.1）。

表 5.1　动物对温室气体排放的贡献

	二氧化碳（CO_2）	甲烷（CH_4）	一氧化二氮（N_2O）
全球温室气体排放量（%）	9	35～40	65
原因	为饲料作物，田间能源支出，饲料运输，动物产品加工，动物运输和土地利用变化的肥料生产	来自反刍动物的肠道发酵和家畜粪肥	来自家畜粪肥和尿

注：本表显示了动物对温室气体贡献的量及原因，根据 Fiala（2008）研究，1kg 牛肉引起的排放量相当于 14.8kg 的 CO_2，猪和鸡分别为 3.8kg 和 1.1kg

资料来源：Steinfeld et al.，2006

昆虫种类中，只有蟑螂、白蚁和金龟子产生甲烷（Hackstein and Stumm，1994），甲烷气体是由甲烷菌在昆虫后肠内通过细菌发酵作用产生的（Egert et al.，2003）。然而，在西方国家可以被人类消费接受的昆虫，如黄粉虫幼虫、蟋蟀和蝗虫，与猪、肉牛比起来，昆虫在温室气体排放方面优势明显（它们的指标低于 100）（Oonincx et al.，2010）（图 5.4）。牲畜的尿液、粪便会引起硝化作用和土壤酸化，从而导致环境污染（如氨气）（Aarnink et al.，1995）。从图 5.4 可以看出，黄粉虫幼虫、蟋蟀、蝗虫和猪比起来在氨气排放上也有巨大优势（约 10 倍的差距）（Oonincx et al.，2010）。这些结论源于实验室内开展的小规模实验，所以在与大规模的猪肉、牛肉生产进行比较的时候需要加以注意。

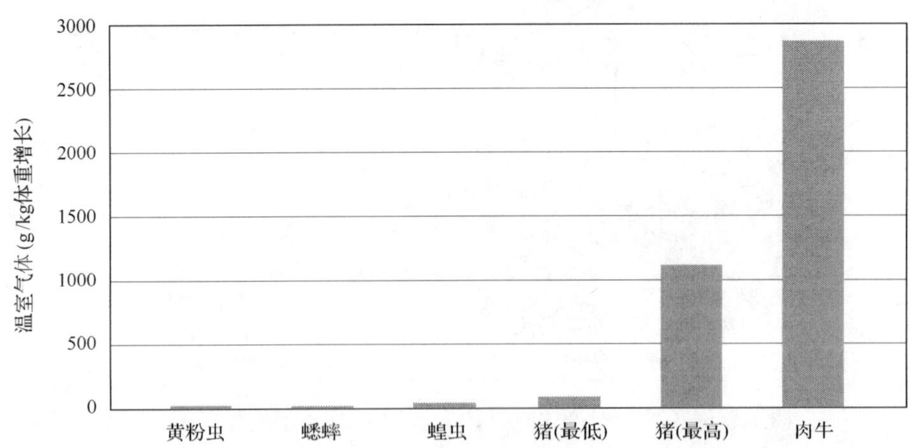

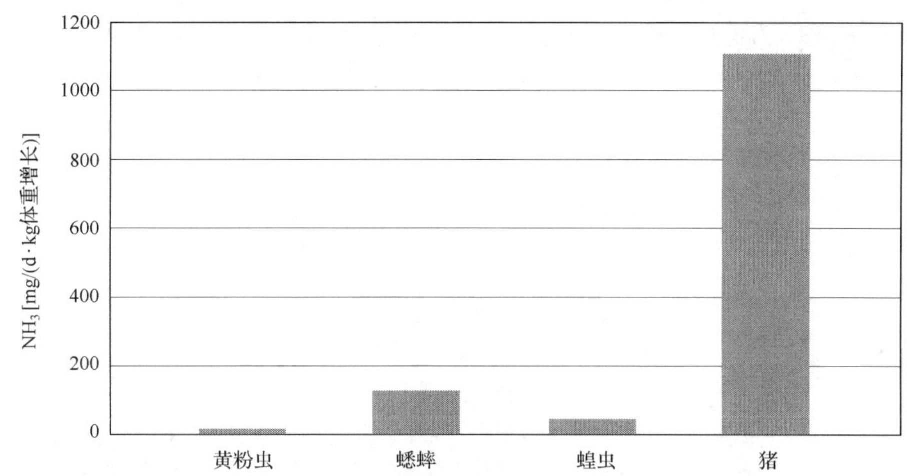

图 5.4 3 种昆虫、猪和肉牛体重每增长 1kg 产生的温室气体和氨气

资料来源：Oonincx et al.，2010

5.4 水的利用

水是土地生产力的一个决定性因素。越来越多的证据表明，全球多个地区缺水正在束缚农业产量。据估算，到 2025 年，18 亿人口将生活在缺水的国家或地区，世界 2/3 的人口将有可能面临这个压力(FAO，2012)。对于水的供给需求不断增长，严重威胁到生物多样性、粮食生产及其他至关重要的人类需求。农业消耗了全球范围内约 70%的淡水(Pimentel et al.，2004)。Chapagain 和 Hoekstra(2003)估算，每生产 1kg 的动物蛋白所需要的水比生产 1kg 谷物蛋白多 5～20 倍，如果把饲料和粮食生产所需的水也算入等式，那么这一数据将达到 100 倍(Pimentel and Pimentel，2003)。Chapagain 和 Hoekstra(2003)称之为虚拟水，据作者所说，生产 1kg 的鸡肉需要 2300L 的水，1kg 的猪肉需要 3500L，1kg 牛肉需要 22 000L，估计后者高达 43 000L(Pimentel et al.，2004)。喂养一定重量的可食用昆虫所需的水，尚无法估算，但是肯定会低很多。例如，黄粉虫比牛更抗旱(黄粉虫在水分充足的情况下对水的利用率逐渐增加，在 6.1 节中将有描述)。

5.5 生命周期分析

生命周期分析评估是用来评估产品的所有阶段对环境产生影响的一项技术，但是目前食用昆虫里只有黄粉虫已经用此方法完成了评估。2012 年 Oonincx 和 de Boer 量化了贯穿整个黄粉虫生产线的温室气体的产生(全球变暖潜势)、能源使用，以及土地利用面积的情况，发现每生产 1kg 黄粉虫蛋白使用的能源低于牛肉，与猪肉相当，略高于鸡肉和牛奶。黄粉虫生产中的温室气体排放远低于传统畜牧生产(图 5.5)。每公顷土地生产的黄粉虫蛋白，生产等量的牛奶蛋白需要 2.5hm^2，等量的猪肉或者鸡肉蛋白需要 2～3.5hm^2，等量的牛肉蛋白需要 10hm^2。基于这个研究的理论基础，比起牛奶、鸡肉、猪肉和牛肉，黄粉虫是更加环境友好的动物蛋白来源。

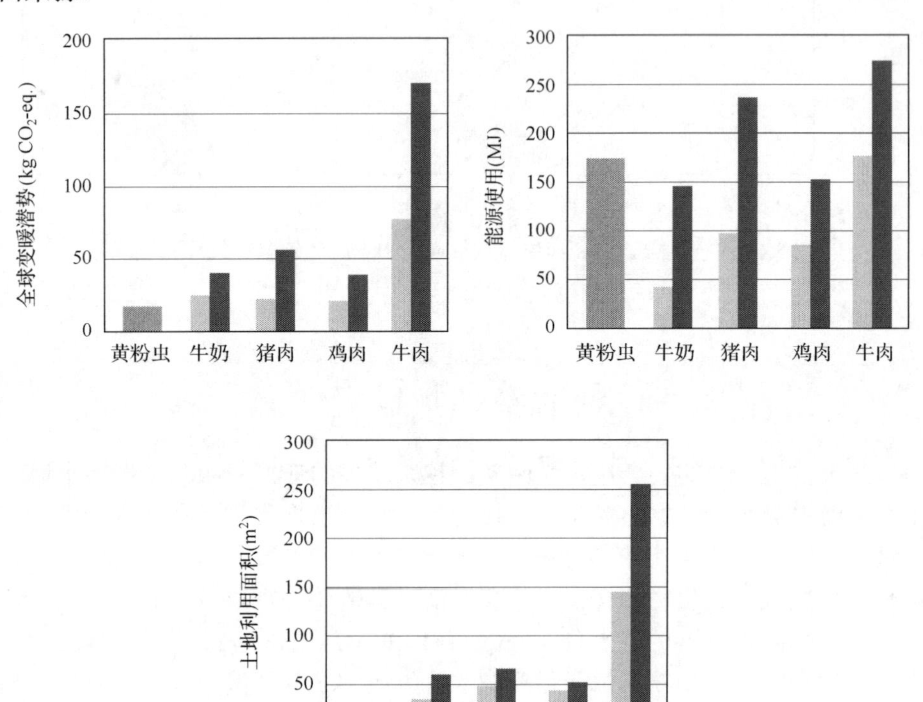

图 5.5　生产 1kg 黄粉虫、牛奶、猪肉、鸡肉和牛肉的蛋白质产生的温室气体(全球变暖潜势)、能源使用和土地利用面积(Oonincx and de Boer, 2012)

浅色的条是文献中出现的最小值，黑色的条是最大值

5.6　动 物 福 利

考虑到密集养殖的动物，1965 年 Brambell 描述了一个畜牧业应该努力追求的标准：应充分考虑动物的饥饿、口渴、不适、痛苦、伤害、疾病、恐惧和悲伤，以及其他正常行为的情感都应给予充分表达的自由。说到饥饿和口渴，意味着需要提供营养适中的充足食物来避免竞争。免于不适和使动物天性得以表达，则与

拥挤程度、一定饲养密度下的承受力有关。和大多数精耕细作的哺乳动物一样，昆虫也是典型的在狭小密闭的空间里喂养。为保证动物福利，农场化喂养的昆虫应该提供充足的空间。具有取决于一个物种在自然条件下同种个体之间的互动水平。例如，密闭条件下喂养的蝗虫总是群居，自然条件下也总是高密度出现，黄粉虫也有群居的倾向。在饲养设备上，应筛选最优条件以降低死亡率，增加产量。尽管已经用果蝇、黑腹果蝇为模式生物开展了一些研究，但人们对于昆虫感受疼痛和不适的程度仍所知甚少(Erens et al.，2012)。Neely 等(2011)探究了伤害感受，将其定义为"感官对伤害性刺激的感知"。他们发现昆虫的伤害感受基因与哺乳动物相同，这表明伤害感受至少在几种昆虫中存在。但是现在仍无法确定这是不是条件反射，以及是不是涉及更高级的神经系统。虽然缺乏证据证明昆虫拥有感受疼痛的认知能力，但是无脊椎动物(如头足纲动物)似乎拥有高级认知能力(Crook and Walters，2011)。Eisemann 等(1984)提出，在找到昆虫能感受疼痛的确凿证据之前，以防万一，应该给昆虫提供良好的条件。而减少痛苦地杀死昆虫的方式包括冷冻或者瞬间撕裂技术。

5.7 动物传染病的风险

高密度的集约化畜牧生产是许多重大健康问题的源头，甚至引发了抗生素抗性的出现。疾病通过高死亡率，或者自然选择造成牲畜大规模损失。某些疾病是动物传染病(如甲型流感病毒 H5N1 亚型、禽流感、口蹄疫、疯牛病和昆士兰热)。

动物传染病是指在自然条件下在人、野生动物、家畜之间传播的疾病。近来，由于集约化的畜牧生产和气候变化，动物传染病愈演愈烈。近几年，非典型性肺炎(SARS)和甲型流感(H5N1 和 H7N7)的出现，引起全球对其大流行可能性的担忧。之前发生的众多人畜共患传染病依旧在小范围的人群中存在。然而在全球化的今天，大流行传染病发生的可能性不断增加。全球多个地区已经发生这种情况，如巴西玛瑙斯的皮肤传染病利什曼病，非洲和阿拉伯半岛的埃博拉病毒、猴天花和里夫特裂谷热，中东地区的克里米亚刚果出血热，欧洲及其他地区的疯牛病，加拿大和美国的西尼罗热，澳大利亚的副黏病毒等。这些案例说明，大量的动物物种，包括饲养和野生的，就像病原菌的温床，蕴藏着病毒、细菌或者寄生虫(Meslin and Formenty，2004)。

畜牧业中，可引起传染病的病原菌对生产、加工、零售环节造成巨大压力。综上所述，这些因素改变了食物链中的寄主接触率、人口规模和微生物流。食用、饲料用昆虫并没有被完全证实存在能够传播疾病给人类的风险。集约化昆虫饲养设备也将面临畜牧业生产中已经存在的压力，并且，目前还没有完全搞清它们是不是会成为有害病菌的源泉。有些病菌的最初寄主是动物，但是可能会转移到人身上作为首选寄主，这些病原菌需要特别注意。一些众所周知的疾病（如艾滋病有关的疾病）就是通过这种方式从动物身上传播的。病原菌的传播第一步是病原菌对新寄主群体的适应，第二步是在寄主群体中传播。病原菌对新寄主的适应能力取决于新旧寄主之间的基因差异及病原菌自身的特性（Slingenbergh et al.，2004）。因为从分类学上昆虫离人类和传统牲畜关系比较远，所以预计动物传染病的风险比较低。然而昆虫是病原菌的潜在携带者，包括在人类粪便中发现肠胃寄生虫的卵。粗放地使用废弃物，不卫生地处理昆虫，农场内外昆虫的直接接触都将导致动物传染病的风险增加。这一领域还需要更多的研究。具体安全问题和昆虫的卫生处理在第 10 章中讨论。

5.8　全面健康生存理念

联合国粮食及农业组织、世界卫生组织（WHO）和世界动物健康组织对全面健康的非正式定义为："在当地、全国、全球范围内通过多学科合作的努力，实现人类、动物和我们的环境得到相应最优健康的生存状态。"全面健康就是管理产生在人类健康、动物健康、生态环境健康之间的各种威胁。这一健康理念确认了动物—人类—环境之间的紧密联系。这个健康途径与生物安全途径结合在一起，"生物安全是一种战略，是一种分析和管理人类、动物、植物生命、环境相关风险等资源整合的手段"（WHO/FAO，2010）。食虫性及昆虫养殖是全面健康理念实施中可取的一个应用领域，尽管这意味着需要更多的研究。

6 可食用昆虫的营养价值

6.1 营 养 成 分

可食用昆虫的营养价值变化大，不仅仅是因为物种多样。即使在同一组食用昆虫物种中，营养价值也可能因为昆虫变态的不同阶段(尤其对于一个完全变态的物种如蚁、蜜蜂和甲虫)，以及它们的栖息地和食物的不同而不同。同大多数食物一样，在消费之前，制备和加工方法(如干燥、蒸煮或煎炸)的应用也会影响营养成分。已经有一些零散的研究分析了昆虫的营养价值；然而，由于上述昆虫之间的差异，以及用来分析化合物的方法不同，这些数据并不总是完美的。并且，常常认为，昆虫只是当地饮食的一部分。例如，在某些非洲地区昆虫占据了蛋白质消耗的 5%～10%(Ayieko and Oriaro，2008)。然而，由于其营养价值，它们仍然是人们重要的食物来源，因此对昆虫的营养价值的数据仍在完善中(信息栏 6.1)。

本章着眼于介绍供人类食用的昆虫(食品)的营养方面，而第 8 章则涉及昆虫在动物营养中的地位。昆虫的主要成分是蛋白质、脂肪和纤维，昆虫的营养价值体现在膳食能量、蛋白质、脂肪酸、纤维、膳食矿物质和维生素方面。

信息栏 6.1　FAO/INFOODS 生物多样性食品成分数据库

国际食品网络数据系统(INFOODS)建立于 1984 年，目的是促进协调，并努力提高食品的质量和提供全球可用性分析的数据，以及确保在世界不同地区的人们能够获得足够的和可靠的食品成分数据。粮食数据网和联合国粮食及农业组织(FAO)正在多层次地收集食品成分和消费数据(如种类、品种和类型)，以及野生和未充分利用的食品，以促进多样性。粮食数据网生物多样性食品成分资料库的第一版，于 2010 年 12 月 15 日发布，分析数据来自发表和未发表的文献，内容涵盖某些可食用昆虫的营养价值。要表达营养价值必须表示为在鲜重基础上的 100g 可食用部分(FAO，2012f)。

Rumpold 和 Schlüter(2013)总结了 236 种食用昆虫的营养成分，发表在文献上(数据基于干物质基础)。数据表明，许多食用昆虫可提供令人满意的能量和蛋白质，满足人类氨基酸的需求，单不饱和脂肪酸和(或)多不饱和脂肪酸含量也很高，并含有丰富的微量元素，如铜、铁、镁、锰、磷、硒和锌，以及核黄素、泛酸、生物素和叶酸等(在某些情况下)。

6.1.1 膳食能量

Ramos Elorduy 等(1997)分析了墨西哥瓦哈卡州的 78 种昆虫，确认每 100g 干物质昆虫的含热量为 293～762kcal(1cal=4.1868J)。例如，飞蝗(*Locusta migratoria*)的总能量(通常高于代谢能)每 100g 鲜重(区别于干物质重新计算)为 598～816kJ，差别取决于昆虫的食物(Oonincx and van der Poel，2011)。世界范围内选定的野生及家养昆虫每 100g 鲜重所含有的能量值，在表 6.1 中用 kcal 表示。

表 6.1　不同地区、不同种类昆虫所含能量

地区	英文通用名称	学名	所含能量(kcal/100g 鲜重)
澳大利亚	Australian plague locust, raw	*Chortoicetes terminifera*	499
澳大利亚	Green (weaver) ant, raw	*Oecophylla smaragdina*	1272
加拿大，魁北克	Red-legged grasshopper, whole, raw	*Melanoplus femurrubrum*	160
美国，伊利诺伊州	Yellow mealworm, larva, raw	*Tenebrio molitor*	206
美国，伊利诺伊州	Yellow mealworm, larva, raw	*Tenebrio molitor*	138
象牙海岸	Termite,dried, adult, dewinged, flour	*Macrotermes subhyalinus*	535
墨西哥，拉克鲁斯州	Leaf-cutter ant, adult, raw	*Atta mexicana*	404
墨西哥，伊达尔戈州	Honey ant, adult, raw	*Myrmecocystus melliger*	116
泰国	Field cricket, raw	*Gryllus bimaculatus*	120
泰国	Giant water bug, raw	*Lethocerus indicus*	165
泰国	Rice grasshopper, raw	*Oxya japonica*	149
泰国	Grasshopper, raw	*Cyrtacanthacris tatarica*	89
泰国	Domesticated silkworm, pupa，raw	*Bombyx mori*	94
荷兰	Migratory locust, adult, raw	*Locusta migratoria*	179

资料来源: FAO，2012f

6.1.2 蛋白质

蛋白质和氨基酸的基本信息及蛋白质品质见信息栏 6.2。

信息栏 6.2　蛋白质和氨基酸（“食品化学”）

蛋白质是由氨基酸组成的有机化合物。它们是重要的食品营养成分，同时也在身体机能、感官性能方面发挥重要作用。营养价值取决于几个因素：①**蛋白质含量**，食物中蛋白质含量差别很大；②**蛋白质品质**，取决于所含有的氨基酸种类(必需氨基酸或者非必需氨基酸)和是不是符合人体需求；③**蛋白质的可消化性**，即食物中存在的氨基酸消化性。

氨基酸是所有蛋白质生物合成的基础，通过新陈代谢保证人体正常生长、发育。

必需氨基酸是不可缺少的，由于身体自身无法合成，只能从食物中获取。8 种必需氨基酸分别为：苯丙氨酸、缬氨酸、苏氨酸、色氨酸、异亮氨酸、甲硫氨酸、亮氨酸、赖氨酸。

Xiaoming 等 (2010)对众多目中的100 种昆虫的蛋白质含量做了评估。表 6.2 表明干物质的蛋白质含量在 13%～77%，同目之间及不同目之间有很大差异。

表 6.2　不同目昆虫的粗蛋白含量

目	阶段	含量(%蛋白质)
鞘翅目	成虫和幼虫	23～66
鳞翅目	蛹和幼虫	14～68
半翅目	成虫和幼虫	42～74
同翅目	成虫、幼虫和卵	45～57
膜翅目	成虫、幼虫、蛹和卵	13～77
蜻蜓目	成虫和稚虫	46～65
直翅目	成虫和若虫	23～65

资料来源：Xiaoming et al.，2010

1997 年 Bukkens 指出可乐豆木毛虫烘烤过之后的蛋白质含量比干燥蛋白质含量要低(分别是 48%和 57%)。白蚁也是这样：未加工的白蚁蛋白质含量是 20%，油炸和烟熏之后的含量是鲜重的 32%和 37%(区别在于水分含量不同)。总体上，昆虫的蛋白质含量高，因此作为动物蛋白来源，昆虫作为食品可以提升饮食质量。

昆虫的蛋白质含量因物种不同而有差异。正如表 6.3 所示，一些昆虫蛋白质含量比起哺乳动物、爬行动物和鱼类毫不逊色。

表 6.3 昆虫、爬行动物、鱼、哺乳动物的平均蛋白质含量对比

动物类型	种名和通用名称	可食用产品	蛋白质含量(g/100g 鲜重)
昆虫	蝗虫和蚱蜢：*Locusta migratoria*、*Acridium melanorhodon*、*Ruspolia differens*	幼虫	14～18
	蝗虫和蚱蜢：*Locusta migratoria*、*Acridium melanorhodon*、*Ruspolia differens*	成虫	13～28
	Sphenarium purpurascens（chapulines-Mexico）	成虫	35～48
	家蚕：*Bombyx mori*	毛虫	10～17
	甲壳虫：*Rhynchophorus palmarum*、*R. phoenicis*、*Callipogon barbatus*	幼虫	7～36
	黄粉虫：*Tenebrio molitor*	幼虫	14～25
	蟋蟀	成虫	8～25
	白蚁	成虫	13～28
家畜		肉	19～26
爬行动物	龟：*Chelodina rugosa*、*Chelonia depressa*	肉	25～27
		肠	18
		肝脏	11
		心脏	17～23
		肝脏	12～27
鱼	长须鲸	罗非鱼	16～19
		马鲛鱼	16～28
		鲶鱼	17～28
	甲壳类	龙虾	17～19
		对虾（马来西亚）	16～19
		小虾	13～27
	软体动物	乌贼、鱿鱼	15～18

资料来源：FAO，2012f

蛋白质含量也同样取决于饲料(如蔬菜、谷物或者垃圾)。在尼日利亚，用糠喂养的蚱蜢其蛋白质含量几乎是用玉米喂养的蚱蜢的 2 倍，因为糠里含有大量必需脂肪酸。蛋白质含量还和昆虫的蜕变期有关(Ademolu et al.，2010)：成虫通常比龄期幼虫的蛋白质含量高(表 6.4)。

表 6.4 尼日利亚奥贡州的杂色蚱蜢在不同发育阶段昆虫蛋白质含量的变化

昆虫阶段		g 蛋白质/100g 鲜重
龄期		
	一龄	18.3
	二龄	14.4
	三龄	16.8
	四龄	15.5
	五龄	14.6
	六龄	16.1
成虫		21.4

资料来源: Ademolu et al., 2010

在墨西哥，评估的 78 种昆虫干物质的蛋白质含量为 17%～81%，蛋白质消化率是 76%～98%(Ramos Elorduy et al.，1997)。对单一物种也进行了相关的研究，如可乐豆木毛虫(Headings and Rahnema，2002)和蟋蟀(Wang et al.，2004)。2005 年 Bukkens 分析了可乐豆木毛虫所在的天蚕蛾科的 17 种毛虫的蛋白质含量，得出干物质的蛋白质含量为 52%～80%。

6.1.3 氨基酸

全球食物的主要谷物蛋白中，常常赖氨酸含量偏低，缺乏色氨酸和苏氨酸。而有些昆虫体内，这些氨基酸含量丰富(Bukkens，2005)。例如，某些天蚕蛾科的毛虫、象鼻虫幼虫和水生昆虫的粗蛋白里每 100g 含有多达 100mg 以上的赖氨酸。然而为了推广食用昆虫作为食品，宣传其改善饮食的作用，需要着重从整体上关注传统饮食，尤其是主食，同时要把传统饮食的营养质量和当地食用昆虫作比较。例如，在刚果民主共和国将富含赖氨酸的毛虫作为缺乏赖氨酸主食的补充。同样的，巴布亚新几内亚的人们常吃缺乏赖氨酸、亮氨酸的块茎，因此也可以通过吃棕榈树象鼻虫的幼虫来弥补营养不足。块茎含有色氨酸和芳香族氨基酸，而这些成分在棕榈树象鼻虫体内含量有限(Bukkens，2005)。以玉米为主食的非洲国家，如安哥拉、肯尼亚、尼日利亚和津巴布韦，偶尔也会出现大范围的色氨酸、赖氨酸缺乏现象。以白蚁作为主食之外的补充，是最简单的解决方法，因为它们已经成为被人们接受的传统饮食的组成部分。然而不是所有的白蚁都可以有这样的作用，如 *Macrotermes subhyalinus* 含有的以上氨基酸并不丰富(Sogbesan and Ugwumba，2008)。

6.1.4 脂肪含量

脂肪是食物中最高能量的营养物质，由三酰甘油组成。三酰甘油的分子组成包含一个甘油分子和三个脂肪酸。信息栏 6.3 提供了饱和脂肪酸、不饱和脂肪酸和必需脂肪酸的资料。

信息栏 6.3　脂肪酸

饱和脂肪酸：一般饱和脂肪酸的熔点比不饱和脂肪酸高，在室温下为固体。通常存在于动物制品和热带植物油中(如棕榈油、椰子油)。

不饱和脂肪酸：不饱和脂肪酸包括单一不饱和脂肪酸和多元不饱和脂肪酸，室温下通常为液体。不饱和脂肪酸至少由一个双键组成，新陈代谢产生的能量略少。不饱和脂肪酸通常存在于蔬菜油、坚果和海产品中，对人类健康更有利。

必需脂肪酸：人体不能合成的，必须靠饮食获取的脂肪酸。包括一些ω-3 脂肪酸(如α-亚麻酸)和一些ω-6 脂肪酸(如亚油酸)。

食用昆虫含有高脂肪(干物质的 38%)的一个例子是澳大利亚木蠹蛾幼虫(信息栏 6.4)。它们富含油酸，即ω-9 单一不饱和脂肪酸(Naughton，Odea and Inclair，1986)。

信息栏 6.4　木蠹蛾幼虫

木蠹蛾幼虫是指几种大的、白色的、啃食木头的飞蛾(木蠹蛾科和蝙蝠蛾科)和甲虫(天牛)的幼虫。然而这个学名主要适用于澳大利亚木蠹蛾的幼虫。它们生活在地下 60cm，以赤桉树的根为食。这些幼虫是沙漠里最重要的食用昆虫，是土著居民妇女和儿童饮食中最重要的成分。它们被土著居民当作高蛋白高脂肪的食物，生吃或者在余烬中稍微烘烤。鲜活的木蠹蛾幼虫尝起来像杏仁；煮熟之后，皮变脆了像烤鸡一样，里面变成淡黄色。

食用昆虫是一种非常值得考虑的脂肪来源。2009 年 Womeni 等从几种昆虫中提炼了不同油脂，研究了其含量和成分(表 6.5)。昆虫油脂中富含多元不饱和脂肪酸，常常含有人体必需的亚油酸和α-亚麻酸。这两种必需脂肪酸的营养重要性是公认的，尤其是对小孩儿和婴儿的健康成长(Michaelsen et al.，2009)。当今时代，ω-3 脂肪酸和ω-6 脂肪酸的摄入量不足受到了更多的关注，昆虫向当地饮食提供这些脂肪酸，发挥着重要作用，尤其是对于海产品更少的内陆发展中国家(N. Roos，私人通信，2012)。昆虫体内这些脂肪酸的成分与它们被饲养喂食的植物有关(Bukkens，2005)。不饱和脂肪酸将导致昆虫产品在加工过程中被迅速氧化、腐败变质。

表 6.5 喀麦隆几种食用昆虫的脂肪和脂肪酸含量

食用昆虫种类	脂肪含量(占干物质的百分比)	主要脂肪酸成分	饱和脂肪酸，单一不饱和脂肪酸，多元不饱和脂肪酸
非洲棕榈树象鼻虫	54%	棕榈油酸(38%)	单一不饱和脂肪酸
		亚油酸(45%)	多元不饱和脂肪酸
蚱蜢	67%	棕榈油酸(28%)	单一不饱和脂肪酸
		亚油酸(46%)	多元不饱和脂肪酸
		α-亚麻酸(16%)	多元不饱和脂肪酸
杂色蚱蜢	9%	棕榈油酸(24%)	单一不饱和脂肪酸
		油酸(11%)	单一不饱和脂肪酸
		亚油酸(21%)	多元不饱和脂肪酸
		α-亚麻酸(15%)	多元不饱和脂肪酸
		γ-亚麻酸(23%)	多元不饱和脂肪酸
白蚁	49%	棕榈油酸(30%)	饱和脂肪酸
		油酸(48%)	单一不饱和脂肪酸
		硬脂酸(9%)	饱和脂肪酸
天蚕蛾毛虫	24%	棕榈油酸(8%)	饱和脂肪酸
		油酸(9%)	单一不饱和脂肪酸
		亚油酸(7%)	多元不饱和脂肪酸
		α-亚麻酸(38%)	多元不饱和脂肪酸

资料来源: Womeni et al., 2009

6.1.5 微量元素

微量元素是食品营养价值的重要衡量标准。微量元素不足在很多发展中国家司空见惯，这将对身体健康产生严重的负面影响，微量元素缺乏会在成长、免疫功能、身心发展、生殖等方面产生损伤，而这些损伤并不是都可以通过补充营养而恢复的(FAO，2011)。昆虫的变态阶段和饮食高度影响其营养价值，因而出现了少数几种昆虫微量元素的各种各样的研究报告。不仅如此，文献中记载的食用昆虫微量元素和维生素含量也因为昆虫目和种的不同而有很大差异。食用整个昆虫虫体可以增加营养含量，例如，一项关于鱼类的研究表明，食用整个个体(包括所有的组织)是更好的矿物质和维生素来源，优于食用鱼片。与此类似，食用整个虫体比只吃昆虫的一部分能提供更多的营养(N. Roos，私人通信，2012)。

6.1.6　矿物质

矿物质在生命进程中扮演着重要角色。推荐的日摄食量(RDA)和充足的摄入量通常被用来量化每天摄入的矿物质。表 6.6 中，将一个 25 岁男子被推荐的矿物质日摄食量与可乐豆木毛虫提供的矿物质量进行了对比，从表 6.6 中可以清晰地看出，像许多食用昆虫一样，可乐豆木毛虫是一种非常好的铁元素来源。绝大多数食用昆虫拥有与牛肉相同的铁元素含量，甚至更高(Bukkens，2005)。例如，每 100g 干物质中，牛肉的铁元素含量是 6mg；可乐豆木毛虫则含有 31～77mg 铁；而蝗虫对应的这一数值在 8～20mg，数值变化是因其食物不同而有差异(Oonincx et al.，2010)。

表 6.6　每天推荐摄入的矿物质量与可乐豆木毛虫(*Imbrasia belina*)的含量对比

矿物质	25 岁男性每天推荐摄入量(mg)	可乐豆木毛虫矿物质含量(mg/100g 干物质)
钾	4700	1032
氯	2300	—
钠	1500	1024
钙	1000	174
磷	700	543
镁	400	160
锌	11	14
铁	8	31
锰	2.3	3.95
铜	0.9	0.91
碘	0.15	—
硒	0.055	—
钼	0.045	—

资料来源：Bukkens，2005

食用昆虫是无可辩驳的铁元素丰富来源，日常饮食中的昆虫产品能够帮助改善铁元素现状，帮助发展中国家改善贫血状况。世界卫生组织已经将铁元素不足确定为世界上最常见最广泛的营养失衡。一半的孕妇及 40%的学前儿童可以被认为是贫血的。健康问题(包括糟糕的妊娠结果、缺陷的身心发展)增加了儿童发病率，降低了成年人生产力。贫血是一种可以预防的营养不足，但仍有 20%的孕妇死亡是由贫血造成的。鉴于一些昆虫含有很高的铁元素含量，将会有更多种类的昆虫被授权评估(FAO/WHO，2001)。

缺锌是另一大公众健康问题，尤其是对于儿童和女性健康。缺锌会导致生长迟缓，阻碍性发育成熟和骨骼成熟，导致皮肤病、腹泻、脱发、厌食和免疫系统过敏(FAO/WHO，2001)。通常，大多数昆虫被认为是锌的良好来源。例如，100g 干物质中牛肉平均含锌量是 12.5mg，而棕榈树象鼻虫幼虫含有 26.5mg (Bukkens，2005)。

6.1.7 维生素

刺激代谢过程及平衡免疫系统功能的维生素存在于大多数食用昆虫中。Bukkens(2005)展示了昆虫的整个维生素含量范围：每 100g 干物质的硫胺素(维生素 B_1，糖类代谢产生能量过程中一种不可缺少的辅酶)的含量在 0.1～4mg；核黄素(即维生素 B_2，主要功能是新陈代谢)的含量在 0.11～8.9mg。相比之下，全麦面包每 100g 含有的维生素 B_1、维生素 B_2 分别为 0.16mg、0.19mg。维生素 B_{12} 只在动物食品中含有，黄粉虫(*Tenebrio molitor*)幼虫(每 100g 含有 0.47mg)和蟋蟀(*Acheta domesticus*)(每 100g 成虫含有 5.4mg、蛹含有 8.7mg)中含量较高，然而也有许多种类昆虫的维生素 B_{12} 含量很低，这就需要更多的研究来鉴别富含维生素 B 的食用昆虫(Bukkens，2005；Finke，2002)。

视黄醇和 β-胡萝卜素(维生素 A)在一些毛虫体内被发现，包括 *Imbrasia* (=*Nudaurelia*) *oyemensis*、*I. truncata* 和 *I. epimethea*。视黄醇和β-胡萝卜素在这些昆虫 100g 干物质里的含量分别是 32～48mg 和 6.8～8.2mg，但是黄粉虫、大麦虫和蟋蟀体内这两种维生素的含量分别低于 20mg 和 100mg(Finke，2002；Bukkens，2005；Oonincx and Poel，2011)。一般来说，昆虫并不是维生素 A 的最佳来源(D. Oonincx，私人通信，2012)。棕榈树象鼻虫幼虫含有较多的维生素 E，100g 干物质中含有 35mg α-维生素和 9mg β+γ 维生素 E，而每天的推荐摄入量是 15mg(Bikkens，2005)。经冷冻干燥的家蚕粉维生素 E 含量也很高，每 100g 含有 9.6mg(Tong et al.，2011)。

6.1.8 纤维素

昆虫含有大量纤维素，包括粗纤维、酸性洗涤纤维、中性洗涤纤维。昆虫体内最常见的纤维以几丁质的状态存在，是一种源于外骨骼的难溶解纤维素。关于昆虫的纤维素含量数据很多，但是它们来自各种不同的试验方法，因而不能轻易拿来比较(H. Klunder，私人通信，2012)。2007 年 Finke 研究了昆虫的几丁质含量，这些昆虫用来作为食物喂养食虫动物，它们的几丁质每千克含量是：鲜重含 2.7～49.8mg，干重含 11.6～137.2mg。

几丁质是昆虫外骨骼的主要组成成分，是一种 *N*-乙酰葡糖胺（葡萄糖衍生物）的大分子聚合物。几丁质被认为和植物纤维素很相似，尽管人体胃液中已经发现有几丁质酶（Paoletti et al.，2007），但仍认为几丁质很难被人体消化。几丁质常和抵抗寄生虫传染病、过敏体质联系起来。之前有意大利人开展的研究表明，20%的情况下，人类几丁质酶酶活不足。在热带国家，人体内有几丁质酶更为普遍，那里的人们经常食用昆虫。而在西方国家，人体内几丁质酶活力或许更低，因为他们的饮食中缺乏几丁质。一些人认为几丁质就像膳食纤维（Muzzarelli et al.，2001），这是指一些食用昆虫纤维含量高，尤其是有坚硬外骨骼的昆虫（Bukkens，2005）。

6.2　牛肉与昆虫：以黄粉虫为例

2002 年 Finke 探究了几种昆虫的营养价值，包括黄粉虫。这种甲虫的幼虫，被认为是有前景的、可选择的、能在西方国家被大规模养殖的。因为它适合温和的气候、容易大规模养殖、生命周期短、养殖专业技能成熟、宠物食品市场巨大。在 Finke（2002）的研究中，昆虫被禁食 24h 以清空肠道后进行研究，得出以下结论（关于干物质里的几种主要成分，不包括水分和能量）。

- **大量元素成分**　比起黄粉虫幼虫，牛肉的脂肪含量更高，水分含量略低，蛋白质和代谢能略高。
- **氨基酸**　与黄粉虫相比，牛肉的谷氨酸、赖氨酸、甲硫氨酸含量略高，异亮氨酸、亮氨酸、缬氨酸、酪氨酸、丙氨酸含量略低。
- **脂肪酸**　牛肉比黄粉虫的棕榈油酸、软脂酸、硬脂酸的含量高，但是黄粉虫含有的人体必需脂肪酸亚油酸远远高于牛肉。Howard 和 Stanley-Samuelson（1990）分析了黄粉虫成虫的磷脂脂肪酸成分，发现超过 80%是由软脂酸、硬脂酸、油酸、亚油酸组成的。Finke（2002）发现了这些脂肪酸在黄粉虫幼虫中大量存在。多元不饱和脂肪酸几乎全部以磷脂形式存在（Howard and Stanley-Samuelson，1990）。
- **矿物质**　黄粉虫的铜、钠、钾、铁、锌、硒的含量与牛肉相当。
- **维生素**　除了维生素 B_{12}，黄粉虫所含的维生素几乎都比牛肉高。

黄粉虫的营养成分在表 6.7～表 6.9 中概括出来了，但是有局限性，因为这些数据来自单次试验，而昆虫的生长发育和营养成分取决于特定的昆虫饲养状况（Davis and Sosulski，1974；Anderson，2000；Finke，2002）。例如，黄粉虫幼虫需要在碳水化合物浓度至少 40%的食物中才能生长，而最佳生长条件是碳水化合物占食物的 70%（Behmer，2006）。此外，如果在有水源的情况下饲养，幼虫生长得比只用干燥食物喂养时更迅速（Ursand Hopkins，1973）。而且在有水分的条件下喂养的幼虫更重，体重的差别不是因为体内更高的含水量而是因为更高的脂肪含量。尽管昆虫可以用廉价有机废弃物喂养，但是这会影响到它们的营养价值，导致营养价值低于表 6.8 和表 6.9 所示的数值。

表 6.7 黄粉虫和牛肉的干物质含量分析（水分除外）

	黄粉虫	牛肉
水分（占鲜重的百分比）	61.9	52.3
蛋白质	49.1	55.0
脂肪	35.2	41.0
代谢能量（kcal/kg）	2056	2820

注：平均体重 0.13g。数据建立在单次独立分析上

资料来源：Finke，2002；USDA, 2012

表 6.8 黄粉虫和牛肉的氨基酸平均含量

氨基酸	黄粉虫 g/kg 干物质	牛肉 g/kg 干物质
必需氨基酸		
异亮氨酸	24.7	16
亮氨酸	52.2	42
赖氨酸	26.8	45
甲硫氨酸	6.3	16
苯丙氨酸	17.3	24
苏氨酸	20.2	25
色氨酸	3.9	—
缬氨酸	28.9	20
半必需氨基酸		
精氨酸	25.5	33
组氨酸	15.5	20
甲硫氨酸+半胱氨酸	10.5	22
酪氨酸	36.0	22
非必需氨基酸		
丙氨酸	40.4	30
天冬氨酸	40.0	52
半胱氨酸	4.2	5.9
甘氨酸	27.3	24
谷氨酸	55.4	90
脯氨酸	34.1	28
丝氨酸	25.2	27
牛磺酸	210	—

资料来源：Finke，2002；USDA，2012

表 6.9　在干物质基础上黄粉虫(*Tenebrio molitor*)和牛肉的脂肪酸含量对比

脂肪酸	饱和	黄粉虫	牛肉
必需脂肪酸			
亚油酸	ω-6 多元不饱和脂肪酸	91.3	10.2
亚麻酸	ω-3 多元不饱和脂肪酸	3.7	3.9
花生四烯酸	ω-6 多元不饱和脂肪酸	—	0.63
非必需脂肪酸			
癸酸(羊蜡酸)	饱和脂肪酸	—	1.05
月桂酸	饱和脂肪酸	<0.5	1.05
豆蔻酸	饱和脂肪酸	7.6	13
十五烷酸	饱和脂肪酸	<0.5	—
棕榈酸	饱和脂肪酸	60.1	99
棕榈油酸	ω-7 单不饱和脂肪酸	9.2	17
十七烷酸	饱和脂肪酸	<0.5	—
十七碳烯酸	ω-7 单不饱和脂肪酸	0.8	—
硬脂酸	饱和脂肪酸	10.2	48
油酸	ω-9 单不饱和脂肪酸	141.5	159
花生酸	饱和脂肪酸	0.8	—
鳕油酸	ω-9 单不饱和脂肪酸	—	0.63
其他		0.5	—

注：—，表示不可用的值。数据基于单一分析。

资料来源：Finke，2002；USDA，2012

6.3　食品中的昆虫

6.3.1　昆虫在食品体系中的角色：传统饮食

传统食品是指在习惯和习俗中被一个社会接受的，并且成为人们欣然接受的食物来源。传统食品有地域性，在既定的自然环境中耕种狩猎形成，是世界饮食体系的重要组成要素。

土著居民的食品体系建立在当地的动植物物种及让人们健康幸福的传统食品的基础上，对于饮食多样化有重要作用。多数情况下，加工过的商业食品数目的增加逐渐导致饮食质量的下降。坚持自己的传统食品体系的国家、社区、文化，能更好地保护当地食品特性以及相应的农作物和动物的多样性，而与饮食相关的疾病流行的概率也变得更小(FAO，2009b)。

非洲、亚洲和拉丁美洲的人们把昆虫作为他们饮食的组成部分，这或许不只是因为传统肉食(牛肉、鱼肉、鸡肉)的缺乏，而是把昆虫当作重要的蛋白质来源，也因为传统中昆虫通常被认为是美味佳肴。

这一案例并不是单纯地想要说服西方国家去食用昆虫，而是为了确保在食品逐步西化的今天，食用昆虫的传统惯例不会消失。人们正努力将传统食用昆虫的方式与更多的流行食品融合在一起。例如，在墨西哥，黄粉虫是传统的蛋白质来源，富含黄粉虫的玉米饼越来越常见(Aguilar-Miranda et al.，2002)(信息栏 6.5)。

信息栏 6.5 “街道餐车项目 Don Bugito”：创造性与传统性结合的墨西哥餐车

Monica Martinez 是一位 36 岁的艺术家，她想用艺术的方法使人们相信昆虫也是可食用的食品来源。这就是“Don Bugito”诞生的驱动因素。“Don Bugito”启动于 2011 年，是街道餐车项目，在街道聚会、节日、集市向人们出售健康的食用昆虫食品。受到殖民时期和当今墨西哥烹饪方法的启发，**“街道餐车项目 Don Bugito”**在利用食用昆虫方面既有创造性又具有传统性。在 Martinez 所在的加利福尼亚，**“街道餐车项目 Don Bugito”**逐步发展。这位艺术家说“旧金山的美食文化和庞大的亚裔、拉丁社区(他们的烹饪方式中已经包括食用昆虫)使旧金山成为一个天然的测试场地”。这种餐车有墨西哥传统食材——柔软的蓝色玉米饼、辣椒、奶酪，以及在西班牙统治时墨西哥就有的富含蛋白质的昆虫。炸玉米饼含有很多圆圆的幼虫，以及胡椒、薄荷香菜味的调味酱(Campbell，2011)。Martinez 还出售烤蟋蟀，甜品类有冰淇淋，上面有焦糖味的黄粉虫。

资料来源：Sweet，2011。

6.3.2 在传统饮食中食用昆虫作为蛋白质来源的重要程度

全球范围内食用昆虫的重要性难以估量。这是由于统计数字和信息不足，现有的资料只是来源于少数特定的研究。不过，这些研究对于食用昆虫在各种食物体系中的重要性提供了宝贵思路，同时也能深刻探究在全球范围内发展这一事业的可能性。

对土著民族而言，捕获昆虫是获取食物的重要途径(见第 3 章)。土著民族营养与环境中心和联合国粮食及农业组织的一项联合研究评估了来自世界各地 12 个土著民族[1]的各种各样传统食物的营养价值和文化价值(表 6.10)(Kuhnlein et al.，

---

1 Ainu(日本)，Awajun(秘鲁)， Baffin Inuit(加拿大)，Bhil(印度)，Dalit(印度)，Gwich’in(加拿大)，Igbo(尼日利亚)，Ingano(哥伦比亚)，Karen(泰国)，Maasai(肯尼亚)，Nuxalk(加拿大)和 Pohnpei(密克罗尼西亚联邦)。

2009)。研究发现昆虫对于哥伦比亚的 Ingano 社区的营养价值意义重大。Ingano 社区的人们食用 5 月、6 月的金龟子幼虫，它们含有丰富的脂肪。蚂蚁也是重要的能量来源，并且可以终年被采集。该社区对昆虫属性的描述如下。

表 6.10　世界不同地区的 4 个土著民族[Awajun(秘鲁)、Ingano(哥伦比亚)、Karen(泰国)和 Igbo(尼日利亚)]的传统食物

作为传统食材的昆虫	英文名	中文名	当地名
Awajun(秘鲁)			
鞘翅目	Palm weevil larvae	棕榈象甲幼虫	Bukin
膜翅目(*Brachygastra* spp.)	Wasp larvae	黄蜂幼虫	Ete téji
膜翅目 (Formicidae)	Ant	蚂蚁	Maya
Ingano(哥伦比亚)			
膜翅目: *Atta* spp.	Leaf-cutting ant	切叶蚁	Hormiga arriera
鞘翅目	Beetle	甲虫	Mojojoy
Karen(泰国)			
直翅目：蟋蟀科(*Gryllus bimaculatus*)	Field cricket	大蟋蟀	Xer-lai-zu-wa
Igbo(尼日利亚)			
鞘翅目	Beetle	甲虫	Ebe
等翅目：白蚁科(2 种)	Termite	白蚁	Aku-mkpu、aku-mbe
鞘翅目：象甲总科 (3 种)	Palm weevil larvae (palm, raffia palm)	棕榈象甲幼虫	Akpa-nkwu、akpa-ngwo、nzam
直翅目：蟋蟀科	Cricket	蟋蟀	Abuzu
直翅目：蝗科	Locust	蝗虫	Wewe、igurube

资料来源: Kuhnlein et al.，2009

- **蚂蚁**：蚂蚁营养价值高，很受欢迎，具有促进发育、增强免疫抵抗力的功效，能够提供蛋白质、维生素和矿物质。
- **5 月或 6 月的金龟子**：它们营养价值高，具有促进发育的功效。它们还是肺部传染病的良药，它们的脂肪帮助人们预防肺部疾病。此外，它们能够提供蛋白质、维生素和矿物质。

植食性和腐食性无脊椎动物是许多美洲印第安种族重要的、不可忽视的食物来源。在亚马孙盆地，至少有 32 个美洲印第安种族以地球上的无脊椎动物为食(Paoletti et al.，2000)。无脊椎动物作为食物，提供了大量而有重要意义的动物蛋白(表 6.11)，特别是在鱼和猎物都很少见的饥饿时期。例如，委内瑞拉居民，他们居住在热带草原的边缘(在委内瑞拉亚马孙地区)，主要以昆虫为食，特别是草蜢和棕榈蟓。在雨季的时候(7～8 月)，超过 60%的动物蛋白由昆虫供给。通过挑选这些小型无脊椎动物，美洲印第安纳人从热带雨林食物网中挑选那些有高能量流动并且可以组成最大的、可再生的、容易获得的食物库的动物作为食物。森林居民把对植食性和腐食性无脊椎动物的消费作为一种获得蛋白质、脂肪及维生素的方式，这提供了一种新的可持续动物食品生产发展的观念。

表 6.11 在亚普的 Tukanoan 村(哥伦比亚力拓)，每年 100 人对无脊椎动物的消耗量

名称	鲜重消耗平均值/(kg/年)	无脊椎动物消耗总量比例/%
兵蚁和蚁后(3 种)	100	29.3
Syntermes 兵蚁(3 种)	133	39.0
毛虫(5 种)	96	28.1
Vespidae 的幼虫和蛹(3 种)	2	0.60
Melaponinae 的幼虫和蛹(1 种)	1.5	0.44
Rhynchophorus palmarum 幼虫	6	1.7
生长在木头上的甲壳虫幼虫(4 种①)	2.5	0.73

① 4 种为金龟科、吉丁甲科、天牛科、黑蜣科

资料来源: Paoletti et al.，2000

一个 20 世纪中期来自刚果民主共和国西南部的调查发现：在旱季，动物蛋白主要从猎物、蟋蟀和草蜢中获得，雨季则主要从毛虫中获得(第 2 章也曾讲述过)(Adriaens，1951)。鱼类、啮齿动物、爬行动物及各种昆虫幼虫一年到头都被食用。1954～1958 年，Kwango 地区干燥的毛虫产量估计每年接近 300t。此外，在刚果民主共和国的 6 个省份中，日常饮食中平均 10%的动物蛋白来源于昆虫(在西部省份中高达 15%～22%)，鱼类和大型动物肉这两种原始的蛋白质来源，分别占到 47%及 30%(Gomez et al.，1961)。最近，有研究发现，位于刚果民主共和国西南部的卡南加，有 28%的居民食用昆虫，主要是白蚁、毛虫和甲虫幼虫，每个月平均食用 2.4kg(Kitsa，1989)。然而，只有鞘翅目幼虫和白蚁兵蚁(20%的可食用昆虫种类)可以全年在超市获得，至于剩余的可食用昆虫，特别是毛虫和飞行白蚁只能季节性购买(从 12 月到第二年 4 月)。

然而，野生的、未被充分利用的、本土的及传统的动植物食物的消费数据仍然非常有限且不完整(FAO，2010c)。就生物多样性越来越被接受的重要性而言，更多的调查需要直接指向广泛的食物消费及组成的种类，其中包括昆虫。值得注意的是，对于野生的、未被充分利用的、本土的、传统的昆虫营养组成及更广泛的食物多样性需要被调查，数据需要收录在一个可以访问的数据库中。最终，2010 年在 INFOODS 网络中，针对食物多样性的数据建立了一个全球性的网络(信息栏 6.1)。

6.4　可持续的饮食

可持续的饮食是指对环境影响低，利于食品及营养安全，利于子孙后代健康生活的饮食方式。可持续的饮食包括对生物多样性和生态系统的保护与尊重、对文化的接受与理解，以及在经济上的公平与可承受性，并且满足在营养角度充足、安全、健康，同时使人力资源和自然资源最优化(FAO，2010)。

为了养活全球不断增长的人口，将不可避免地给粮食产量施加更大的压力。这反过来又会导致自然资源的进一步退化(FAO，2009a)。而且，由于气候变化引发的难题将使生产问题现状变得更加复杂。目前，FAO 开展的一系列关于可持续饮食的活动，旨在探索食物多样性、营养、食物成分、食物产量、农业、城市农业和可持续性之间的联系和协同效应。根本目标是提高食物和营养安全，向消费者和决策者推荐更多的生态安全食品，阐释到底什么是环境友好型的可持续饮食(FAO，2009b)。以食用昆虫作为食物完美契合这种环境友好的方案，引申开来，它们也应该被当作食物原料和食物补充的最佳候选，同时，也应该在可持续饮食方式中发挥更普遍的作用。

6.5　救助项目中的食用昆虫

根据联合国常务委员会的营养报告，疾病的罪魁祸首就是营养失调。在突发情况下，疾病会导致或者直接源于营养失调。这不仅涉及人们食物量的供给，还包括食物品质。食物过量或不足，不适宜的食物，身体对各种传染病的反应造成的营养吸收不良或无法正常吸收营养维持机体健康，这 3 种因素都能造成营养失调。临床观点认为，营养失调的特征是不恰当地或者过量地摄入蛋白质、能量和微量元素、维生素。这个定义还包含由不恰当饮食造成的常见传染病和紊乱(WHO，2013)。

全球有 70 个国家食品安全问题突出。在这些地区，强混合食品(FBF)分发给最易受害的人们。强混合食品是由煮熟并碾碎的谷物混合而成，其中包含大豆、豌豆、干豆等，并加入了微量营养元素。特别改进版的，可能会含有植物油或者奶粉。尽管也有小麦、大豆混合型食物，但是联合国粮食计划署分发的最主要的强混合食物是玉米、大豆混合型。设计强混合食物的初衷是在食物救助项目中提供蛋白质和微量元素。联合国粮食计划署补充喂养项目和母亲儿童健康计划中也常使用强混合食物(Pérez-Expósito and Klein, 2009)。

然而，问题在于强混合食物的主要原料(如大豆)通常并不是某些地方的传统饮食。另外，在很多国家这些原料也不是当地作物。从营养学、社会学、生态学的观点来看，尤其是在可持续饮食的框架范畴里，这些问题使被救助者不能很好地适应强混合食物(FAO，2010)。考虑到许多昆虫的蛋白质和微量元素含量、最小的生态影响、可行性，以及在大多数食品安全问题突出的发展中国家的文化认可度，昆虫在混合食物中的应用都应该被着重考虑(信息栏 6.6)。

信息栏 6.6 “赢在食物”：通过提高传统食物的利用来缓解儿童营养失衡

“赢在食物”，是由丹麦咨询研究发展委员会和丹麦国际发展机构共同赞助的项目，通过改善传统食物的利用来发展婴幼儿专用的营养改良食物。蔬菜、水果和动物产品的营养丰富但是价格较高，并且，这些消费对象是有限的。此外，主食太少的不平衡膳食引发铁、锌和维生素 A 的缺乏，成为儿童营养失衡的主要原因。“赢在食物”的理念是帮助减轻儿童营养失衡，建立在半驯养或野生乡土动植物食品(如水果、块根、小鱼、蜗牛、青蛙和昆虫)基础上的传统食物体系和传统加工工艺如对主食和副食进行发酵、萌发和浸泡，这是该理念关注的焦点。

“赢在食物”概念在柬埔寨和肯尼亚两个文化、生态背景截然不同的国家平行实验中逐步发展。基于以上研究结果，在家庭层面或者通过中小企业，“赢在食物”战略的基本指导方针将得到长足发展。

食用昆虫是柬埔寨和肯尼亚的传统食物，具有重要地位。因为它们从当地可以获取，并且是重要的锌、铁来源。所以，以下两种混合食物产品得到了发展。

- 柬埔寨“赢在食物”，包含大米、鱼、蜘蛛和其他食物成分。
- 肯尼亚“赢在食物”，包含苋菜、玉米、鱼和白蚁。

尽管实验结果很有前景，但缺乏食用昆虫的食物标准仍然是“赢在食物”进一步发展的主要障碍(见第 10 章和第 14 章)。

资料来源：N. Roos，私人通信，2012。

7 昆虫作为动物饲料

7.1 概　　述

2011 年，全球饲料总产量约为 8.7 亿 t，全球饲料制造产业产生的总收益约为 3500 亿美元。FAO 预计，到 2050 年饲料产量必须增长 70%才能满足人类所需，肉类(家禽、猪肉和牛肉)的产量则需要翻一番(IFIF，2012)。尽管如此，将昆虫作为饲料资源的提案几乎没有被提及(信息栏 7.1)。目前，动物和鱼类饲料包括鱼粉、鱼油、大豆和其他谷物。饲料进一步发展的主要制约因素是成本过高，包括肉骨粉、鱼粉和大豆粉在内，原材料成本占生产成本的 60%～70%。另一个问题是粪便处理，这已经成为了非常严重的环境问题。大量的粪便成堆地露天堆放，苍蝇漫飞。

信息栏 7.1　国际饲料工业联合会与 FAO：寻找新型的安全蛋白质

国际饲料工业联合会(IFIF)是一个国际授权组织，在促进安全、健康的食品可持续供给方面发挥协调作用。它的作用在发展中国家是至关重要的，特别是在饲料政府部门不健全或者没有的国家。20 世纪 90 年代后期，IFIF 承认了非政府组织(NGO)——食品法典委员会的地位，这是政府加大对该行业监管力度的第一步。在此期间，IFIF 开始建立与 FAO 亲密的合作关系。参与法典及食品和粮食及农业组织会议，使得 IFIF 紧跟国际规范的发展和协调、标准制定和实施，从而影响国际饲料制造商。特别是，IFIF 完善了 *Codex Code of Practice of Good Animal Feeding*；参与了动物饲养电子工作组；支持 FAO 关于饲料工业蛋白质来源的专家会议；进一步推进了一年两次的国际饲料和食品联合会议。此外，同 FAO 一起，IFIF 已经开发了 *Manual of Good Practices for the Feed Industry*，一年一度的国际饲料监管机构会议为饲料协会和食品监督机构建立了一个会议集会点。IFIF 确信健全的科学和技术的进步将使得食品对于所有人都是安全、丰富和充足的。

鱼粉价格呈上升趋势(图 7.1)。2010 年和 2011 年的需求增加，导致价格大幅度升高，尽管在 2011 年年底和 2012 年年初需求减少，但价格仍保持高位。对于小农户来说，这意味着，鱼粉更不易获取。与此同时，水产养殖业是增长速度最快的动物饲料应用行业，将需要持续扩大产量以便跟上对鱼产品需求量的增加。

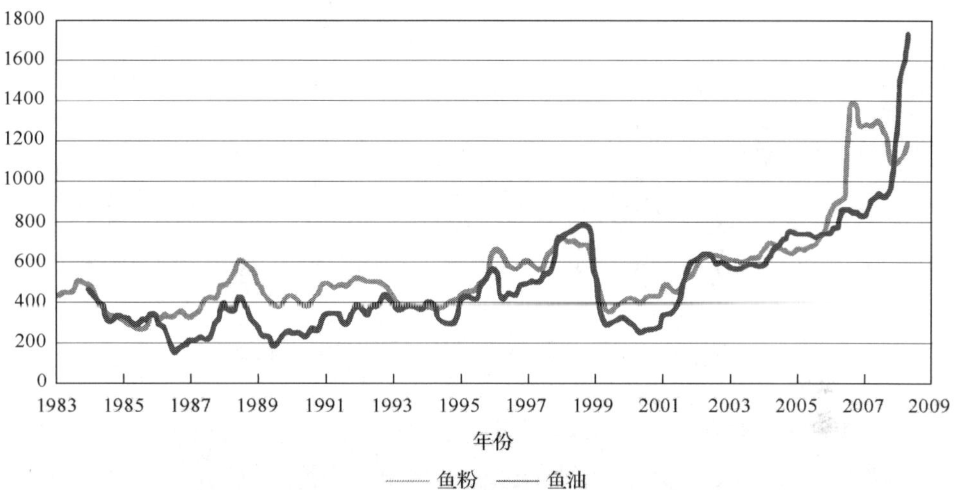

图 7.1 鱼油和鱼粉国际批发市场价(CIF Hamburg 价)

价格是月平均值，64%/65%粗蛋白，任何来源

资料来源：Tacons and Metian，2008

目前，全球鱼产量的 10%左右制成鱼粉(即全鱼或鱼加工后剩余的部分)，主要用于水产养殖(FAO，2012b)。通过捕捞秘鲁鳀，南美成为最大的鱼粉生产地。由于其受厄尔尼诺*气候周期影响，捕捞鳀的情况是极容易变化的。产量(渔获量)在 1994 年达到高峰 12.5 万 t，但在 2010 年下降到 4.2 万 t，预计未来将进一步下跌。

昆虫也有类似鱼粉的市场，它们在水产养殖业、畜牧业及宠物行业被用作饲料。近期的鱼粉高需求和随之而来的高价格，再加上水产养殖生产压力的增加，引起了对发展昆虫蛋白用于水产养殖和畜牧业的研究(可能是对于鱼粉市场的补充)。同时，因为更严格的配额法令、非法捕鱼禁令，以及更多地使用更具成本效益的鱼粉替代物而导致了工业捕鱼量的减少(信息栏 7.2)，使水产业的发展速度和作为饲料来源的鱼粉产量下降(FAO，2012b)。寻找替代性和可持续的蛋白质是一个具有重要意义的问题，需要在短期内有一个可行的解决方案，因此，昆虫成为一种越来越具有吸引力的饲料来源选择。

* 译者注：厄尔尼诺现象。

信息栏 7.2　非食品用途鱼

1976～1994 年，捕获的鱼用于非食品用途的量有所增加。然而，从那之后鱼捕获量下降，从 1995 年的总捕获量由 34%下降到 2009 年的 26%，因而导致鱼粉和鱼油产量也有所下降(从约 30%降至 20%)。2008 年，水产养殖业使用了世界鱼粉产量的 61%和鱼油产量的 74%。但是，水产饲料中鱼粉的使用已经从 2005 年的 19%下降到 2008 年的 13%。有人预言，到 2020 年它会降低到 5%。

7.2　昆虫用于饲养家禽和鱼类

昆虫是家禽和鱼类的天然饲料。例如，鸡可以一边走一边啄食表土层和垃圾里面的蠕虫和昆虫幼虫。这也是我们把蛆虫作为休闲渔业饲料的一个原因之一。既然昆虫可以作为一些家畜的天然饲料，那么我们也应该考虑用它来饲养一些家禽和鱼类(信息栏 7.3)。

信息栏 7.3　目前哪些昆虫被用作动物饲料?

FAO 的动物饲料资源信息系统(现在称为Feedipedia)提供了有关作为动物和鱼类饲料的昆虫，如沙漠蝗(沙漠蝗属)、常见的蝇蛆(家蝇)和家蚕(桑蚕)等昆虫，以及作为动物和鱼饲料的使用。在这个系统的“动物产品”(animal product)条目下可以找到关于昆虫来源、获得过程、饲养指导、饲喂实验和营养特点的资料。

然而，许多其他昆虫物种也可能非常适合工业化的饲料生产，如甲虫类，这是由观赏收藏家近期提出的(见第 2 章)。

7.2.1　家禽

近 20 年来，在发展中国家，家禽产业规模迅速扩大。蝗虫、蟋蟀、蟑螂、白蚁、虱、蝽蟓、蝉、蚜虫、介壳虫、木虱、甲虫、毛虫、苍蝇、跳蚤、蜜蜂、黄蜂和蚂蚁都被用来作为家禽的补充饲料来源(Ravindran and Blair，1993)。在发展中国家，动物和植物蛋白可供应家禽饲料中的氨基酸(如赖氨酸、甲硫氨酸和胱氨酸)。富含蛋白质的动物性饲料原料一般由进口的鱼和肉或血粉组成，而植物性的原料包括进口豆饼和豆类谷物。据报道，在多哥和布基纳法索白蚁已被用作肉鸡和珍珠鸡的饲料(参见 2.3 节)(Iroko，1982；Farina et al.，1991)。

在昆虫的外骨骼中发现了一种多糖——甲壳素，可能对免疫系统的功能有积极的效果(参见 10.3 节)。将昆虫作为鸡饲料，有助于减少人类对病菌产生耐药性(信息栏 7.4)的抗生素在养鸡业中的使用量。

信息栏 7.4 鸡肉消费导致人体感染高度耐药的 ESBL 菌株

在荷兰调查的患有严重的泌尿系统疾病及血液感染疾病的病人中，1/5 感染了 ESBL 菌株(通过光谱 β-内酰胺酶传播)，并且这种菌株与鸡体内的 ESBL 菌株基因型一致。含 ESBL 的细菌可以产生对抗生素(如青霉素和头孢霉素)有抗性的酶。通常，主要由大肠杆菌和肺炎杆菌这两种细菌产生 ESBL 酶。35%的人含有家禽相关的 *ESBL* 基因。在荷兰养禽业中抗生素的使用量高于其他的欧洲国家。因此，ESBL 的患病率也相应较高。同时调查显示，由于抗生素的普遍使用，在荷兰的超市和家禽养殖场中几乎所有(94%)的家禽都感染有 ESBL菌。能否将昆虫(含几丁质)作为家禽饲料，通过强化免疫系统来对过量的抗生素起作用，需要进一步的研究来证明。

资料来源：van Hall et al.，2011。

Ravindran 和 Blair(1993)在粪便和家蝇(*Musca domestica*)蛹中饲养黑水虻(*Hermetia illucens*)，用来替代家禽养殖中的豆类饲料。其他研究也显示，在产蛋鸡和鸡饲料的供应(50%)上，蚕蛹完全可以替代鱼粉，蝗虫和摩门蟋蟀(*Anabrus simplex*)也可以完全取代鱼粉和大豆粉。

在刚果的南基伍省，Munyuli Bin Mushambanyi 和 Balezi(2002)探索了用东方蜚蠊(*Blatta orientalis*)粉和白蚁(*Kalotermes flavicollis*)粉替代昂贵的肉类饲料的可能性。在家禽饲养中，20%的饲料成分用蟑螂粉和白蚁粉替代。他们的研究显示，在饲料中掺杂一部分从昆虫中提取的粉末就可以替代家禽饲料中的部分肉类饲料。Ramos Elorduy 等(2002)做了相似的研究，他们用在低营养价值物料中饲养的黄粉虫幼虫来喂养肉鸡。黄粉虫可利用营养成分含量低的垃圾来产生高蛋白饲料，所以可用黄粉虫来代替鸡饲料中的大豆饲料。这也是黄粉虫能成为一种极具潜力的蛋白饲料替代品的原因。摩门蟋蟀(*Anabrus simplex*)、家蟋蟀(*Acbeta domesticus*)、家蚕(*Bombyx mori*)、黑菌虫(*Alpbitobius diaperinus*)、赤拟谷盗(*Tribolium castaneum*)和白蚁的实验中，也得出了相似的结果(Ramos Elorduy et al.，2002)。

在印度，家禽养殖业是增长最快的农业产业之一，但是昂贵的玉米饲料威胁着养殖户的收益。使用养蚕业副产品饲养家禽的成功率要高于使用传统原料，但是副产品现在只用在生物沼气和堆肥上(Krishnan et al.，2011)。

7.2.2　鱼类

用昆虫作为鱼类饲料，在世界范围内还没有得到充分的肯定。在乌干达，大量的食料用来饲养鱼类。这些食料包括蔬菜、杂草、谷物、麦麸、油种籽饼、工业废弃物、家禽养殖废弃物和鱼粉，也包括昆虫(图 7.2)。这些材料作为饲料具有季节性(Rutaisire，2007)。5%的养殖户在 3～4 月和 8～9 月用白蚁作为饲养鱼的饲料。他们自己捕捉白蚁或者以 0.27 美元/kg 的价格从白蚁养殖户那里收购。白蚁丘的数量和大小、光照强度和白蚁品种对白蚁的质量影响很大。一个白蚁丘大约一年可以产 50kg 的白蚁。在东南亚，在鱼塘上方吊挂荧光灯非常常见，荧光背水面反射，可吸引昆虫掉入池中被鱼吃掉。无翅蝗虫、无翅蟋蟀、蚂蚁幼虫和蛹也用来饲养鱼类(如老挝人民民主共和国的 *Oecophylla smaragdina*) (J. Van Itterbeeck，私人通信，2012)。

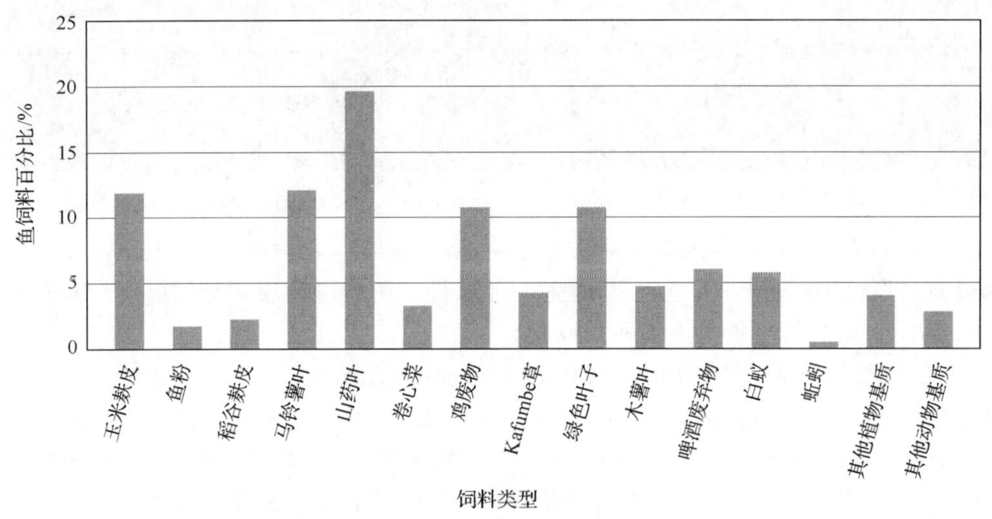

图 7.2　乌干达渔场主使用的不同类型饲料的比例

资料来源: Rutaisire，2007

7.3　主要饲料昆虫

工业化饲料生产中最有前途的昆虫有黑水虻、蝇蛆、桑蚕和黄粉虫。蝗虫和白蚁在小范围条件下也是可行的。到目前为止，这些昆虫种类是研究最多的，也是文献资料中占比最大的。

7.3.1 黑水虻

黑水虻(*Hermetia illucens*)(双翅目水虻科)在大规模的家禽、猪、牛养殖场的粪堆上大量而自然地存在，粪蛆的名字也由此而来。在有机废弃物堆上，如咖啡豆粕、蔬菜、酒糟和鱼内脏(鱼类加工的副产品)上，黑水虻也大量存在。商业上，黑水虻可用于解决许多与粪便及其他有机废弃物有关的环境问题，减少粪便量、水分含量及恶臭。同时，它们也可以作为牛、猪、家禽和鱼类饲养中的高品质饲料(Newton et al.，2005)。此外，黑水虻的成虫对人类的生活环境和食品没有趋性，基于此，黑水虻不使人厌恶。我们可以把黑水虻的高含量粗脂肪转变为生物柴油：1kg 牛粪、猪粪和禽粪上的 1000 头黑水虻幼虫分别可以产出 36g、58g 和 91g 的柴油(Li et al.，2011)。同时，油脂提取后的几丁质回收技术也在探索中(见 9.1 节)。

减少家蝇数量

黑水虻的预蛹生产，可以解决一些由粪便的囤积和管理引起的问题。Sheppard 等(1994)证明了在禽类和猪粪便上的黑水虻减轻家蝇种群数量的方法，其减轻幅度可达 94%～100%。黑水虻可以通过液化粪便来削弱蝇蛆对粪便的适应性，同时，黑水虻还可以降低家蝇的产卵量(Sheppard，1983)。通常被认为令人厌烦的家蝇，也可以用来作为动物和鱼类的饲料。

减轻粪便污染

黑水虻的幼虫可以将粪便中残留的蛋白质和其他营养物质转化成易于利用的生物量(如动物饲料)。它们可以通过这种方式来富集营养和减少粪便的储量。通过这种转换，黑水虻幼虫可以让粪便创造更高的经济价值。转化后的黑水虻幼虫单价 200 美元/t，而粪便的单价是 10～20 美元/t(Tomberlin and Sheppard，2001)。在简陋的装置中，这种幼虫也可以以 61%～70%的幅度减少磷含量和以 30%～50%的幅度减少氮含量(Sheppard et al.，2008)。在美国佐治亚州的一次田间实验中，黑水虻幼虫对猪粪便的消化可以减少氮含量 71%、磷含量 52%、钾含量 52%，铝、硼、镉、钙、铬、铜、铁、铅、镁、锰、钼、镍、钠、硫、锌等的含量也减少了 38%～93%。所以，黑水虻幼虫可以减轻至少 50%～60%的粪便污染。黑水虻消化粪便使其产生较少的难闻气味。这是因为它们可以通过分解和烘干粪便来减少气味的产生。此外，黑水虻幼虫还可以减少粪便中的有害细菌(Erickson et al.，2004；Liu et al.，2008)。例如，黑水虻幼虫的活动可以明显减少鸡粪中大肠杆菌 O157：H7 和肠道沙门氏菌的数量(Erickson et al.，2004)。Sheppard、Newton 和 Burtle(2008)认为，黑水虻幼虫还含有与丝光绿蝇(*Lucilia sericata*)相似的天然抗生素。丝光绿蝇在清洗创口的清创技术中用到，而清创技术是由于最近抗药性病菌感染而流行起来的一门技术(Sherman and Wyle，1996)。

黑水虻作为动物饲料

我们应该认真地考虑用黑水虻的预蛹饲养动物，而不只注重它在环境保护上的作用(Newton et al.，1977；Sheppard et al.，1994)(信息栏 7.5)。一只干预蛹含有 42%的蛋白质和 35%的脂肪(干重比例)(Newton et al.，1977)。含有 44%干物质的活预蛹很容易长时间保存。把这种预蛹掺入饲料中，对小鸡、猪、虹鳟(*Oncorhynchus mykiss*)、斑点叉尾鮰(*Ictalurus punctatus*)和奥利亚罗非鱼(*Oreochromis aureus*)的生长有很大益处(Hale，1973；Newton et al.，1977；St-Hilaire et al.，2007；Pimentel et al.，2004；Sheppard et al.，2008)。在虹鳟的饲养中，黑水虻幼虫可以代替 25%的鱼粉和 38%的鱼油使用。黑水虻和鱼可以相互饲养，渔业所产生的有机废弃物中，鱼内脏可以用来饲养黑水虻幼虫。相比于粪便喂养，使用有机废弃物喂养的 24h 内，幼虫的脂肪含量增加了 30%，ω-3 脂肪酸含量增加了 3%(St-Hilaire et al.，2007)。

信息栏 7.5　俄亥俄州淡水对虾的可持续性增加

淡水对虾的饲养在美国气候温和地区越来越流行。淡水对虾在改造俄亥俄州农场的多样性上具有巨大的潜力。在过去的 10 年中，由于对本地产品的需求，人们对淡水虾的兴趣增加了很多。人们在食物产地、生产方式、食品种类和增长速率方面的浓厚欲望，是建立在新的管理模式和食品生产上的。

对于淡水对虾来说，饲料是排在第二位的可变生产成本(第一位是幼虾的采集)。传统养殖户用一种沉水的鲶鱼饲料。由于以鱼粉为主要成分的传统饲料价格逐步升高，一些动物学家正在为水产养殖寻找一种可替代蛋白资源，其中一种就是黑水虻幼虫及其粪便，也可以称为分泌物。在美国，俄亥俄州黄温泉市的 EnviroFlight 公司首次将黑水虻幼虫及其粪便用于水产养殖，他们将黑水虻幼虫粪便和小麦麦麸的混合物用于对虾饲养。

唯一的显著区别就是，EnviroFlight 公司喂养的对虾比用传统饲料喂养的对虾颜色淡一些，专业的虾味道测试仪都没有检测到两个产品之间味道上的差异。使用本地生产的水产饲料对俄亥俄州淡水对虾生产商有很多好处，对其他鱼类水产养殖也有潜在的好处。首先，饲料成本低于目前市场上可用的替代品，这将有利于经营经济效益，尤其是考虑到鱼粉的成本预计将继续上升。考虑到饲料在俄亥俄州生产，较短的“食品运输距离”有利于其生产和推广。此外，喂食不含鱼粉饲料的对虾可能会对农民打开更多的市场机会有利，因为一些客户反对将鱼粉用于水产饲料。最后，给蝇蛆喂食干酒糟生产这种产品，实际上有助于高效循环利用来自俄亥俄州的另一种工业废物/副产品。这种循环利用增加了项目整体的可持续性。

7.3.2 普通家蝇幼虫

蝇蛆即普通家蝇(*Musca domestica*)的幼虫，主要在湿热的环境中生长。蝇蛆是家禽动物蛋白质的重要来源：干物质质量为鲜幼虫质量的30%，其中54%是天然蛋白质。蝇蛆可以提供新鲜的产品，但对于高密度养殖来说，蝇蛆干成品更方便储存和运输。研究表明，在肉鸡的养殖过程中蛆粉可以代替鱼粉(Téguia et al.，2002；Hwangbo et al.，2009)。与此同时，蝇蛆的生产可以减少有机废弃物的积聚。

在非洲农村，蝇蛆以腐肉为食，是家禽的天然饲料。例如，在尼日利亚，蝇蛆可以作为家禽养殖极好的动物蛋白质来源。在多哥(Ekoue and Hadzi，2000)和喀麦隆(Téguia et al.，2002)，鲜活的蝇蛆已经用于饲养鸡。在韩国，Hwangbo等(2009)探究了蝇蛆对于肉鸡的肉质及生长情况的贡献，他们发现日常喂养饲料中包含10%～15%的蝇蛆可以提高禽类的质量并促进肉鸡的生长。在尼日利亚，Awonyi等(2004)评估了用蛆粉代替鱼粉的作用，依据肉鸡平均每周的体重增长和蛋白质效率比例，他们发现饮食中用蛆粉代替25%的鱼粉最有效：在9周的时间中，加工好的去内脏的鸡类重量，以及胸部和腿部肌肉的相关长度、宽度和重量，都没有因为鱼粉被替代而受到明显的影响。总而言之，蛆粉在肉鸡养殖中是一种物美价廉的部分鱼粉替代品。

然而，由于普遍认为成虫——家蝇广泛参与疾病的传播，在家禽饲料中添加蛆粉引起关注。幼虫在粪料和腐烂的垃圾中生长，由于这个原因，在家畜饲料中添加蛆粉引发了细菌学者和真菌学者的担忧。在尼日利亚，Awonyi等(2004)调查研究了新鲜的和储存9个月的干蝇蛆，磨碎的家蝇幼虫中存在的细菌量决定了它们是否适合在家畜饲料中使用。他们的主要结论是：如果湿度太高(实验研究湿度是23%，而限定湿度是12%)，储存的蛆粉更易于通过真菌和细菌发生变质。他们建议干燥至4%～5%的含水量来减少细菌的活动，而且处理后，防止吸湿可以通过防水包装(用玻璃纸或尼龙)和热封实现。

7.3.3 白蚁类

在野外采集的白蚁可用来捕捉鱼和鸟。Silow(1983)报道，在赞比亚，人们常使用白蚁(*Trinervitermes* spp.)在圆锥形簧片陷阱中作鱼饵，以及作为吸引食虫鸟类(如珍珠鸡、鹧鸪、鹌鹑和画眉)的诱饵。也可以通过用一个顶部损坏的白蚁丘设置陷阱来捕捉鸟类，这种白蚁丘会有很多白蚁聚集几小时。然而，饲养白蚁是非常困难并且不被建议的，同时也要承受它们排放大量甲烷。

7.3.4 蚕

在大多数发展中国家，畜牧产业受畜牧饲料——鱼粉数量的不足与成本较高所限。尽管养蚕产生了大量的蛹，但是关于将处理蚕粉作饲料成分的研究太少。在尼日利亚，Ijaiya 和 Eko（2009）分析了用不同含量的蚕粉（25%、50%、75%和100%）替代鱼粉的可能性，研究项目包括了肉鸡生长、肉鸡成品血液质量和经济价值分析，发现鸡的生长未受影响。在食物摄取、体重增加、食物转化效率或蛋白质效率等方面没有显著差异。由于蚕粉比鱼粉便宜，说明其在经济上非常适合作为替代品。

7.3.5 粉虫

粉虫（如黄粉虫）已经实现工业规模的养殖，它们依赖低营养价值废弃物即可生长并用于饲养肉鸡。Ramos Elorduy 等（2002）用不同来源有机废弃物培育黄粉虫的幼虫。他们在一种蛋白质含量为 19%的高粱—大豆粉的基础饲料中用 3 种水平的幼虫来评估其摄取量、重量增长及饲养效率，15d 后不同处理间没有明显变化。粉虫有希望代替传统的蛋白质来源，尤其是大豆粉。

7.3.6 印度蝗虫

在印度，一直在进行关于使用蝗虫作为农场动物饲料的研究。其原因之一是传统饲料的开支占农场动物养殖总成本的 60%；另一个原因是人类与家畜之间对于像玉米、黄豆等资源的竞争致使饲料短缺。此外，在农田和草原收获这些作为饲料的蝗虫可以减少有害农药的使用。Anand 等（2008）对 4 种蝗虫的营养成分做了研究：中华稻蝗（*Oxya fuscovittata*）、暗翅剑角蝗（*Acrida exaltata*）、等岐蔗蝗（*Hieroglyphus banian*）和长翅板胸蝗（*Spathosternum prasiniferum prasiniferum*）与当地可用的传统豆粉和鱼粉相比含有更高的蛋白质。

饲养和大规模生产

如果用蝗虫作饲料，需要巨大的生物量，只能通过在昆虫农场中大规模饲养获得。Das 等（2009）研究过大规模养殖中华稻蝗和长翅板胸蝗所需要的空间，使用体积为 2500cm^3 的广口瓶，其中中华稻蝗密度为 10 000 只/m^3，而长翅板胸蝗密度为 7100 只/m^3，其死亡率分别为 12%和 15%。相对于中华稻蝗，较小尺寸的长翅板胸蝗每一单位面积可以养殖更多。Das 等（2010）也测定了对于大量养殖小稻蝗（*Oxya hyla hyla*）的最佳温度和光周期，并试验了用蝗虫粪料来提高土壤肥力，他们发现蝗虫粪便中含有的氮、磷和钾的含量与常用动物粪便相似。

饲养鱼和家禽试验

某些鱼类摄食实验表明，用蝗虫粉代替饲料中 25%和 50%的鱼粉产生的效果与 100%的鱼粉饲料的效果一致。对实验鱼类的所有生长参数进行测量显示，用含有蝗虫粉所喂养的比使用饲料喂养的生长参数高，这表明蝗虫粉可以成功代替传统鱼粉。

日本鹌鹑(*Cotornix japonica japonica*)使用了蝗虫粉来替代鱼粉进行喂养，根据一系列生长参数可知，用蝗虫粉代替饲料中50%的鱼粉效果最佳，而且鹌鹑繁殖力(即产蛋数)相比于对照组显著提高。

因此，在所挑选的蝗虫中，两种营养丰富的稻蝗属(*Oxya*)蝗虫，即中华稻蝗和小稻蝗，由于其高繁殖力和生殖力能提供高生物量而被挑选。据评估，稻蝗属至少可以代替50%的鱼粉来饲养鱼和家禽。这些研究结果表明可建立一个蝗虫农场，其中的中华稻蝗和小稻蝗用䅟(*Sorghum halepense*)和巴拉草(*Brachiaria mutica*)作为食物进行最大量养殖。对于开发商来说可以确保禽的补充性饲料有稳定的饲料来源。此外，如果蝗虫作为被推广的替代食品和饲料来源，这将明显降低鱼类的过度捕捞和减少鱼粉的需求量，从而降低鱼粉的市场价格(Haldar，2012)*。

* 译者注：东亚飞蝗的大规模生产已经在中国，至少在中国北方推广开来。刘玉升教授自2000年推动东亚飞蝗的生产养殖以来，已在全国各地扶持建立了规模大小不等的蝗虫农场，其中以山东莒南县和莒县较为出名。

8 昆虫饲养

8.1 定义和概念

广义上讲，农业包括动物养殖(畜牧业)和植物栽培(农艺学、园艺学和部分林学)。然而，昆虫养殖的概念，甚至对于 FAO 来说，也是相对较新的。昆虫的饲养需要在一个指定的区域(即农场)、饲养环境、饲喂时间，以及食物质量都处于控制之下。昆虫需要被圈养或者养殖于“大牧场”环境下，因此脱离了自然种群。半集约化养殖这一术语，十分适用于昆虫，定义详见 4.4 节*。

繁殖和饲养这两个词经常被混淆。繁殖一词比起昆虫学更常用于畜牧生产领域。严格地说，饲养指的是“照看”动物，然而繁殖是指它们自身的繁殖生理习性。饲养通常是指生产更好的后代，即通过从具有特定要求特点的群体中选取样本，从而从基因水平上提高种群血统。但是，在受限条件下饲养昆虫，也可能使昆虫在种群上通过近亲繁殖、始祖效应、遗传漂变和实验室适应产生遗传效应，从而不再与野生型种群相似。

家畜与小型牲畜之间的区别并不是很明显。小型牲畜意味着养育小动物来家用或获利(不作为宠物)，特别是在农场。可以是小型哺乳动物、两栖动物、爬行动物和无脊椎动物，包括昆虫(Paoletti，2005)。根据 Hardouin(1995)的观点：“这些动物包含脊椎动物和无脊椎动物，陆生或者水生，体重通常在 20kg 左右，无论是在营养还是经济性状方面这些动物都必须有一个潜在的优势。”相反，家畜一般指牛、家禽、羊、骆驼、山羊、马和其他类似的动物，养大之后被家用或者买卖，但不作为宠物使用。

8.2 昆虫生产养殖

大多数食用昆虫是在野外收获的，但一些昆虫物种因具有商业价值已经被用于人工生产养殖，家蚕和蜜蜂是最著名的例子。养蚕业——通过养蚕获得蚕丝的产业——起源于 5000 年前的中国。家养模式增加了蚕茧的大小、提高了蚕的生长速率和蚕的消化效率，并使家蚕习惯于生活在拥挤的环境下。成虫不再会飞，这个物种完全依赖于人类而生存。蜜蜂幼虫和蚕蛹作为副产品用于食用(信息栏

---

* 译者注：《昆虫生产学》(刘玉升，2012)，论述了昆虫生产学的概念及其历史发展，主要论述昆虫的资源特性、昆虫生产的基本理论与技术体系。

8.1）。此外，一些昆虫被当作宠物饵料饲养。例如，黄粉虫和蟋蟀在欧洲、北美洲和亚洲的部分地区被当作宠物饵料饲养。

信息栏 8.1 双重生产系统（纤维和食品）：以蚕为例

哥伦比亚：在养蚕业中，家蚕（*Bombyx mori*）的蛹被认为是副产品，是人类和动物食品的良好来源。据估计，每公顷桑灌木年产蚕茧量 1.2 万～1.4 万个，每个蛹重 0.33g（干重），每公顷蛹的平均产量为 400～460kg（DeFoliart，1989）。此外，蚕粪（昆虫消化植物之后的部分）可以用来作为肥料或塘鱼饲料。

印度：蚕粪（也称蚕沙）仅用于沼气生产和堆制肥料。研究人员正在试验用蚕沙喂养家禽（Krishnan et al.，2011）。家禽业在印度是增长最快的农业产业之一，然而具有高转换率的可持续的饲料产品并没有被广泛使用。Krishnan 等（2011）认为，使用蚕沙是极其可行的，因为它无毒，甚至有比传统原料更好的转换率。

肯尼亚：一个项目成功地将森林保护和改善民生联系到一起（Raina et al.，2009），即利用商品化昆虫，如桑蚕制造的丝绸被当地森林社区出售，作为一种有价值的收入来源。剩余的蛹用来喂鸡。这些好处激励当地的社区更好地管理他们周围的森林栖息地。

马达加斯加：当地非政府组织——马达加斯加丝绸工人组织（SEPALI）及其美国的合作伙伴，通过帮助当地人民制造一种从本地特有的飞蛾中获取的丝制成的丝织品，进行扶贫计划，这项计划帮助马吉拉岛保护区的百姓减轻了经济压力。2013 年，SEPALI 发展蛹蛋白质工程：马吉拉地区的人们食用一些人工饲养的蚕和蛹。农民获得的 4000 只蛹中，只选择 200 只做进一步的饲养，剩下的3800 只蛹可用来煮、炒、晒干或磨成蛋白粉。事实上，3800 只蛹的重量约等于一只濒临灭绝的红领狐猴的重量。

另一种通过养殖昆虫可获得的商业产品是胭脂红酸。胭脂红酸来自胭脂虫（*Dactylopius coccus*），它被饲养于梨果仙人掌（*Opuntia ficus-indica*）上（参见 2.4 节）。这种酸被用作人类食品、制药和化妆品行业中的着色剂。

昆虫在农业生产中也被用于防治害虫或植物传粉。在害虫生物防治中，大型饲养企业大规模生产益虫，如捕食性昆虫和寄生性昆虫（信息栏 8.2）。这些昆虫往往出售给果农、菜农和花农防治害虫，也可用于大田作物，如卵寄生天敌昆虫赤眼蜂（*Tricbogramma* spp.），幼虫寄生天敌昆虫菜蛾绒茧蜂（*Cotesia flavipes*）防治甘蔗螟虫。多种熊蜂（*Bombus* spp.）和蜜蜂（*Apis* spp.）在全球范围内被饲养用来帮助农民的农作物和果树授粉。

信息栏 8.2　生物防治和自然授粉

大规模生产天敌昆虫防治农业害虫和养育蜜蜂给植物授粉，是一项全球性业务。科伯特生物系统有限公司(Koppert Biological Systems)在作物保护和自然授粉领域处于国际领先地位。该公司开发和销售授粉系统(蜜蜂和熊蜂)及用于保护高价值作物的有害生物综合治理(IPM)项目。

害虫的天敌，又称为生物防治因子，包括捕食性昆虫、寄生性昆虫和病原体。捕食性昆虫(如瓢虫)以它们的猎物为食，从而导致生物体的死亡。寄生性昆虫在寄主体内发育并最终杀死寄主(如寄生蜂)。捕食性昆虫和寄生性昆虫可以大规模饲养，然后释放到野外或温室中控制农业害虫，从而最大限度地减少害虫对作物的危害。饲养的昆虫也被用于病原性线虫和病毒的活体生产。这些昆虫产品是很好的无化学性、无毒、无危险的物品，也是环保的保护植物的方法。它们通常被包括在 IPM 策略中，大量地用于控制粮食和纤维作物主要害虫。

IPM 中常用的一种方法是昆虫不育技术，将大量的不育昆虫释放到环境中，与野生雄性昆虫竞争雌性昆虫。当一个雌虫与不育雄虫交配后将不会产生后代，从而降低了下一代的虫口。重复释放不育昆虫可以根除或遏制虫口。该技术已成功地用于消除北美地区的一种牲畜害虫螺旋蝇(*Cochliomyia hominivorax*)，并在中美洲控制了造成水果大量损失的地中海果蝇(*Ceratitis capitata*)。

在温带地区有大量生产昆虫用于宠物饲料和鱼诱饵的工厂。主要使用的昆虫有蟋蟀(*Gryllodus sigillatus*、*Gryllus bimaculatus* 和 *Acheta domesticus*)、粉虫(*Zophobas morio*、*Alphitobius diaperinus* 和 *Tenebrio molitor*)、飞蝗(*Locusta migratoria*)、太阳甲(*Pachnoda marginata peregrine*)、大蜡螟(*Galleria mellonella*)、蟑螂(*Blaptica dubia*)和蝇蛆(*Musca domestica*)。有些公司甚至生产 Mighty Mealys™，即使用保幼激素处理黄粉虫幼虫，使粉虫变大。激素抑制幼虫化蛹并使幼虫生长到大约 4cm，使它们成为理想的宠物饲料和诱饵。

此外，一些昆虫可作为药物使用。例如，常见的丝光丽蝇(*Lucilla sericata*)，用于活蛆疗法，即活的消毒蝇蛆被引入人或动物的软组织伤口，用于清理坏死组织和消毒创伤区域。尘螨在商业上也用于过敏测试。中国林业科学研究院资源昆虫研究所在昆明对饲养昆虫用于医疗应用已经进行了广泛的研究(Feng et al., 2009)，并对昆虫作为宇宙空间食物可行性进行了研究(信息栏 8.3)。

信息栏 8.3 昆虫作为太空蛋白质来源

曾有人建议，昆虫可以用作太空中的蛋白质来源。中国、日本和美国的科学家正在认真寻找可用于太空旅行和在空间站食用的食品来源。中国正计划利用家蚕建立生物再生式生命保障系统的一个地面模型*(DeFoliart，1989；Katayama et al.，2008；Hu 等，2010)。诸如甘薯天蛾(*Agrius convolvuli*)、药材甲(*Stegobium paniceum*)和白蚁(*Macrotermes subhyalinus*)等物种也被提起用于计划(Katayama et al.，2005)。

其他饲养昆虫的原因包括植物育种和化学防治研究(如农药的筛选和对非靶标节肢动物副作用的测试)。昆虫在动物园和蝴蝶园也用于教育和娱乐。在一些国家，昆虫作为宠物，如竹节虫。在中国文化中有用于唱歌或战斗的蟋蟀(参见 2.1 节)，在日本、泰国和越南有金龟子、锹甲(锹甲科)和独角仙(独角仙亚科)。

昆虫的潜在用途是巨大的。近日，有科学家正在探索利用昆虫进行粪便和有机废弃物的生物转化处理(参见 7.4 节)。这将有助于吸引已成熟的产业生产昆虫作为宠物食品，也有助于推销昆虫产品用作动物饲料和人类消费(如黄粉虫、蝗虫和蟋蟀)。

8.3 食品昆虫养殖

8.3.1 热带地区

在热带地区，蟋蟀是以人为消费群体的昆虫饲养产业中最好的例子。在泰国，本地种蟋蟀(*Gryllus bimaculatus*)和家养种蟋蟀(*Acheta domesticus*)已有养殖。从经济角度来看，本地种更引人关注，但是，家养种的口感和品质通常被认为更有优势(Y. Hanboonsong，私人通信，2012)。

一些蟋蟀饲养经验丰富的国家如老挝、泰国及越南，蟋蟀饲养方法是极其相似的。在这些国家，人们在自家院子的棚屋内进行简单饲养，而且不需要支付高额的原材料费用。在老挝和泰国，以高 0.5m、直径 0.8m 的混凝土圈作为饲养单位，而在越南则用塑料碗。每一个饲养台底部都放有米壳或米的废料。鸡饲料或其他宠物饲料、南瓜和花等菜类残渣、米和草则用于补充营养。塑料瓶用于提供水源，在盛水盘子里放置石头可以防止蟋蟀溺水。在内墙下边缘放黏性的胶布和塑料桌布以防止蟋蟀逃出饲养台。蛋品的硬纸板包装盒、树叶和中空的树枝都可

---

* 译者注：“月宫 1 号”生命支持系统引入黄粉虫。

以为蟋蟀创造大量空间。雌成虫将卵产在有沙的小碗里并用麦麸掩埋起来。一段时间后，这些碗就被移到新的容器内，在那里，新一代蟋蟀被饲养起来。每一个培养器都覆盖米壳以维持培育的最适温度。遮挡饲养台以避免蟋蟀的逃逸。还用蚊虫网来阻止其他动物如壁虎进入。这些饲养地都用小的壕沟(如一条有小鱼等微小生物的狭窄水带)包围起来以防止蚂蚁进入(Yhoung-Aree and Viwatpanich，2005；J. Van Itterbeeck，私人通信，2008)。

8.3.2　温带地区

在温带地区，昆虫饲养产业主要是以饲养大量宠物食物(如粉虫、蟋蟀、蝗虫)为主的家庭经营产业。因为这些种类的昆虫可以在紧密固定的空间内连续饲养，考虑到高温可能致使幼虫体软干燥，因而需要控制温度。

不管是出于消费考虑还是提取蛋白质的目的，在工业化国家饲养大量昆虫是可行的(Wang et al.，2004；Feng and Chen，2009；Schneider，2009)。成功饲养的关键因素包括更丰富的生物学知识、饲养条件和人工饲料配方。饲料配方可用于提高昆虫营养价值(Anderson，2000)，调节灯光则可优化其生殖。例如，蟋蟀在 24h 光照下能够提高生殖力(Collavo et al.，2005)。这些问题需要更深层次的研究。

Cohen(2001)批判了一些对昆虫饲养缺乏专业认知的看法并提议使昆虫饲养正规化、昆虫食品科学化、技术专业化。对于昆虫作为人类食品而广泛使用而言，高品质的饲养是极其重要的。

另外一个主要的挑战是昆虫的大量饲养需要发展自动化过程。这方面在家蚕养殖中正在被探究(Ohura，2003)。加拿大麦吉尔大学的 Robert Kok 及其同事正在进行昆虫大规模生产优化设计的研究(Kok，1983；Kok et al.，1990)(表 8.1)。然而，大规模饲养的主要障碍包括成本和仍然不确定的自然消耗供应，以及持续生产高质量产品的能力。

表 8.1　昆虫在自动化生产系统中的有利特点

社会群体结构	对人类的反应
群居	易习惯
小区域	稍许不安
雄虫隶属于雌虫	无敌对性，无臭味
种内种间的格斗行为	**亲本行为**
对共同的特性无竞争	保护卵
对不同的特性无竞争	性早熟
利他性	子代易与亲代分离

续表

性行为	个体发生
雄性发起	生长周期短
通过运动或姿势性信号	幼体存活率高
激素诱导	高产卵率
混交	每天高潜力的生物量增加
易繁殖	受疾病/寄生虫的低侵害率
饲养习惯	**运动的活动和栖息地选择**
全面喂食器	无迁徙
以常见饲料饲养	固定或小范围
无自相残杀性	有限的灵活性
接受人工饲料	广泛的环境耐受性
内因性饱足感	生态多样性

资料来源：Kok，1983；Gon and Price，1984

8.4 饲料昆虫养殖

昆虫在将食物转化为体重方面比家畜更有效率，而且特别有价值，主要是因为昆虫可以用大量的有机废弃物(如畜禽粪便)进行饲养。大规模养殖昆虫作为食品和饲料，在研究上应是优先考虑的。现存的生产体系仍然太过昂贵。荷兰的一项研究(Meuwissen，2011)表明，黄粉虫的生产费用高达普通鸡饲料的4.8倍，尤其是用于繁殖昆虫的大型饲料生产设备所需的劳动力及房屋用地的资金投入要比鸡饲料产品所需花费高得多。

8.5 昆虫饲养的建议

2012年1月，在FAO总部罗马举行的专家咨询会议上，评估了昆虫作为潜在的食品和饲料的安全性。推荐饲养昆虫进行工业化生产，包括建议：对昆虫种和变种收集；家庭生产；昆虫养殖培训；原料的选择性、成本和可靠性；安全、健康和环境问题，以及工业化规模养殖昆虫的战略问题。

8.5.1 作为食品和饲料的昆虫种和亚种的收集

专家咨询会议建议，热带国家应该养殖当地的物种，因为它们对当地的环境几乎没有风险，不需要控制气候并且本地种更容易从文化角度被接受。饲养昆虫选择的标准为是否容易饲养、口味和颜色是否合适，以及它们是否可用作饲料。在温带地区，世界性的物种如家蟋蟀（*Acheta domesticus*）及那些没有环境风险的物种应该被利用。

会议当中明确了工业化生产标准，以最低达到 1t/d 昆虫鲜重为标准。确定昆虫需要大量生产，而且应该具有特定的特点，包括大幅提高的潜力、发育周期短、幼虫高成活率和成虫高产卵率、高每日生物量潜力（即日增重）、高转化率（1kg 原料获得的生物量）、在高密度下的存活力（1m^2 的生物量）及低致病力（高抗病）。作为饲料的黑水虻（*Hermetia illuscens*）及作为饲料和食品的黄粉虫（*Tenebrio molitor*）被认为是最佳候选者。由于生产系统的脆弱性，依赖单一品种越来越不被看好（信息栏 8.4）。会议最后建议，保存亲本基因型以防止培育失败。

信息栏 8.4　荷兰蟋蟀饲养中遇到的困难

Kreca 昆虫饲养公司每周能销售一万箱的蟋蟀（*Acheta domesticus*）。2000 年，该公司饲养的蟋蟀在 8～12h 内死亡率达到 50%，这是以前从未遇到的。人们怀疑蟋蟀死亡可能是一种病毒引起的，然后进行了彻底的环境设施处理，所有患病的蟋蟀都被移除，整个饲养设施被严格清理，并采取了卫生措施。除了卫生消毒，还迁移了饲养场所，所有的卵进行彻底清洗。然而，这些努力被证明是徒劳的。因此，蟋蟀的饲养被终止了。过度地依赖单一品种是非常不好的。在家庭养殖上，有许多相同的案例表明单一品种表现出对疾病和害虫的高敏感性，应该避免单一品种的养殖。现在，Kreca 饲养了 3 个品种的蟋蟀种群：家蟋蟀（*A. domesticus*）、双斑蟋（*Gryllus bimaculatus*）和短翅灶蟋（*Gryllodus sigillatus*），最后一个品种显示了较高的经济效益。

在会上被明确和讨论的其他问题如下。

- 这些品种是否可以大规模自动化饲养（以此来减少实验费用）？
- 这些种可以用在非本地区域？如果引入非本地区域，那生物多样性的结果是什么呢？
- 有没有通过遗传育种获得高品质品种的可能？
- 昆虫的生态足迹是什么（例如，温室气体的产生）？
- 需水量是多少？

8.5.2　家庭生产

在热带地区，传统生产管理系统中应该重点提高生产力最大化。小规模养殖的模式需要得到发展，如装备家用设备，以便人们能轻松地开始小规模饲养。昆虫饲料应尽量在当地获得，如考虑使用可回收的有机废弃物。

8.5.3 昆虫养殖的培训

前殖人之间可以互相学习各自的经验。合作社可提供有效的共享信息，并且尽量促进热带和温带国家之间进行交流。组织研讨会和通过网络实现知识分享。

此外，热带国家的培训可以采用“农民教学与科研实验基地”的方法，这个方法需要当地推广服务部门的参与，已经在其他农业发展模式中获得了成功。昆虫养殖应该被纳入正式的教育系统，包括中小学及大学，目标是让人们意识到，昆虫可以像其他牲畜一样被养殖。

老挝国立大学农学院已经开始讲授养殖蟋蟀的相关知识(详见第12章)。泰国孔敬大学农学院的本科教学课程也已经添加了工业昆虫学，包括可食用昆虫的养殖。另外，在一年一度的国际培训课程中，关于如何安全使用本土的食物资源的教学里，也会讲授蟋蟀的养殖、加工和销售。

8.5.4 原料的选择、成本和可靠性

了解昆虫是用作饲料还是食品，对于选择原料是非常重要的。对于饲料昆虫，需要评价不同的有机废弃物。而对于人类食用的昆虫，如果在食用时不取出昆虫内脏，就要饲喂饲料级甚至食品级的食物。有机废弃物可能不是供人类食用的可行选项，所以这一方面还需要进一步的研究。最后，原料应该是便宜的、当地生产的、质量始终如一的及可持续供给的，其中最重要的是不含农药和抗生素。

8.5.5 安全、健康和环境问题

食品安全是食品生产中最重要的因素。在昆虫养殖业中应将畜牧业上犯的错误(如滥用抗生素)视为一个教训。事实上，在养殖昆虫时，应当使用病害治理策略。对人类有害的生产方式不应该使用，如饲养系统设计应该对病害敏感性降至最低，需要建立和实行物种的风险评估和卫生标准。

8.5.6 昆虫工业化规模养殖的战略问题

一个行业的成功将取决于它是否能够建立一套可靠和标准化的生产链，尤其是是否有能力生产高质量饲料和高营养价值的食品。发展建议如下。

- 建立一个将昆虫用于饲料和食品的养殖者的国际社团，补足现有的生物防治昆虫饲养员协会(Association of Insect Rearers for Biocontrol)，使其有可能成为一个社会团体。
- 建立标准准则(可以仿效那些迅速发展的行业)和产品质量指标，获得公信力。
- 在行业里，用一种通用的语言和大众进行交流。
- 制定营销策略，以立足行业和吸引消费者为目的。

- 创建一个社会认可的物种列表，作为人类的食品。
- 搜集信息、文献、方法并付诸实践。
- 与相关的决策者和研究人员保持沟通。

9　作为食品和饲料的昆虫加工

9.1　不同类型的消费产品

昆虫在被采集或通过家养形式饲养之后，通过冷冻干燥、晒干或者煮沸的方法杀死。它们可以通过 3 种方式进行处理、加工和销售：①不进行加工整体出售；②制成虫粉或虫糊出售；③提取昆虫中的蛋白质、脂肪或几丁质作为营养强化产品。昆虫也可以以活体油炸的方式进行买卖。

在将可食用昆虫作为传统食品的国家，饮食习惯已经转向西方饮食方式。为了处理这个问题，实施了一些措施。例如，在墨西哥，玉米饼里含有丰富的黄粉虫(Aguilar-Miranda et al.，2002)。本章介绍一些创新项目的例子，这些项目研制了一些有前途的可食用昆虫产品。

9.1.1　整体昆虫

在热带国家，昆虫经常被整体消费，但是有一些昆虫，如蚱蜢和蝗虫，需要除去身体的某些部分(如翅膀和足)。根据不同的菜单，新鲜的昆虫可以通过烘烤、油炸或蒸煮进一步加工。其他的国家如老挝，昆虫作为即食零食或者和柠檬叶一起油炸在市场上出售。

9.1.2　虫粉或虫糊

研磨或制粉是一种常见的用来处理各种各样食品的方法。例如，大豆往往变成了豆腐或者其他豆制品；肉加工成汉堡包和热狗；鱼变成时髦的食品如“鱼手指”。同样的道理，食用昆虫也可以加工成更美味的形式。它们通常被磨碎成糊状物或粉状物，添加到其他低蛋白食品中，增加这些食品的营养价值。干燥然后研磨昆虫是一种简单的获得虫粉的途径。在泰国和老挝，红辣椒中添加压碎和研磨的巨型水蝽(*Lethocerus indicus*)作为主要成分是非常流行的(在老挝人民民主共和国作为 jaew maeng da 和在泰国作为 nam phik 被当地人广泛熟知)。现在巨型水蝽的味道是人为制造和合成的。消费者不习惯吃整体的昆虫，而更容易接受虫粉和虫糊。

9.1.3　提取昆虫中的蛋白质

西方消费者可能不愿接受昆虫作为一种合法的蛋白质来源，因为在他们的饮食文化中，昆虫从来没有起到至关重要的作用。提取昆虫的蛋白质加入人类食品中——这个过程已经在进行——可能是一种可行的方式，或许能够提高谨慎的消费者的可接受度。在某些情况下，分离并提取昆虫蛋白质是用来增加食品产品蛋白质含量的合适方法。然而，这需要大量了解相关提取蛋白质的知识，尤其需要了解氨基酸结构、热稳定性、溶解性、凝胶、发泡、乳化能力。根据蛋白质在有机溶剂中的水溶性和非水溶性指数，分离提取蛋白质组分可以用于食品业和饲养业的特定应用程序。替代方法是通过酶促过程获得蛋白质的特定链长度。蛋白质分离的替代方法是流化床色谱法和超滤。

目前，蛋白质提取的成本太高，需要更多的研究来进一步完善方法和挖掘工业化生产的利润和可用性。瓦赫宁根大学开展了一项可持续生产供人类食用的昆虫蛋白(2010～2013 年)的项目，进一步探索从昆虫到提取为人类食品蛋白质的可能性。在这个被称为 Supro2 的项目里，昆虫用有机废弃物饲养，为了使它们适合特定的食品产品，昆虫蛋白被分离纯化和具有特质性。尽管在经济上可行，但是提取的昆虫蛋白也只可以被认为是饲料类产品。

9.1.4　有前景的可食用昆虫产品范例

SOR-Mite(富含蛋白质的高粱粥)

由科学学会组织的“为发展中国家寻求可发展的解决方案”的活动，旨在提高发展中国家人们的生活质量，促进食品科学的技术应用和新产品的开发过程。2009 年 6 月在美国阿纳海姆年度食品博览会上，一等奖颁给了 SOR-Mite 项目。此项目生产出了一种富含白蚁的高粱混合物。在非洲许多国家，粮食的营养匮乏，蛋白质和脂肪含量低且缺少一些必需氨基酸，如赖氨酸。出于这个原因，用易在雨季开始时聚集的高营养的飞行白蚁(*Macrotermes* sp.)强化谷物是有意义的。根据当地人们的偏好，白蚁发酵混合物能制作成粥在早餐、午餐或晚餐时食用。项目中的原材料都很容易在当地获得(Institute of Food Technologists，2011)。

肯尼亚的白蚁饼干和白蚁松饼

在非洲东部维多利亚湖地区，食用昆虫如白蚁(等翅目白蚁科)和湖蝇(双翅目幽蚊科、摇蚊科；蜉蝣目)为人类和牲畜提供了重要的营养物质。然而，季节性和高易腐性限制了它们的使用，用传统的烹饪方法加工可以大幅度地延长它们的货架期，有助于促进整个地区的昆虫学发展。最近的一项跨境生态系统研究显示，本地可用的昆虫是在烤制、晒干、制粉后与其他成分混合才加工成食品的。含有白蚁的饼干、松饼、烘肉卷和香肠具有特殊的潜在商业性(Ayieko et al.，2010)

Buqadilla(鹰嘴豆和粉虫食品)

Buqadilla 是荷兰市场的一种特色小吃，它是一种由鹰嘴豆和少量粉虫(40%)制作而成的辛辣口味的墨西哥食品。在许多餐厅和食堂对这种小吃的味道和光滑的结构进行了测试，结果很受欢迎。西方消费者体验和欣赏用食用昆虫作为食品需要一种可行的和从文化角度可接受的方式(van Huis et al., 2012)。这种可接受的健康的外来小吃就是一个例子。

Crikizz(木薯和粉虫零食)

Crikizz 是用昆虫制作成欧洲食品的另一个例子。Crikizz 是由 Ynsect 和法国的学生开发的一种口味辛辣、含有粉虫和木薯的零食。按照产品线要求，粉虫的含量从 10%到 20%不等(“经典”到“极端”)。根据评估小组的报告，产品的味道是很可口的，口感质地松脆，不同于其他零食。制作的原材料不含防腐剂或调味剂，粉虫的脂肪成分高，无需再添加脂肪。Crikizz 在 2012 年法国举办的创新性烹饪比赛——Eco-trophélia 中获奖。

加工粉虫作为宠物饲料、动物饲料和人类食品

中国的昊诚粉虫有限公司专门从事养殖和出售黄粉虫、大麦虫和蛆虫。农场成立于 2002 年，拥有 15 台饲养机器，每月生产 50t 黄粉虫和大麦虫。昊诚公司每年出口 200t 干粉虫到澳大利亚、欧洲、北美洲和东南亚。

黄粉虫、大麦虫和蛆虫分别以活的、干燥的、罐头和粉末形式出售。它们含有高蛋白，可作为食品添加剂和饲料。

- 食品：黄粉虫粉可以掺入面包、面粉、方便面、糕点、饼干、糖果和调味品中。这种昆虫也可以作为主食和配菜整体食用，或加工成药增强人体的免疫力。
- 饲料：整个昆虫可以直接用作饲料或作为饲料的补充剂，饲养宠物如鸟、狗、猫、青蛙、乌龟、虾、蝎子、蜈蚣、蚂蚁、金鱼和野生动物(Hao Cheng Mealworm Inc., 2012)。

9.1.5 提取脂肪

生产昆虫产品需除去脂肪和灰分，如昆虫餐，这是为了减少浓缩蛋白的“黏性”和防止脂肪酸(主要是不饱和脂肪酸)暴露于不良的氧化过程中。提取的脂肪可以用于其他用途，通常昆虫的脂肪(如油)广泛用于煎肉和其他食品产品(信息栏 9.1)。

信息栏 9.1　白蚁：在东非和西非的加工技术

- 有翅白蚁经常用其本身的脂肪来油炸。油炸白蚁含有32%～38%的蛋白质（Tihon，1946；Santos Oliveira et al.，1976；Nkouka，1987）。
- 在乌干达，白蚁被放在香蕉叶中蒸。
- 白蚁在变暖后煮沸或烤干，以及根据天气晒干或熏制，或者两者都使用（Silow，1983）。
- 有时，白蚁用杵和研钵研碎后，和蜂蜜一起食用（Ogutu，1986）。油炸白蚁脂肪残留物可以用来煮肉（Bequaert，1921）。这是一种在刚果民主共和国的阿赞德人和俾格米人中由来已久的做法（Bergier，1941）。
- 俾格米人把油炸或压制白蚁得到的油装进瓶子，使用它治疗自己的身体和头发（Costermans，1955）。
- 在非洲东部许多的城镇和村庄，可在当地的市场买到晒干的白蚁（Osmaston，1951；Owen，1973）。
- 在博茨瓦纳，萨恩妇女收集有翅白蚁（*Hodotermes mossambicus*），并在滚烫的火山灰和沙子中烘烤它们（Nonaka，1996）。

9.2　工业化加工

在热带国家关于可食用昆虫有很多传统的饮食文化知识，但生产主要集中在家庭和小规模经营范围内。在温带国家，实际上是不存在处理技术的，因为食用昆虫通常不被认为是食品和饲料的来源。如果想要昆虫成为食品工业和饲料工业中一种有用且盈利的天然原料，那么将需要不断地生产大量昆虫。这就要求养殖及加工方法实现自动化，而这对于产业的发展是一个挑战（表 9.1）。

表 9.1　食用昆虫大规模生产的重要方面

标志项目	处理方法
立法	关于生产的法律法规。 这包括饲料采购及其标准（欧盟要求无废物）和其他方面，如福利、生物安全、疾病管理等
保存期限	最终产品易于储存，具有较长的货架寿命的产品
运输	最终产品易于运输
协调质量和安全	加工期间（营养）质量持平或增加
费用	对于当前的市场，产品具有兼容可选性

9.2.1 昆虫工业化加工的范例

AgriProtein(南非)和 Enviroflight(美国)是工业化养殖加工昆虫的公司范例。

AgriProtein

由于对饲料需求的持续增长，农场加工昆虫成为饲料将很快会成为一个全球现实。AgriProtein 公司领导一个新的产业，称为营养物质再循环，即采用有机废弃物创造蛋白质，这将有助于满足饲料需求的增加。这是一个全球性的项目，着眼于渔业养殖和家禽业养殖来满足不断增长的世界人口。AgriProtein 公司利用丰富的废弃营养物开展蝇蛆饲养，开发和测试了一种新的可大规模持续获取蛋白质的方法。通过对低成本的剩余材料进行生物转化处理，生产出高价值的商品。

生产过程初始，在无菌笼内饲养成群的苍蝇，每笼有超过 75 万只苍蝇。不同类型的有机废弃物被利用起来，包括人类排泄物(粪便)、屠宰场血液和剩余的养料。由于物种的不同，一只雌蝇可以在 7d 时间内产下 1000 粒卵，然后孵化成幼虫。蝇蛆在 72h 内，经历 3 个生命阶段，在变蛹之前才被收集。收获的蝇蛆在流化床干燥器中干燥，研磨成薄片形式并根据客户的喜好进行包装。

这种产品含有 9 种必需氨基酸，具有高含量的胱氨酸，含量相差不大的赖氨酸、甲硫氨酸、苏氨酸和色氨酸——这类似于海鱼鱼粉。潜在的大客户需要大量的产品——一些宠物饲料企业每月需求超过 1000t。

该公司开始只在实验室少量制作，但最近几年产量已经达到日产几百千克，并且会在较短的时间内超过 1t/d。最终目标是每天生产 100t 的幼虫。首个大型农场计划投资 800 万美元，计划参与的国家有德国、南非、英国、北爱尔兰和美国(图 9.1 和图 9.2)(AgriProtein，2012)。

Enviroflight

Enviroflight 是另一家用昆虫制作宠物饲料的生产公司。Enviroflight 主要生产动物性蛋白质和植物性蛋白质加工成的水产饲料。

Enviroflight 将干酒糟与啤酒花和啤酒厂谷物残渣中提取的可溶物混合。通过利用黑水虻(*Hermetia illucens*)饲喂和生物转化，虫粉变成高蛋白低脂肪的饲料，可供鱼、淡水虾和其他杂食性种类食用，这种高蛋白原料对猪和牛也有益。

幼虫被作为一种高蛋白、高脂肪的饵料，用来喂食诸如彩虹鳟、鲈、太阳鱼之类的肉食性鱼类。幼虫被煮熟晒干，做成含有 42%蛋白质和 36%脂肪的饲料。油可以被提取出来，这样可以促使蛋白质的含量提升到 60%以上。Enviroflight 已开发和试验了大量的饲料配方，大量使用昆虫和其他当地可获得的材料组成饲料配方，作为鱼类的全价饲料。

这个过程中的一个关键是防止粪便中氨的产生。需要将昆虫的幼虫通过谷物蒸馏器之后迅速地稳定。这样能够固定氨和消除异味；也减少了霉菌和霉菌毒素

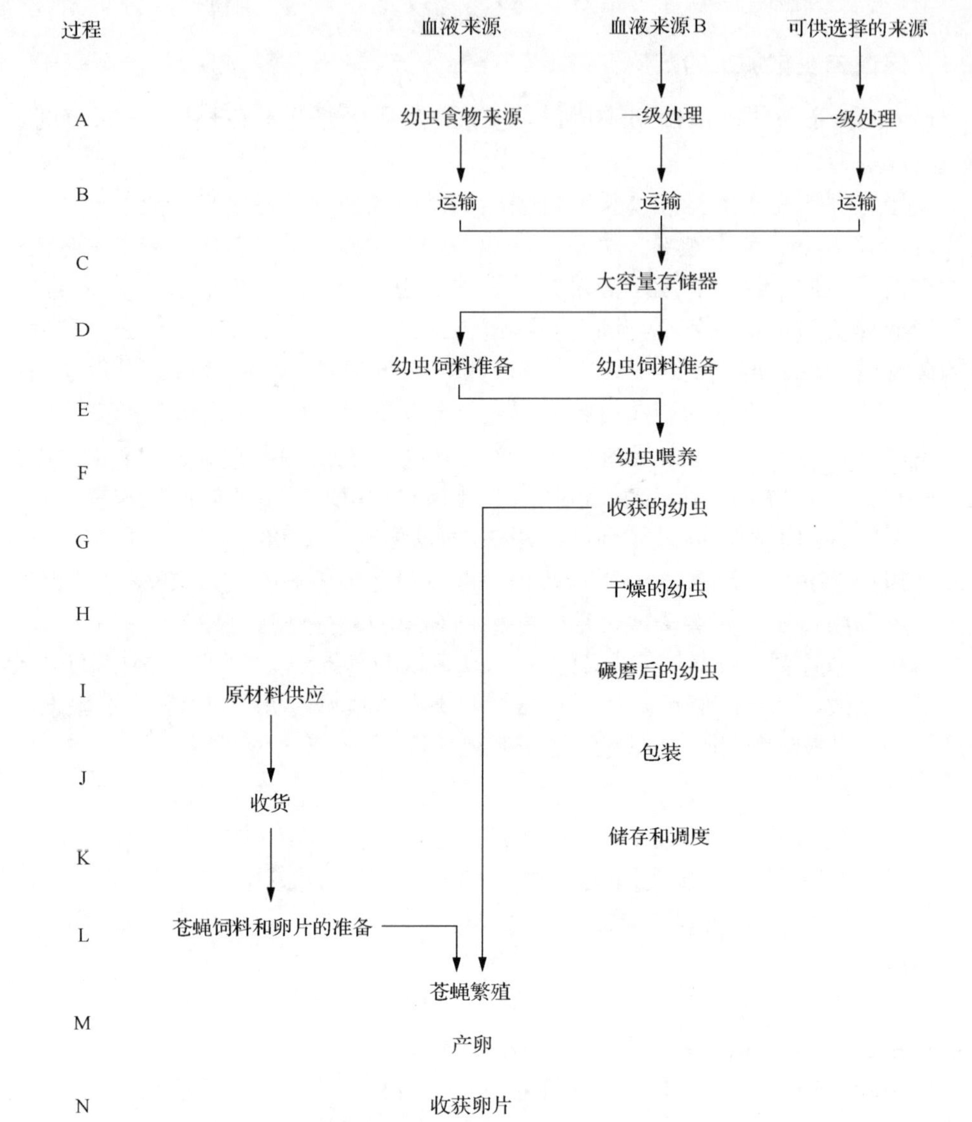

图 9.1 AgriProtein 苍蝇蛋白质生产流程
资料来源：AgriProtein，2012

的形成。虫粪也是一种天然、安全的有机肥料，其中氮、磷和钾的含量分别是 5%、3%和 2%，非常有益于蔬菜的生长。

该系统包括一个专有的生物反应器系统和育种室。设计这个系统是为了其能够在世界任何地方进行生产，尤其是可以在发展中国家进行操作。育种室可以用来使昆虫进行交配活动和在任何气候下产卵。正因为如此，所以在任何天气条件下都会有卵源(G. Courtright，私人通信，2012)。

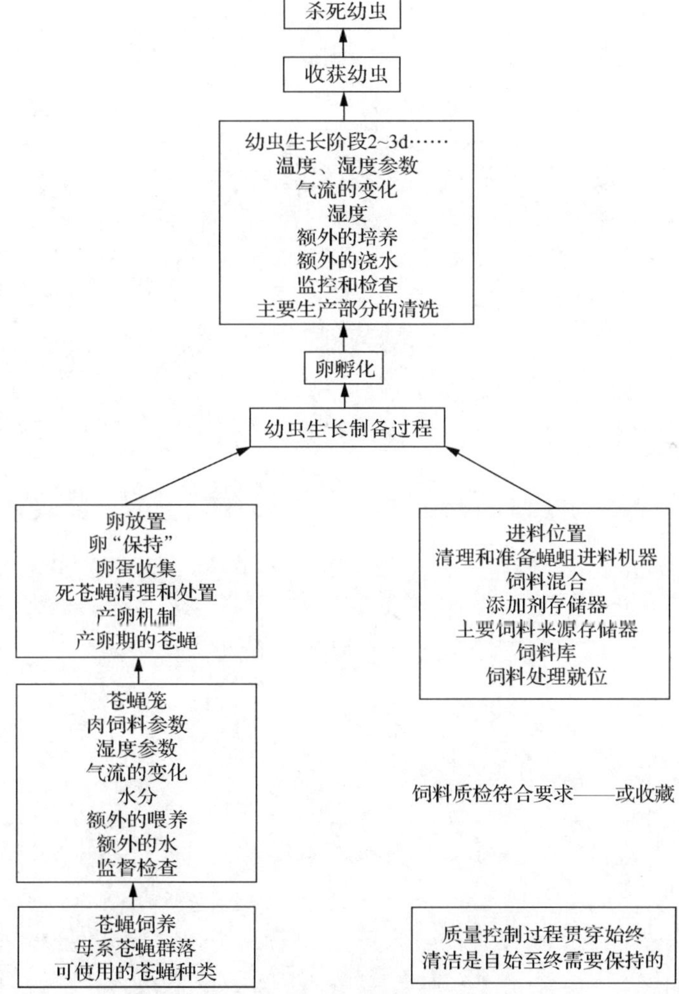

图 9.2 AgriProtein 价值/生产链

资料来源：AgriProtein，2012

9.2.2　荷兰关于作为食品和饲料的昆虫工业化加工

荷兰是一个新型的供应链，包括大规模的昆虫养殖和销售昆虫食品和饲料等衍生产品。研究机构都支持这一发展。

循环经济的理论和环境经济学原理(信息栏 9.2)以环境、经济学和未来缺少足够的、富含营养的和健康的食物的相互关系为基础。设计的昆虫供应链是循环的(信息栏 9.3)。这个设计以在有机废弃物中饲养昆虫和将昆虫作为食品或饲料组分为基础。这种情况发生的背景是，市场对动物蛋白的需求量日渐增大，而传统的肉产生了负面影响，其伴生废弃物处理日益突出。

信息栏 9.2　环境经济学

Balasubramanian(1984)曾经说过："经济学不再仅仅是一个关于生产和分配的学科，它必须考虑经济活动的生态影响，这有可能影响生产分配。"因此，经济学不仅仅是对商品和服务的研究，还应考虑资源对环境利用的影响。任何对生产、分配、发展的经济研究，没有考虑到诸如外部环境、污染、破坏等问题就是不完整的。环境经济学可被定义为"领域经济学涉及环境与经济发展之间相互关系，寻找前者对后者不影响也不妨碍的方法和途径"(Sankar, 2001)。因此，它属于经济学的一个分支，讨论了人类与自然之间相互作用的影响，寻找保持人与自然和谐的解决方案。昆虫可以在寻找这样的解决方案中发挥重要的作用。

信息栏 9.3　食用昆虫的应用：昆虫为循环经济设计中缺失的环节[1]

为了满足对日益增加的、足够的、可负担得起的、可持续性的蛋白质的需求，这里提出了如下的创新过程。

- **昆虫作为生物转化器。**饲料、食品和医药行业以利用有机废弃物原料生长的昆虫为材料。有可能将处理后的昆虫应用在医药、化妆品、酒精行业中。
- **可行的与可持续的农业领域的替代方案。**农业领域在低收入的情况下获得高产出，在压力之下，越来越多的公司被迫停止生产，因为他们无法

1 本框由 Marian Peters of Venik 提供。

应对这场竞争激烈的战斗，此时扩大生产不是一个明智的选择。在有机废弃物中养殖昆虫成为对企业家有吸引力和可行的一个选择。

- **创新现代企业的机会。**在生命科学领域，荷兰是全球性的领导者，拥有许多有相关知识的企业家。这些企业家发挥主导作用。

昆虫衍生产品的市场潜力取决于下列条件。

- 可靠的大批量生产。
- 公平竞争的市场价格。
- 立法方面的保证。
- 允许食物和农业产业使用(有机)废弃物或副产品。

主要的挑战有如下几项。

- **扩大规模。**必须降低大规模生产的成本。昆虫产品目前的成本远远高于普通的肉类产品。粉虫约比猪肉贵 3 倍，比鸡肉贵 5 倍。主要因素是劳动力和如何提高替代动物蛋白产品的竞争力。在欧洲饲养业，昆虫的使用成本约 100 欧元/100kg。必须注意通过提高机械化和自动化的过程来得到最终产品(即虫粉代替整体昆虫)。
- **增加市场和消费者的认可。**关键因素是在密切相关的供应链中开发更多关于饲料和食品的市场概念和商业案例。需要更大的市场拉动力来为昆虫农场创建更高的营业额，使企业家更乐意投资于扩大设施。
- **国际立法和国际框架。**法律框架需要允许昆虫作为食品和饲料原料使用。昆虫饲料成分利用有机废弃物是另一个立法的关注点。要获得欧洲联盟(欧盟)的新型食品监管部门批准，是一项昂贵和费时的程序。在短期内，法律不允许使用来自昆虫提取物的蛋白质。欧洲标准的传染性海绵状脑组织病规则仍然阻止昆虫作为饲料原料*。
- **创建新型合作资金模式。**建立大规模的生产设施、协作和创新方法来提高市场接受度，以及新形式的融资，都需要建立新部门。

到 2020 年，供应链合作伙伴、知识的机构、非政府组织及国家和地区的政府机构，将创造一个繁荣的昆虫产业路线图(图 9.3)。2002年的目标是引进养殖昆虫为饲料和食品的原料。

* 译者注：针对“疯牛病”的禁令，恰恰应该是采用昆虫蛋白的敲门砖和通行证。

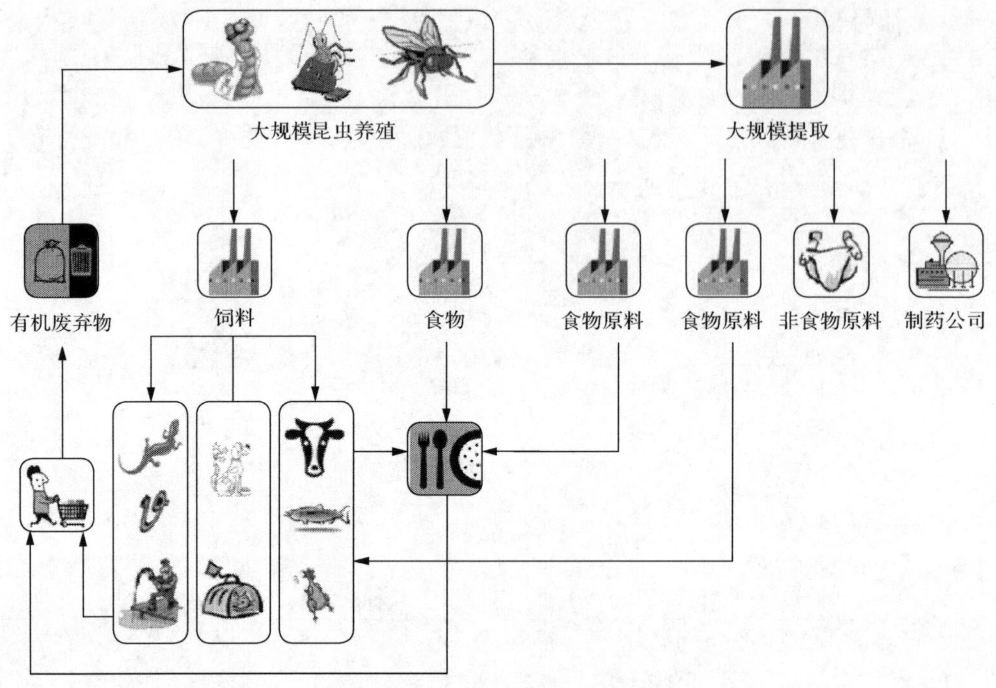

图 9.3　昆虫作为缺失的环节：循环经济的生态设计

资料来源：M. Peters，私人通信，2012

10　食品安全与保存

食品安全、处理和保存是密切相关的。像许多肉类产品，含有丰富的营养和水分，为微生物的生存和增长提供了一个有利的环境(Klunder et al.，2012)。传统的处理方法，如煮、烤、煎，常用于提高食用昆虫的味道和风味，为安全的食品提供了额外的优势。文化偏好和对食物的感觉对食品保存方法的选择起重要作用。现在尽管有大量的保存方法可供选择，但是对于不同的昆虫种类，根据其生物组成，仍需要特别的检测方法确保食品高质、安全。无论对食品还是饲料，在全球范围的食用昆虫日益商业化的今天，确定最佳保存方法是至关重要的。本章主要关注食品，当然，同样也适用于饲料。

危害分析与关键控制点(HACCP)体系，是一种基于科学的系统性工具，用来鉴定具体的危害及建立控制系统来保证食品安全(FAO/WHO，2001)的方式。本质上，重点在于预防，而不是在于最终产品的检验。HACCP 是世界公认的用来保证质量，识别、评估和控制整个生产过程中物理、化学和生物危害的系统。该系统可应用于从初级生产到最终消费的整个食物链。

HACCP 的应用不但能提高食品安全，还可以帮助司法机构检查食品安全，通过提高对食品安全的信心来促进国际贸易。由于这些原因，在整个昆虫供应链中采用 HACCP 体系将成为食用昆虫界成功和发展的决定性因素。FAO 声明，“任何 HACCP 体系是能够灵活变化的，如设备设计的进步、处理过程或技术的发展”(FAO/IAEA，2001)。

尽管已有声明指出，没有明显的由食用昆虫的消费而引起的健康问题(Banjo，Lawal and Songonuga，2006b)，但消费者的信心仍然和他们对产品的感觉有很大关系。在这方面，无论是昆虫营养安全还是昆虫参与全球市场销售，昆虫杀虫剂的应用对于昆虫作为食品注定是一个很重要的问题。例如，测试记录很好地表明了在田野上采集的昆虫相比于在茂密森林中采集的昆虫含有更多的农药和重金属。蚱蜢(*Sphenarium purpurascens*)——在墨西哥瓦哈卡这样的地区采集的红蚱蜢——由于附近存在煤矿(Handley，2007)，被发现含有高浓度的铅。在非洲很多国家，没有政策规定在村民采集食用昆虫的田地中不能使用化学药品。大部分情况下，采集并食用含有化学品的昆虫造成的后果是不确定的(Ayieko et al.，2012)(关于这个主题的更多信息，请参见第 12 章)。然而，食品安全问题对采集的昆虫和养殖的昆虫都同样重要。

10.1　防腐与储存

收获后昆虫往往被很快销售。有些昆虫在国际间商业化运输或者遥远的边境市场出售，如老挝和泰国之间。昆虫活体，收集洗净后，通常用冰块进行短途运输。冷冻也被推荐用于油炸和煮过的昆虫。

昆虫可以在晒干后进行储存和交易，这是一种典型的用来处理可乐豆木毛虫的方法，可详见相关文献(Allotey and Mpuchane，2003)(信息栏 10.1)。干燥环境中发现的典型的晒干方法能够限制大多数微生物的生长。然而，在潮湿地区，甚至晒干的毛虫对湿度也是敏感的，这可能会激发微生物的生长。昆虫也能在空气或土壤的干燥过程中被重新污染；由于这个原因，加工过程中的卫生习惯是非常重要的，在出售之前，建议再次对昆虫进行加热/冷却步骤(Amadi et al.，2005；Giaccone，2005)。

信息栏 10.1　可用于食用的可乐豆木毛虫的加工

应注意避免不同处理阶段的污染以确保产品的安全。

清理肠道

- 确保已经掏空、清理干净肠道。
- 在清理肠道之后必须将孔立即缝合。

干燥

- 装袋(用粗麻布或聚丙烯)的毛虫用沸水煮至少 30min，使用前至少放在太阳下暴晒 2h。

储存

- 将可乐豆木毛虫放入前确保袋子清洁和消毒。
- 确保立即用绳子绑紧袋口。然后将它们放在一个凸起的平台上覆盖聚乙烯，防止周围环境中的水汽穿透袋子造成交叉感染。

资料来源：Allotey and Mpuchane，2003。

在世界的许多地方，经过油炸或烧烤的“即食”昆虫常常在当地市场出售。在这种情况下，在预防再污染和交叉污染的潜在风险中，卫生处理是同样重要的。在家庭层面上，新鲜的昆虫应当在处理时注意卫生并且保证足够的烹调时间来确保食品安全。另外，简单的保存方法诸如用乙酸处理昆虫也是相当不错的。另一个例子是用昆虫进行发酵食品的蛋白质强化。这是一种互利的做法，由于乳酸中的 pH 下降，防止了有害微生物的生长(Klunder et al., 2012)。

在荷兰，已经有一些成功的商业化处理昆虫例子。专门用于人类消费而处理的 3 类昆虫(黄粉虫幼虫、较小的黄粉虫幼虫和飞蝗)可在荷兰的特定商店找到。对昆虫类进行一天不喂食用于确保昆虫清空内脏，然后将昆虫整体冻干。如果在阴凉、干燥的地方储存适当，这样安全生产的产品会有较长的货架期(一年)。冻干另外的优点是保证了昆虫的营养价值和使产品具有重吸水性。然而，阻碍因素也仍然存在：冷冻干燥技术是昂贵的，而且往往导致不良的氧化反应使不饱和脂肪酸氧化，降低了产品的营养价值，并且会使食品失去应有的风味和味道。

其他的许多现代保存方法正在被开发，如紫外线和高压技术，以及适当的封装方法。在选择保存方法时也需要考虑重要的注意事项。例如，能够延长保质期(换句话说，控制成本)，特别是当大量的昆虫需要同时处理时；该过程保存昆虫营养价值的程度；文化上可接受保存/处理方法。

10.2 昆虫的特性、食品安全和抗菌物

由于它们的生物学构成，不同的昆虫有不同的食品安全问题，如微生物安全性、毒性、不适口性、无机化合物、利用有机废弃物作为昆虫饲料等。

从粪便和相关的有机废弃物中提取出的昆虫饲料，引发了细菌学、真菌学和毒物学上的相关问题。虽然有一些在文献中已经被提到(Téguia et al.，2002；Awoniyi et al.，2004)，但这些问题仍然没有得到充分的研究(见 5.2 节)。昆虫是否及在多大程度上隔绝了来自肥料和有机废弃物的致病菌和有毒物质，这仍是一个问题。

10.2.1 微生物安全

昆虫可能含有相关的微生物，从而影响其作为食品的安全性。在自然界采集和养殖两类昆虫都可能感染致病微生物，包括细菌、病毒、真菌、原生动物和其他有害生物(Vega and Kaya，2012)。这种感染是常见的。一般情况下，昆虫作为无脊椎动物的病原体与脊椎动物的病原体不同，可以视为对人类无害。即使同为芽孢杆菌属细菌，昆虫的病原苏云金芽孢杆菌和脊椎动物的病原体炭疽芽孢杆菌，似乎都存在不同，它们没有重叠的生命周期(Jensen et al.，1977)。此外，昆虫肠道内的细菌生物多样性高。一般来说，这些生物体不应被视为潜在的人类病原菌。最后，各种微生物的孢子可能出现在昆虫表皮，包括生存在可食用昆虫产品上的腐生生物，这些生物可能导致昆虫产品降解。从食品消费的角度来看，上述

提到的例子，微生物-昆虫协会将其视为微生物污染，并会做相应处理。

在大多数热带国家，昆虫以整体的方式被出售，包括它们的肠道菌群。一个例外是可乐豆木毛虫，它被清空肠道(用两根手指对身体施压将胃排空)，或在消费之前停止饲喂一天或两天，这个过程可以影响其微生物组成。然而，现有的对食用昆虫的微生物安全性研究主要集中在传统的采集和消费上，这使研究难以解释感染的来源。昆虫养殖需要在卫生实践和昆虫饲料的安全来源上做到更严格的控制，缓解潜在的微生物危害。

由于频繁地在许多非洲国家销售，可乐豆木毛虫的卫生质量被全方位地进行了研究(Mpuchane，Taligoola and Gashe，1996；Allotey and Mpuchane，2003)。在博茨瓦纳进行的一项研究证实晒干的phane(可乐豆木毛虫 *Imbrasia belina*)也会变质(包括体内肌肉的分解和由于霉菌生长导致的颜色变化及几丁质外骨骼空洞)。最常见的真菌有曲霉菌(*Aspergillus* sp.)、青霉菌(*Penicillium* sp.)、镰刀菌(*Fusarium* sp.)、枝孢菌(*Fusarium* sp.)和藻状菌(*Phycomycetes* sp.)。曲霉菌、青霉菌和镰刀菌与真菌毒素产物有关。Mpuchane、Taligoola 和 Gashe(1996)发现黄曲霉毒素的含量是 0～50μg/kg；由 FAO 设置的最大安全级别是 20μg/kg。长期食用受感染的食品可能会造成健康风险。尽管在这项特别的研究中，毛虫肠道被清除，并煮沸 15～30min，摊在纸上或地面上曝晒 1～3d，推测可能造成污染的原因有：水质差、昆虫媒介(如苍蝇和双翅目昆虫)和土壤。为了保持最佳的卫生质量，这项研究建议，在捕获毛虫之后迅速地均匀干燥，然后处理和储存在阴凉、干燥的地方。

在西非，*Oryctus* 的 3 种犀金龟甲虫(长期固定在椰子树和油棕榈树上繁殖的 *O. monoceros* 和 *O. owariensis*，常被发现于腐烂的植被和粪堆上的 *O. boas*)通常被销售。3 种甲虫物种中，*O. monocerus* 发现含有致病菌，包括金黄色葡萄球菌(*Staphylococcus aureus*)、铜绿假单胞菌(*Pseudomonas aeruginosa*)和芽孢杆菌(*Bacillus cereus*)，这可能对消费者的健康构成威胁(Banjo，Lawal and Adeyemi，2006a)。这种污染可能是由于零售和采购过程中处理不当，或接触空气。销售致病细菌污染的甲虫会给消费者带来风险，建议部分零售商干燥或油炸确保食品达到合适的温度，以消除病原体。

在研究养殖黄粉虫(*Tenebrio molitor*)幼虫和家养蟋蟀(*Acheta domesticus*)的微生物成分的实验中，Klunder 等(2012)着重强调卫生处理和正确存储的重要性。将昆虫放在沸腾的水中浸泡几分钟以消除肠内细菌，但是发现孢子在这个过程中能存活下来，潜在的孢子继而萌发。细菌在有利条件下生长，如约 30℃和潮湿的环境中，导致食品腐败。产芽孢厌氧菌发现存在于昆虫的肠道和表皮上，可能已经成为土传性病害。除冷冻之外的其他保存技术有干燥和酸化。乳酸发酵复合粉/

水含有 10%～20%的黄粉虫幼虫混合粉末，可成功酸化，这种处理技术已证实能控制肠道细菌和细菌孢子的生长，从而有效地提高保存期限达到食品安全。

在另一项实验中，对下列 5 种昆虫在化学—物理和微生物学方面进行了分析：大麦虫(*Zophobas morio*)、黄粉虫(*Tenebrio molitor*)、蜡螟(*Galleria melonella*)、舟蛾(*Galleria melonella*)和家蟋蟀(*Acheta domesticus*)。样品分析既未发现沙门氏菌，又未发现李斯特氏菌，得出的结论是这些昆虫不太可能存在对人构成风险的微生物菌群。然而，仍然建议对昆虫进行处理，使其细菌死亡，涉及烹饪(如煮或烘烤)或巴氏灭菌法(Giaccone，2005)。

与潜在的危害之说相反，一些可食用昆虫含有抗菌肽。一种从普通家蝇(*Musca domestica*)蝇蛆中新发现的多肽(HF-1)，能抑制食物病原体的菌株如大肠杆菌(*Escherichia coli*)、铜绿假单胞菌、沙门氏菌(*Pseudomonas aeruginosa*)、痢疾杆菌(*Shigella dysenteriae*)、金黄色葡萄球菌和枯草芽孢杆菌(*Bacillus subtilis*)。另外发现，在果汁中也有 HF-1 的存在，表明昆虫具有成为食品防腐剂的潜在能力(Hou et al.，2007)。

10.2.2 毒性

一些被认为有毒的昆虫物种，只有在采取预防措施之后才能食用(信息栏 10.2)。在喀麦隆和尼日利亚，对臭腹腺蝗(*Zonocerus variegatus*)使用特殊的方法进行前期处理(Barreteau，1999)，即将昆虫放在温水中加热，然后在烹饪之前换水(Morris，2004)。同样，在津巴布韦和南非，*Encosternum*(=*Natalicola*) *delegorguei* 会排泄刺鼻的液体(Faure，1944；Bodenheimer，1951)，如果接触到眼睛，会引起严重的疼痛，甚至暂时失明(Scholtz，1984)。因此，必须先挤压昆虫胸部，在温水中清除液体后才能食用。

在意大利东北部的帕尔瓦多区，孩子通常爱吃的甜嗉囊(嗉囊是很多软体动物食管上膨大的部分，昆虫或鸟类用来积累、储存食物，有时也是其对食物进行生化加工的起始部位)，其来自斑蛾属(Zagrobelny et al.，2009)中的一种色彩明亮的飞蛾。飞蛾含有氰苷，并释放出有毒的氢氰化物降解物。它们含有很少量的有毒物质却含有大量的糖。孩子们在初夏飞蛾数量多的时候收集、解剖飞蛾，只吃嗉囊。

然而，少量报道反映，出现了食用昆虫引起的不良反应，如食用昆虫过敏失调综合征病例，表现特征有：心悸、运动失调和不同程度的意识受损。在尼日利亚西南部有报道称(Adamolekun，1993；Adamolekun et al.，1997)，食用季节性蚕(*Anapbe venata*)后出现了这种症状。进一步的研究表明，该反应最有可能与消费者的营养失调有关。大量的碳水化合物基础的餐饮含有硫胺结合的氰胺，从而导致人体内轻度硫胺素缺乏。而季节性食物中的硫胺素酶又使得病情加重。反复多次，他们就患上了对含有硫氰素酶的 *A. Venata* 的不良反应。

信息栏 10.2　非洲南部的蝽蟓*

蝽科昆虫在非洲南部被广泛销售。这些蝽蟓，常见于 Brachystegia 林地和蓝桉(*Eucalyptus globulus*)种植园。蝽蟓的另一种类型——盾蝽，被发现存在于约海拔 1200m 以上的地方，它与树木如 *Uapaca kirkiana*、*U. nitida*、*Brachystegia spiciformis* 和 *B. Floribunda* 有关。就像它的名字所暗示的，它会释放特殊气味。

妇女通常在清晨收集蝽蟓，因为在寒冷的条件下冷血昆虫是不动的，所以很容易收集。收集的人使用枝条或者长竹竿敲打树干，将竿的一端固定上一个袋子，摇动树木使蝽蟓掉落。捕获后的蝽蟓放在竹篮子里运输。出售前用微温的水进行处理，但必须小心，因为苦汁会将手指染成褐色，如果接触到眼睛会很痛苦。在水中充分浸泡后，蝽蟓喷射出苦涩的汁，失去其强烈的气味。蝽蟓不要放在水里煮，因为这会立即杀死它，使毒性保留。洗涤后，蝽蟓就褪去绿色变成淡黄色，然后，用少量的水和盐烹煮。它通常被作为小吃或配菜在当地市场上出售。冲洗蝽蟓后的水据说是一种防治白蚁的有效杀虫剂。

资料来源：Bodenheimer，1951；Morris，2004。

有的食用昆虫包含一些具有危险性的特征。例如，食用带毒毛的毛虫，是非常危险的。这些细毛必须被烧掉(Muyay，1981)**。

10.2.3　不适口性

Bouvier(1945)在刚果民主共和国观察到，不去除足就食用蚱蜢和蝗虫会导致肠便秘。因为大棘突胫节(胫节)会卡在肠道上。人们食用后唯一的治疗办法通常是通过手术从肠道中取出虫足。同样的，在印度尼西亚的爪哇岛东部，人们大量地吃烤金龟子(*Lepidiota* spp.)，难消化的几丁质会在肠内许多地方积累并导致便秘，因此患者不得不接受手术(Kuyten，1960)。尸检蝗虫入侵而死的猴子证实，食用蝗虫致死与上述原因相同。目前在荷兰市场出售的飞蝗，商品上清楚地标明，昆虫的足和翅膀应该在出售之前去除。

10.2.4　无机污染物

环境中的有害金属在昆虫身体一些部位的细胞上被发现，如脂肪、体壁(外骨

* 译者注：九香虫，属半翅目，蝽科，体内含有九香虫油，经炒熟之后，即是一种香美可口，祛病延年的药用美食。

** 译者注：有过敏史者免食，过敏源有很多，昆虫仅是过敏者的过敏源之一。

骼)、生殖器官和消化道——有害金属积聚在那里。例如，对黄粉虫(*Tenebrio molitor*)幼虫的一项研究表明，昆虫取食土壤中有机物质的过程中，就在身体里积累了镉和铅(Vijver et al.，2003)。然而，Lindqvist 和 Block(1995)研究表明，在每次蜕皮时，幼虫会失去一些镉。在完全变态后，甚至会有更大量的金属流失。进一步的研究对人类消费是很有必要的。

另一个值得关注的问题是食用昆虫如蝗虫、蚱蜢对农药的吸收。当它们被大量食用时，可能会引发问题。这些风险的主要问题是，传统地采集和出售野外的昆虫，很难控制野外的化学农药含量(信息栏 10.3)。这是家养昆虫的另一个潜在优势，在家养过程中化学危害可在很大程度上被控制。

信息栏 10.3 澳大利亚的伯公蛾

每年春天，伯公蛾(*Agrotis infusa*)离开澳大利亚东部繁殖低地以逃离严酷的夏季环境。它们迁移到 1000km 远的雪山和澳大利亚东南部的维多利亚阿尔卑斯山，夏天就聚集在大约海拔 200m 的岩石洞穴和裂缝之间。秋天，它们再返程。在这个迁移过程中，它们通常令人厌烦，因为它们会在夜晚被房子和其他建筑物的灯光所吸引而聚集在一起。

澳大利亚土著人记载，曾使用火把烟熏抓到来自阿尔卑斯山的飞蛾，他们尽情享受它的美味，高蛋白和高脂肪。这一习俗不再盛行，然而，Green 等(2001)的一项研究表明，昆虫可运输许多能导致亚致死剂量的砷，这些砷来自低地温床已被使用除草剂的植物上。由于数以百万的飞蛾聚集在阿尔卑斯山脉，因此砷的破坏作用集中在夏眠季节(类似于冬眠季节)。同样砷也在洞穴和冰水沉积区的草地土壤中被检测到。

资料来源：Green et al.，2001。

10.3 过敏反应

10.3.1 食用昆虫的过敏反应

像大多数含蛋白质的食品一样，节肢动物可引起易过敏人群的过敏反应(免疫球蛋白 E 介导)。这些过敏源可引起湿疹、皮炎、鼻炎、结膜炎、充血、血管性水肿和支气管哮喘。虽然有些人有过敏史(极容易过敏)，也有人可能是通过长期曝光而过敏，但在大多数情况下是在大自然吸入或接触过敏源所致(Phillips and Burkholder，1995；Barletta and Pini，2003)。众所周知，蜜蜂和黄蜂毒液(注入物过敏）会引起过敏反应。

与昆虫常接触的人，如昆虫学家、实验室工人（主要工作对象有甲壳虫、蟑螂、蝗虫、飞蝇、蟋蟀、飞蛾或家蝇）、农民和工人（主要工作对象有豆象、谷象、菇蝇、下水道苍蝇、家蝇、蚕或鱼饵，还有类似于苍蝇和蛾的幼虫）是最容易过敏的。吸入含有蟑螂粪便物的粉尘和皮肤接触毛虫的毛都会加重过敏反应。研究表明，频繁接触如黄粉虫幼虫等昆虫的人，会有引发某些过敏反应的潜在风险（Senti，Lundberg and Wüthrich，2000；Siracusa et al.，2003）。同样发现了与之密切相关的物种 *Alphitobius diaperinus*。过敏反应的症状包括眼睛和鼻子的炎症、瘙痒、轻微肿胀、鼻炎、哮喘和皮疹（Schroeckenstein et al.，1988；Schroeckenstein et al.，1990）。在两个物种之间也会发生交叉反应，即在一个昆虫物种中，特定的过敏源抗体能够识别另一个昆虫的过敏源，从而产生昆虫对过敏源的反应。然而交叉反应性不是绝对的；由于长期暴露于大量的过敏源中，某些昆虫与其他昆虫有着微小的交叉反应，从而引发人们过敏。在一些昆虫和其他节肢动物可以共同发生的家庭环境中，想评估人们的多种过敏反应是由节肢动物还是一般过敏性敏感的无脊椎动物（交叉反应性）引起的，是一件困难的事（Barletta and Pini，2003）。蟑螂、螨虫和虾体内的原肌球蛋白（可以调节肌肉收缩的肌动结合蛋白）已有报道称会引发过敏症，例如，有些病人对尘螨过敏，越来越多地暴露在螨抗原前就会变得对海鲜原肌球蛋白过敏（Reese et al.，1999）。这些研究结果表明，如人对海鲜过敏，可以同样引发对食用昆虫的过敏反应。

有大量的证据证明，摄入昆虫会诱发过敏反应。例如，由于蜜蜂幼虫含有花粉，因此对花粉过敏的人尽量不要吃蜜蜂幼虫（Chen et al.，1998）。有记录称摄入直翅目昆虫会引发哮喘（Auerswald and Lopata，2005）。在老挝进行了一项研究，一位受访者指出，食用昆虫的历史已经发展到对巨型水蝽过敏，而另一个人说对所有的食用昆虫过敏（J. Van Itterbeeck，私人通信，2012）。这就提出了一个问题——由可食用昆虫在烹饪和食用的时候处理方式引起的潜在的过敏原因是什么?诸如沸煮等处理方式能否破坏过敏成分值得怀疑（Phillips and Burkholder，1995）。然而对于大多数人，食用和（或）暴露于昆虫不会构成引起过敏风险的重大反应，特别是没有节肢动物或昆虫过敏原敏感史的个体，敏感性的获得是通过长期暴露于足够数量的过敏源来实现的。

10.3.2　昆虫表皮的重要组成成分——甲壳素的免疫特性

甲壳素，自然界排名第二位丰富的多糖，含有氮，常见于低等生物如真菌、甲壳动物（如蟹、龙虾和虾）和昆虫中，哺乳动物中没有。虽然甲壳素/衍生品的抗病毒性和抗肿瘤性早已为人所知，但是甲壳素的免疫学特性最近才被认可（Lee et al.，2008）。最近研究表明，甲壳素对先天性免疫和适应性免疫反应有着复杂的影响

(Lee et al.，2008)。几个研究表明，甲壳素是一种过敏源(Muzzarelli，2010)。然而，几丁质及其衍生物壳聚糖(由甲壳素脱乙酰化产生)，并不是作为过敏源而被发现有着可提高特定人群免疫反应的性能(Goodman，1989；Muzzarelli，2010；H. Wichers，私人通信，2012)(信息栏 10.4)。诱导非特异性宿主产生由致病的细菌和病毒感染的抵抗力，有迹象表明，甲壳素可以减少个人过敏反应。此外，甲壳素具有增强免疫系统功能的潜力，将其用于畜牧业中替代抗生素将很有前途(H. Wichers，私人通信，2012)。甲壳素用于医疗和工业用途，需要进一步探索。

信息栏 10.4　卫生学过敏症假说[1]

在西方人群中，过敏症是一个日益严重的问题，相比而言，发展中国家患病率就低得多。卫生学过敏症假说认为，在西方人群中过敏患病率较高是由于缺乏对病原体的接触，包括消除肠道寄生虫和在幼儿期增加疫苗接种的做法。

大多数寄生虫含有几丁质。据推测，甲壳素和肠道寄生虫的变异可以解释人群中过敏率的不均匀。人体胃液中存在几丁质酶，这与寄生虫感染的反应有关，同时与过敏性体质相关。一篇对几丁质免疫学反应的评论显示，它会引起哮喘和过敏反应，而且发现引起什么病症似乎取决于几丁质粒子的大小；换句话说，中型几丁质微粒诱导变应性炎症，而小型几丁质颗粒可能会有相反的效果，如降低炎性反应(Brinchmann et al.，2011)。通过增加昆虫食品从而使得几丁质销售增多，对于哮喘和过敏的发病量是否增加是不可预知的。然而，如果过敏反应是由于幼儿缺乏预防，那么建议增加儿童早期的昆虫食用，便于在以后的生活中产生更好的保护以对抗过敏反应。

资料来源：FAO/WUR，2012。

1 本信息栏由 N. Roos 提供。

11 食用昆虫作为提高民生的动力

对于居住在乡村的人，尤其是对于贫穷地区的人来说，森林和树木是他们重要的食品和经济收入来源。世界上最贫穷的3.5亿人口，包括6000万的土著居民，依靠森林资源为他们提供日常的物质和长期的生存条件(FAO，2012a)。在许多国家，昆虫是主要的动物蛋白质来源，而且对于饮食多样性至关重要，食用昆虫已经不是为了生存，而是人们的个人选择。事实上，绝大部分的昆虫消耗是具有选择性的，不是必要的，而且昆虫也是本地文化的一部分。但是，昆虫可以提供有效的缓冲来抵抗季节性的食品短缺(Dufour，1987)。除了作为重要的食品之外，昆虫还可以提供额外的钱用于日常花销，包括食品、农业采购和教育(Agea et al.，2008；Hope et al.，2009)。

可食用昆虫的贸易在一些地区是重要的收入来源，且采集什么并不直接由采集者自己决定。对于发展中国家一些最贫穷的社会阶层，特别是妇女和儿童，昆虫给他们提供了重要的生存机会，在post-Rio+20中，森林“绿化”经济——包括可食用昆虫——可以帮助调整社会、经济和地区的不对称，以及世界上许多地方仍然盛行的不平等(FAO，2012d)。本章特别关注昆虫改善地区饮食的潜力，有助于加强对当地资源的获取和使用权，并为改善妇女生计提供机会。昆虫对经济的贡献(交易和现金收入)将在第12章讲解。

11.1 微家畜产业中的昆虫养殖

养殖业是世界上给人们提供收入和生计的重要行业，占农业生产总值的40%(Steinfeld et al.，2006)。然而，尽管对动物产品的需求是增长的，但是，畜产品已经不局限于一些重要的传统种类，如猪、羊和鸡。小型养殖动物产品(在第4章定义过)，如昆虫业，也被看作是推动经济多元化的重要方式。

昆虫养殖可以在城市、城郊和农村开展，而且还可有效地利用空间(Oonincx and De Boer，2012)。尽管已经采取了一些措施进行一些昆虫的驯化，但是大多数昆虫，如狼蛛，只能在野外采集(C. Munke，私人通信，2012)。以下优势使小型动物养殖业变得很有前途(FAO，2011b)。

- 需要最小的空间。
- 不会与人类直接竞争食品。
- 供不应求。

- 繁殖率高。
- 可以在短时间内回笼资金。
- 在多种情况下都会有经济收入。
- 非常有营养，可以作为人类营养源的一部分。
- 提高食用蛋白的转换效率。
- 相对容易经营。
- 方便运输。
- 易于饲养，不需要深入的培训。

昆虫，和其他小型养殖动物一样，因为它们可以被卖给城乡范围的所有居民，所以可以促进市场的多元化。在许多情况下，村民可以把它们养殖的小型动物在村子之间买卖；而且由于便利的交通，昆虫可以被公交车、卡车甚至是自行车运到城市的市场上买卖。饲养昆虫可以看作另一种补贴家用的策略。另外，有没有土地都可以饲养昆虫(FAO，2011b)，因为它根本不需要很大的空间。

在国内的昆虫生产中，昆虫在可控制的环境下饲养(养殖)，持续地生产可以使相关的收入稳定，这比一些季节性的昆虫养殖更有利。在一些家庭，持续地收入可以有更多的存款且可以担负起一些类似学费的长期性花销(FAO，2011b)。但是，野外的昆虫采集也并不是不重要，因为它同样可以促进生计多样化。例如，在非洲一些地区，根据人们可以获得昆虫的多少，昆虫消费可以占据他们年总肉食消费的2%～30%(FAO/WUR，2012)。

许多时候，饲养昆虫并不是资源密集型产业，因此可以被男女老少所尝试。昆虫的采集和饲养，无论是在室内还是在室外，总的来说只需要很少的初始投入和少量的后续资金投入，因此可以减轻经济风险。基础设施的投资包括尼龙纱网*、塑料袋和容器的购买(Hanboonsong，2010)。因此，昆虫的饲养和收获可以促进收入的平等，特别是对于这些没有土地的边缘化人群来说。

11.2　丰富当地饮食

村民采集许多虫子是为了私人消费，但是，这在很大程度上取决于所处的位置和采集的物种。仅有很少的剩余被拿到集市上买卖，例如，印度尼西亚巴布亚岛的一些土著居民，他们食用60～100种食用昆虫来丰富他们的饮食，剩余的昆虫[如在西谷椰子(*Metroxylon sagu*)上采集的二线棕榈象(*Rhynchophorus bilineatus*)]被拿到市场上买卖。棕榈象甲是这一地区市场最常见的昆虫(信息栏11.1)。在当地市场，100～120只幼虫的价格是2.11美元，相当于20个鸡蛋和3kg大米的价

* 译者注：尼龙是世界上出现的第一种合成纤维，尼龙的发明为实现昆虫养殖提供了可能。

格(Ramandey and Mastrigt，2010)。也有一些昆虫用于市场买卖比用于家庭消费的多。还有，虽然许多商业化的食用昆虫交易是非正式的，但是可能交易的昆虫种类要比我们熟知的种类多得多。

信息栏 11.1　红棕榈象在新几内亚作为营养和生活的重要资源

新几内亚(巴布亚新几内亚和印度尼西亚)岛上的村民和昆虫建立了密切的关系，许多物种已经构成生存饮食中不可或缺的一部分，如甲虫的幼虫和成虫(天牛科、金龟科和象甲科)、蝉(同翅目)、竹节虫(竹节虫目)、白蚁(等翅目)、蜉蝣(蜉蝣目)、黄蜂幼虫(膜翅目)、枯叶蛾(鳞翅目)、蜻蜓幼虫(蜻蜓目)、蚱蜢和蝗虫(直翅目)、一些种的蜘蛛(蛛形纲)。但是在西米棕榈的树干上生长的红棕榈象(*Rhynchophorus ferrugineus papuanus*)的幼虫，是岛上居民食用最多的昆虫。每当特殊节日的时候，很多棕榈树都被砍倒以收集棕榈象的幼虫，它是作为西米淀粉(在特殊种棕榈树干的碳水化合物，包括 *Metroxylum rumphii*)的副产品来饲养的。有调查显示，在巴布亚新几内亚莱城，村里的妇女会以大约 1 美元的价格卖掉 40 只幼虫(约 250g)。顾客会在市场上花 0.5 美元买 12～15 只幼虫用来烧烤。

当地人烘烤、蒸煮和油炸这些幼虫，有时候用它来做西米薄饼以增加薄饼的营养价值。在岛上的一些地方，西米是主食，因为西米淀粉含有的蛋白质很少，红棕榈象会为当地人提供许多必需的蛋白质。根据世界卫生组织调查，每 100g 的棕榈象幼虫含有热量 182kcal、蛋白质 6.1%、脂肪 13.1%、碳水化合物 9%、铁 4.3mg、钙 461mg 和其他维生素、矿物质。

资料来源：Mercer，1997。

虽然食用昆虫常是因为它们的味道好才被用于交易，但在物资短缺的时候它们同样可以充当食品。尽管这样，但还是要强调，昆虫在通常条件下不是作为急救食品被消费的。2003 年在刚果金沙萨展开的调查显示，该市 70%的人吃毛虫，因为它们有营养、味道好。在其他蛋白质食品很难找到时，昆虫可以作为食品的重要来源。在中非共和国，95%的雨林居民依靠吃昆虫来获取蛋白质(FAO，2004)。有时候，昆虫是雨林居民获取必需氨基酸、脂肪、维生素和矿物质的唯一来源。

在世界上的许多地区，季节性的消费有两种原因：当地居民食用当季可采收的植物；由于缺乏处理和保存的方法，剩余的食品无法被保存。在非洲的中西部和亚马孙地区，雨季缺少兽肉和鱼，这时候昆虫的食用量明显增加(见第 2 章)。这并不奇怪，在雨季昆虫作为当地居民食品提供营养时，数量非常充足。

11.3 自然资源的使用、占有和权利

利用自然资源是提高民生的重要因素。昆虫的收获有助于加强保留区的权利，增加人们保护自然资源的责任感。

在乡村，昆虫可以很容易地为人们提供收入，特别是对于那些参与收获的妇女和儿童来说。在自然界中，昆虫可以被直接、容易地采集到——用最少的花费（即基本的收获设备）——当进入土地（农田和森林）时，能收获的昆虫是无限制的。对于社会的弱势群体，如土著居民、妇女和老人，获得土地对生计发展是一个传统阻碍，并且可能因此对于食用昆虫的采集造成障碍。昆虫的采集通常在森林中进行。这让这项活动比许多的农业活动更具有可行性，不需要直接利用土地和占有土地。从自然界中收获昆虫要比杀死植物来采集药材或藤条等对森林资源的伤害小得多。因此，收获昆虫可以被认为是食品安全的重要手段，因为它以一个可持续的方式进行着。

野生食用昆虫的减少，使昆虫的采集更加困难，并且使昆虫的消费和交易减少。也因为这个原因，我们需要采取保护和管理措施来保护昆虫及其生活环境（Yhoung-Aree，2010）（见 4.3 节）。当地政府应该预见采集昆虫对提高民生的作用。一旦当地人看到保护自然资源带来的好处，他们会更加坚信要去保护（森林）土地，这样昆虫会多起来，人们也更愿意采集。

虽然过度开发和过度采收是令人担忧的，但很少有报道采集会导致节肢动物种群减少（信息栏 11.2）。在一些声称过度捕获的案例中，后来人们意识到昆虫数量的减少是自然种群波动和循环的一部分。还有一种风险，由于务农比收集带来更多的交易量，因此务农会替代贫穷收集者成为维持生计的方式。

信息栏 11.2 柬埔寨的蜘蛛

在柬埔寨，卖蜘蛛是许多贫民收入的重要途径，平均日收入 2 美元。一种狼蛛 *Haplopelma albostriatum*，在当地称为 a-ping，在 Kampong Thom 的 Skuon 的市场上或在金边首都的饭店常被油炸后来卖。

蜘蛛每天在森林或腰果园中被采集，商贩从采集者那里收购活的蜘蛛，采集者从巢穴中寻找并挖出它们，一天可以卖出 100～200 只。在 Skuon 市大约有 12 个商贩。令人担忧的是，蜘蛛会被采集直至灭亡。由于村民清洁和焚烧森林，商贩的数量急剧下降（Yen et al.，2013）。

11.4 女性劳动力参与性

发展中国家村落中的人们，特别是像妇女和土著居民这种社会弱势群体，他们的生活在很大程度上依赖于包括昆虫在内的自然资源，这可以缓解贫穷(信息栏 11.3)。在南非，通过调查 Limpopo 省 110 个家庭的生物资源利用情况，发现包括野生草药、野果和食用昆虫在内的自然资源在贫穷的家庭中广泛使用(Twine et al.，2003)。但是，由于历史和文化原因，利用自然资源在有些时候是不被允许的。例如，尽管一些国家放宽政策让妇女有权利继承土地，习惯做法却是女性没有权利决定土地所有权。确保公平地获得包括食用昆虫在内的一些自然资源，是确保食品安全的重要因素。

信息栏 11.3 食用昆虫消费与土著居民

土著居民和他们周围的自然环境共生，并且他们的生活在很大程度上依赖于自然资源。因此，他们有长期积累的经验知道如何才能找到昆虫，并且对于不同的昆虫有不同的准备方式。这些技能在储藏食物的时候是非常重要的(Ramos Elorduy，1984)。

在澳大利亚，包括食用昆虫在内的“林产品食品”被土著居民很好地利用着。他们始终从中收获着，并把它作为自己文化中不可分割的一部分。他们传统食用的比较熟知的是食用甲虫的幼虫和毛虫(木蠹蛾幼虫)、蜂蚁、介壳虫、蜜蚁和布冈夜蛾、*Agrotis infusa*(Yen，2005)。

除了毛虫，蜜蚁自古就是当地饮食文化的一部分，通常由妇女和儿童采集(Yen，2010)。蜜蚁是澳大利亚人重要的季节性碳水化合物来源，并且也是其他蚁群的食物来源。它们悬挂在天花板的洞上，和其他伙伴争夺食物。食物通常储藏在其腹部，可以使它的体型变得是正常的好几倍。这种蚂蚁可以保持悬挂，有时候可以保持数月之久，直到蚁群需要储藏食物。当受到刺激的时候，蚂蚁反刍甜美的蜜露。

妇女是农村经济的支柱，特别是在发展中国家。但是她们在获取必要的资源如土地、信贷和投入(包括改良的种子和肥料)、科技、农业培训和信息等方面面临着困难。调查显示，赋予农村妇女权利和资助她们，可以明显提高农田产量、改善农村生活、减少饥饿和营养不良现象。据估计，如果女性和男性有着同样的生产资源，她们的农田将增产 20%甚至 30%。更重要的是，如果在农业上排除性别歧视，将会使 10 亿～15 亿人免于饥饿(FAO，2011c)。

全世界的许多女性在以中小型森林为基础的企业中工作，且依靠森林产品来获得收入。她们积极地从事收集、加工和贩卖包括食用昆虫在内的一些森林资源。有调查显示，在喀麦隆的农村和城市的市场上 1100 个森林资源交易者中有超过 94%的人是妇女。同样的调查显示，在刚果民主共和国，参与兽肉交易的女性比男性多，占据了金沙萨市场上 80%的交易（Tieguhong et al.，2009）。事实上，在大部分的时间内，这些组织是非正式的，这存在许多原因：女性有很大的家庭责任，这限制她们全身心地参加正式的经济活动；女性通常技能水平较低或者是教育程度不高，从森林资源买卖中获得的收入都用于补贴家用而不是扩展她们的事业（FAO，2007）。与森林有关的中小型企业为从事食用昆虫行业的人们提供机会去消除贫穷、提高公平性，也保护了森林和其他的自然资源。

妇女和儿童在食用昆虫中扮演了重要角色，这在很大程度上因为昆虫的采集、加工和贩卖的相关入门要求很低。在津巴布韦南部，传统上收集、加工（清除肠道、烘焙和干燥）、包装、调配和交易可乐豆木毛虫的人是女性（Hobane，1994；Kozanayi and Frost，2002）。女性是城镇和小的商业中心中可乐豆木毛虫的重要卖家，大多是小规模（Kozanayi and Frost，2002），但是男性趋向于掌控更赚钱的长期和大规模的产业链。女性提出的主要问题是，大规模的可乐豆木毛虫交易跨境交通不方便。因此，女性大多在小规模的露天市场、路两边的售卖点、汽车站和市政债券市场出售捕获的昆虫。大部分的收集者和加工者都来自本地并且是高度固定的。她们同样有很多分内的事要做，如种地、收庄稼、做饭、看孩子、拾柴和挑水。

在墨西哥，调查显示在民族性的收集、加工、买卖食用昆虫的组织中，性别占据了一个重要因素（Ramos Elorduy et al.，2012）。如果采集的物种是易于采到的，则妇女和儿童是主要的采集者。如果采集的昆虫有毒或者是栖息在危险的环境中，则采集者大部分是男性。另外，女性采集大部分是为了满足生计需要，而男性采集是为了卖给批发市场，特别是大型市场急需的时候。女性通过在零售市场上销售昆虫来帮助男性。女性销售的昆虫包括蚱蜢、蝽（jumiles）、巨大的牧豆树虫（*Thasus giagas*）（xamues）、小甲虫、蝉、不成熟的蝴蝶和飞蛾幼虫、蚂蚁（*Atta* spp.，包括蚁后 Chicatana）和无刺蜜蜂。毫无疑问的是，无刺的蜜蜂是当地市场最畅销的昆虫（Ramos Elorduy et al.，2012）。

考虑到他们从事不同的活动，男性、女性和儿童掌握着昆虫不同方面的知识。在尼日尔，一项调查显示，女性可以用方言叫出 30 种蚂蚱的名字，差不多比男性多 10 种（Groot，1995），因此女性在收集和处理昆虫的时候发挥着重大作用。同样，在澳大利亚，土著居民的男性和女性在寻找食物时也是不同的（女性获取植物、蜂蜜、卵和小型的脊椎动物。男性通常猎得一些大的脊椎动物），因此，男性获得的相关知识与女性相差很大（Yen，2010）。鉴于传统的生态学知识对提高人们对昆虫生态和生理的理解很重要，可持续管理和发展食用昆虫的部门在推行政策时必须把男女在从事食用昆虫活动中扮演的不同角色考虑在内。

因为一些原因，蛋白质和其他营养物质的缺乏在社会的弱势群体中普遍存在。女性和其他的弱势群体在获得生产性资源的时候处于劣势。女性和男性有不同的生理需求，需要一个更有针对性的饮食养生法。例如，女性比男性多需要 2.5 倍的膳食铁，在怀孕和哺乳的时候也需要更多的蛋白质(FAO，2012e)。在一些地区，在非虫性动物蛋白的摄入上男女也有不同，男性往往摄入更多。例如，生活在西北亚马孙地区的突雷尼人，在一个季节的饮食中，昆虫能够给男性提供超过 20% 的天然蛋白，相比之下女性能获得 26%(Dufour，1987)。同样的例子显示，昆虫是在特定年限内女性唯一的蛋白质来源；同时它们是构建脂肪的重要原料。由于营养的竞争和相关资源的可获得性，食用昆虫提供了重要的机会来抵抗营养的不安全性，也改善了弱势群体的生活。

12 经济学：现金收入、企业发展、市场贸易

本章阐述了食用昆虫采集和养殖的两个主要经济方面，如它们在家庭层面或在工业规模上创造价值的潜力。它为以开发昆虫产品为主的企业提出了关键特性，包括如何将昆虫引入市场，并为食用昆虫的贸易提供资料。

12.1 现 金 收 入

在发展中国家，采集和养殖昆虫可以提供特殊的收入和就业机会，当然，这不仅仅是对于城乡的贫困人群来说的。很多情况下，采集和养殖昆虫可以当作一种能够提供多渠道收入的多元化谋生手段。例如，蚕、蚂蚁和蜜蜂可以看成是综合生产系统：蚕可以加工成食品、生产丝绸，织叶蚁（*Oecophylla* spp.）可以杀灭害虫并能作为食材（Offenberg and Wiwatwitaya，2009b）。对于蜜蜂而言，它的蜂蜜和幼虫都能作为食材。例如，坦桑尼亚的 Hazda 觅食者在吃蜂蜜的时候，不会放过美味的蜂蛹（Murray et al.，2001）。

在发展中国家，昆虫的养殖主要集中在家庭农场。目前，只有少数繁育昆虫的大型工厂。本章主要关注的是昆虫为发展中国家贫困人群提供的潜在收入。发展中国家繁育和加工昆虫的潜在收入主要体现在以下几部分。

在发展中国家，大部分作为食用的昆虫都是从自然界中采集的野生昆虫，来源于农田或者森林。除去采集者及其家人的自我消费，剩余的昆虫可以很容易地被采集者及其家人卖给（或者交换）当地的市场商贩或者街边的食品摊主。或者直接在当地市场中卖给顾客，农场捕获的一般卖给中间商和批发商。通过他们之间的交易行为和参与的中间商数量，就能确定卖给顾客昆虫产品的最终价格。

通过从城镇、市场和网络上收集的各级多层广泛的信息，昆虫的实时价格可以给供货商提供一个很好的参考。这些价格不能被用来做预测，不能断章取义。在肯尼亚，1kg 的白蚁可以卖 10 欧元（V. Owino，私人通信，2012）。在英国和北爱尔兰，可以花 7.5 欧元在网上购买 70g 织叶蚁的蛹。在荷兰，50g 黄粉虫和小黄粉虫价值 4.85 欧元，而 35g 飞蝗在网上购买需要 9.99 欧元。在老挝，蚱蜢的价格要低得多，为 8～10 欧元/kg。在墨西哥的瓦哈卡，1kg 蚱蜢要卖到 12 欧元。在柬埔寨的市场上，一盒炸蟋蟀（150～200g）（*Acheta testacea* 和 *Gyllus bimaculatus*）售价 0.4～0.7 欧元。城乡售卖价格不尽相同（C. Munke，私人通信，2012）。

在泰国，中间商从农民手中收购昆虫，然后作为食材卖给批发商，之后批发

商出售给摊贩和零售商。中间商还给准备饲养昆虫的农民提供活的昆虫作为繁殖种群(A. Yen，私人通信，2012)。

消费者可以在乡村市场、零售超市、车站和街头小贩处购买到处理和未处理的昆虫。昆虫也可以在餐馆被消费，这取决于在一个区域内的食虫性到了何种程度。

在津巴布韦南部，可乐豆木毛虫在农村和城市市场销售，并且有一些市场参与者参与(信息栏 12.1)。在泰国，新鲜的和烹饪好的昆虫都在当地包括超级市场和小型市场上买卖(信息栏 12.2)。

信息栏 12.1　毛虫的捕获、繁育和贸易

妇女和儿童负责毛虫捕获和繁育的大部分工作。以下几点是生产合格售卖品的必要步骤。

采集。妇女和儿童大多从低矮的树木上捕获毛虫。有时也能从地面上捕捉到从树上飞下来的成虫。

清除肠胃内容物。完全成熟的幼虫在化蛹之前会清空它们的肠胃。大多数消费者喜欢处于这个阶段的幼虫。但是如果没有完全长成到化蛹阶段，这些幼虫就需要被压缩然后清除它们残留在肠道内的粪便。传统的方法是用拇指和食指捏。也有人用一个瓶子当作碾子来压出粪便。买家通过将虫体掰成两半来确认粪便是否清除干净。毛虫身上的毛刺可能会刺破工人的手，造成变色、流血和发炎，所以一些采集者在手指上缠上树皮纤维制品或使用手套。

烘烤和干燥。处理好的毛虫需要放到炭火上烤，以烧去它们的毛和刺。烘烤还可以除去虫体的血红色。买家通过观察虫体颜色来判断虫子是否烤熟，接下来毛虫要在太阳下晒干。有些人不烘烤毛虫，而是撒上盐之后直接放在太阳下晒干。通过这种程序制作的毛虫一般只在当地的市场销售，因为外地人喜欢没有毛刺的成品。此外，城里的消费者不喜欢经过盐腌制后的毛虫还因为它呈现一种让人恶心的发白的外观。还有一种方式是煮熟后再晒，与腌制并晒干的毛虫一样，煮熟的毛虫仍带着毛刺，这种方式同样会降低它们的市场价值。

包装和混装。毛虫被装在麻袋或者大罐中卖给贸易者或在市场上销售。商人将买来的毛虫重新包装到小袋中进行二次销售。购买散装毛虫的商人往往将质量差的(如肠胃没有清空的)和质量较好的混到一起，这就是所谓的混装。一个 35L 的大桶大约能盛 10kg 毛虫。

销售。在大多数地区毛虫的销售价格是由买家决定的而不是卖家。交易通常涉及易货贸易和汇率的大幅波动。

运输和贸易。毛虫的来源一般距离主要的消费市场很远，主要消费市场大多数是城市地区。所以商人为了做生意就必须通过长途运输。毛虫的运输成本(交通成本加运费)随着货物重量的增加而降低。

商贩。妇女主要负责采集、繁育毛虫，并且在集市、路边摊、车站和市级市场零售毛虫。而男人则掌控更加赚钱的长途和批发贸易。

市场。毛虫通过多种销售渠道卖给消费者和其他贸易商。主要的途径有超市、商店、车站、市级市场和路边摊及酒吧售卖。超市是那些由食品包装公司生产的、包装好并贴有商标的毛虫的主要销售点。

国际贸易。通过调查发现，津巴布韦南部产出的毛虫被卖到博茨瓦纳、刚果、南非和赞比亚。想要了解这种贸易的细节问题比较困难，因为贸易是非正式的，在某些情况下它甚至是非法的(如逃避关税)。

收益和价格的季节性波动。一年中，当地毛虫价格的波动在很大程度上反映了供求关系的变化。有些商人将毛虫储存起来，等到商品短缺时再拿出来销售，这样能卖更高的价钱。

资料来源：Kozanayi and Frost，2002。

信息栏 12.2 泰国的批发市场

比较出名的食用昆虫批发市场是沙美岛省亚兰口岸龙哥市场(柬埔寨边界最大的食用昆虫市场)、孔堤港市场(曼谷)、塔拉泰市场(曼谷)和假日市场(曼谷；这个市场主要销售食用昆虫黄粉虫作为宠物饲料)(Hanboonsong，2012)。随着食用昆虫的需求日益增加，大量的昆虫也从柬埔寨和老挝带到泰国的亚兰口岸龙哥市场买卖。这些出口的食用昆虫主要是在野外采集的。

昆虫可以在街上的手推车和大排档内买到预煮的，可以在超市中买到冷冻包装的商品(Hanboonsong，2012)，也通常以即食或用于微波炉加热的包装买卖。

12.2 企业发展

人们像采虫农民那样从野外采集昆虫在附近的市场上买卖，主要取决于个人行为。信息栏 12.3 主要是从考虑以昆虫为基础的企业方面总结了可行性问题。

信息栏 12.3　经营街边小吃的可行性分析

市场的可行性：

- 街头休闲食品的类型(昆虫已有销售了吗？)。
- 街头休闲食品的价格。
- 消费人群(一家人、儿童、白领等)。
- 消费者购买的频率。
- 货物的品质。
- 竞争。
- 消费者所需要的质量和安全性。

技术可行性：

- 想要达到理想的数量所需要的加工和制备方法。
- 加工所需的卫生和安全需求。
- 卫生和安全法规。
- 农产品供应原料的需求。
- 所需的设备。
- 所需的劳动力。
- 所需的技术。

财务可行性：

- 筹备费用。
- 经营成本。
- 资金流动。
- 潜在利润。
- 贷款。

资料来源：FAO，1997a。

12.2.1　合作社和协会的形成

以昆虫产品为主的企业仍然是很重要的一个新兴的价值链。这意味着会有挑战，如在立法和食用昆虫的行业管理方面，这是个人不能解决的。因此，利益相关者需要共同努力，继续共同议程，加强对他们活动认可和提高议价的能力。

协会和组织是决策者、民间组织和农民之间必不可少的联系。通过让参与食用昆虫产业的农民和采集者达成一致，他们就可以帮助规划、设计和执行有关政策、方案，这直接或间接地影响到他们的生计(FAO，2007)。总之，昆虫养殖者协会(采集者或农民)可以作为该行业发展的一个强大工具。信息栏 12.4 举例介绍了这个组织。

信息栏 12.4 荷兰昆虫养殖者协会

在荷兰，食用昆虫的生产和销售是以 2008 年荷兰昆虫农民协会(VENIK)的建立为基础开展的。该协会承认存在文化障碍而选择了一种长期策略，他们不仅关注昆虫作为食品，还关注昆虫作为药材。但是，设计昆虫作为食品的前景需要游说及发展商业设想和设计发展路线。VENIK 正在构建一个知识结构和组织达到国家与国际水准的网络。它与政策制定者、政治家和食品安全局有密切的联系，还为专业人士、消费者和媒体提供食用昆虫的信息。

农民昆虫协会保留着食用昆虫有一天会成为有营养的、持续的、可靠的蛋白质来源的想法。专业生产线已经达到了 HACCP 标准。3 种昆虫正在生产供人们消费：黄粉虫(*Tenebrio molitor*)、黑菌虫(*Alphitobius diaperinus*)和飞蝗(*Locusta migratoria*)。这些食用昆虫都是冷冻干燥后出售的。

在最近几年，农民昆虫协会已被引进立法、质量标准和市场。该协会也正在建立一个知识库，促进三级验收和技术创新：将昆虫作为蛋白质替代品和自动化技术的实体；应用所获得的知识进行实验。

资料来源：FAO/WUR，2012。

当私人和公共服务失败时，组织可以作为另一种支持的形式。更重要的是，它们可以以自己的方式运作(FAO，2007)。在 2012 年 1 月 FAO 的专家咨询会议上，为确保食品安全，一些生产者在评估昆虫作为食品和饲料的可行性时发出了一个国际昆虫生产者协会的号召。成功的组织需要以市场为导向，有效管理并且必须有一个良好的组织结构，明确规定每个人的权利和义务，满足所有成员的需要，考虑性别问题，并允许言论自由。创建和加入这些组织有以下好处(FAO，2011b)。

- 农业投入、生产、加工和买卖费用减少。
- 通过合作实现资源和技术的共享，以及掌握新技能。
- 较低的交易成本和运输成本。
- 提高诚信度。
- 提高生产能力，与城市接轨。
- 更多与市场联系的机会。
- 在卫生、食品的制备、业务技能发展等方面有更多的培训机会。
- 在获取营销部门许可证方面意见一致。

• 提高社会成员之间的凝聚力。

12.2.2 企业发展的战略案例：向其他行业学习

据估计，一头蚕在 11d 内可以产 1kg 的原丝(在农业和非农业活动中)，没有其他工厂能达到这种水平，特别是在乡下地区，因此，蚕是用于农村建设的工具。蚕也给农村经济带来波动，大约 57%蚕丝织物的价值回流到原始的养蚕人手中(Umesh et al.，2009)。印度政府的第 11 个“五年计划”(2007～2012 年)指出，要投入更多的研发力量到提高生产力、基础设施发展、人力资源和其他设施上去。生产、就业和出口比率在 2010～2011 年都得到了发展(Government of India，2011)。

印度纺织部 2011 年报道(Government of India，2011)公布了天然“Vanya”丝绸产品在国际市场的营销策略的细节。“Vanya”丝绸的市场推广人员以这种丝绸产品的推广、产品开发和多样化为重点，并且已公布了制造商、贸易商、零售商和出口商的名录，还组织、参与国际展览。为促进产品开发和多样化，推广人员与国际设计学院合作，研究了现有的工作水平、生产和人的社会经济地位，与工匠交流，并讨论了设计和包装丝绸产品的问题。

12.3 昆虫产品市场的发展

生产体系和生活正在越来越多地被城市消费需求、市场中介机构及当地和国际食品行业所影响(van der Meer，2004)。在全球一体化的市场背景下，小规模的农民、妇女、土著人和其他弱势群体因为缺乏信息、服务、技术和信贷及提供大量的优质产品给市场代理的能力而处于不利地位(Johnson and Berdegué，2004)。中间商、寡头和垄断者往往控制市场，从而使他们能够在排除农民参与的情况下决定价格大幅上升。在墨西哥的一些地区，中间商已经开始雇佣当地需要钱来买生活用品如容器、衣服和教科书的土著人。这常会推动人们不断地开发资源，给生态系统带来压力，并且使食用昆虫的获取量降低(Ramos Elorduy et al.，2012)。在墨西哥，采集者收集 1kg 的蚂蚁(*Liometopum* sp.)(彝斯咖魔)，中间商仅付给他们 30 美元，而国内的中间商则以 180 美元的价格卖给他们的国际同行(Ramos Elorduy，1997)。建立昆虫养殖者协会可以帮助解决这个问题，将使昆虫养殖在发展新市场或市场的多元化方面迈出关键性的一步。

尽管用于食用和用作饲料的昆虫加工与饲养在发展中国家没有正式展开，但是在市场上这些昆虫或昆虫产品的买卖却是非常正式的。昆虫的市场和贸易在其自身所在的当地环境中结构相对良好，并且形成了包括生产者、收集者、中间人和卖家还有生产者在内的关系网络。但是，如果昆虫被认为是不重要的或者不是人们的食品资源，那么将非常难进入或开辟新市场。本章介绍了许多问题，包括如何引进昆虫和相关产品到市场，并且列举了已经或正在开发昆虫产品的一些公司的具体市场策略的例子。

12.3.1　市场调查：以街头食品为例

在发展中国家，食用昆虫的大部分用途是作为街头食品。昆虫常常供应给货摊和当地饭店，特别是在南非和东南亚的一些国家非常流行。在乡下和城里已存在了上百年的集市上供应着一些便宜的当地喜闻乐见的食品。街头食品经常直接卖给消费者。这样每天都可以吃便宜的食品。消费者选择街头食品主要是因为低价和便利。这些市场也随丰收的季节性，为消费者提供多元化的食品。这些市场对发展中国家所作出的经济贡献是相当大的，但是这种价值往往被低估和忽视(FAO，2011a)。

诚然，交易者可能没有进行正式的市场调查，他们可以从经验中观察和学习，并且作出相应的调整。贸易商和供应商在营销和销售中定期试验和测试。例如，少量的处理好的或是没处理好的虫子采用散装或用塑料袋盛装销售；较大的包装用于应对其他的卖家和中间商，较小的包装针对终端消费者。这类以观察和试验为基础的尝试与适应，其实是市场调查的一种形式，即使是以非正式的方式进行的。

FAO 建立了一个窗口来了解这种非正式的市场机构是怎样鼓励和引导有理想的食品经营者考虑如何销售食用昆虫的(信息栏 12.5)。

信息栏 12.5　FAO 多样化经营的第 18 号手册：商业街和小吃

处理和准备的问题：

- 各种工具和燃料需要，如电和木头(考虑到成本)。
- 如何处理食品(考虑到食品、昆虫的种类和传统)。
- 如何包装和标志食品名目(考虑到成本)。
- 怎样运输食品(考虑到成本)。
- 信用、贷款和小额贷款对创业的可用性。

基本问题：

- 需要选择什么样的街道和小吃？
- 可以用什么样的价格？
- 怎样保证食品质量和安全？
- 竞争者都有谁？
- 是什么级别的销售？可以在哪里卖得最好？

- 从农场到销售的距离和花费的时间是多少？
- 要卖的食品有什么式样（如街头小贩还是建立一个路边摊）？

作出决策：

- 供应商需要与消费者有积极主动的直接接触。
- 应该有直接反馈和品尝活动。
- 免费的赠品和社会交流也是非常重要的。
- 食品质量安全和卫生条件的达标是一个营销战略的重要元素。
- 位置和摆设的选择是很重要的，特别是产品的排列，光照也是影响产品的重要因素。供应商的风格也是构成展览的重要因素。
- 决定销售什么。

资料来源：FAO，2011b。

包装材料可以由当地可获得的材料制得，它们应安全、卫生而且不改变食品质量。叶子常常被用作街头食品的包装材料，因为它们便宜且容易获得。当地其他可以获得的材料包括泥盆、酸奶碗、木头盒子或瓶子，还有用黄麻和棉花这些纤维材料编制的袋子。

街头食品企业通常是家庭或者个人生意，多数是没经过正规部门许可而非法经营的。研究显示，在发展中国家，20%～25%的家庭食品支出是在外面的，有一些人甚至完全依靠街头食品。街头食品在亚洲特别流行。在曼谷，估计城市居民40%的食品总摄入量是由约20 000家街头食品摊贩提供的（FAO，2011a）。

12.4　市 场 策 略

昆虫和它的相关产品可以批量生产，也可以用来保护庄稼（益虫），为庄稼授粉（熊蜂）和保健（活蛆治疗法），以及提供人、宠物和家畜的营养，也可以用于研究许多其他国内和国际上的用途，如用于珍藏。活虫出售居多，但是，昆虫产品和副产品占据着昆虫贸易的主流（Kampmeier and Irwin，2003）。

发展中国家的市场是多样化的，但是很少有人知道它们的建立和发展。在许多情况下，昆虫会出口到其他地区，就像柬埔寨的狼蛛和蟋蟀一样。由于这项贸易的非正式性，很少有准确的信息来判断市场上所买卖的昆虫的质量好坏（C. Munke，私人通信，2012）。

下面给出在发达国家和发展中国家许多的市场研究和开发实例，以及企业把昆虫引入市场的策略。这些例子显示出在不同的国家、不同的市场上有不同策略，但并不是很详细。

12.4.1 在美国：作为进口食品的昆虫

20 世纪 60 年代，在北美的 Reese Finer 食品店开始出售巧克力包裹的蚂蚁、蜜蜂、毛虫、蝗虫、法式油炸蝗虫、法式油炸蚕和烤毛虫。建立了这家公司的芝加哥食品进口商 Max Ries，最初的想法是引进外国的食品，如日本的调味鲸鱼片和响尾蛇肉，来品尝异域口味。公司的新任经理改进了这个想法并从加利福尼亚引进蚂蚁，后来又从日本引进。这些新奇的产品由于环保组织反对他们进口而被迫停止生产。现在，Reese Finer 食品店在美国仍然是一家食品商店的分公司，但是进口食品已经不是其产品的特色了。

12.4.2 西方现在的方法：将昆虫作为新奇进口的食品

在最近的几十年里我们可以见到新奇的进口食品店和熟食店的回归，特别是在发达国家。在欧洲、日本和美国许多种昆虫出现在了货架上，或者是通过网络买卖。这些产品有罐装的蚂蚁、蚕蛹，有日本的龙舌兰毛虫和墨西哥的炸蝗虫。罐装的白色龙舌兰毛虫被出口到加拿大和美国。这些罐子每个包含 5～6 只幼虫，可以卖到 50 美元/kg(Ramos Elorduy et al.，2011)。

“新奇”这个概念是卖昆虫的一个市场策略。在美国可以见到油炸的昆虫包裹着巧克力和硬糖，还有油炸或调味好的幼虫；而在伦敦，世界上最奢华的店哈罗德和塞尔福里奇百货公司，出售昂贵的昆虫产品；在布鲁塞尔也出售独特的巧克力，上面放着蘸着金漆的蟋蟀。在网上也可以从生产商那里直接购买奢侈品(含有昆虫)。

12.4.3 昆虫作为宠物饲料

一些昆虫从发展中国家引进到发达国家，在宠物店里出售。中国的昊诚粉虫有限公司每年出口 200t 的粉虫干品到北美、澳大利亚、欧洲、日本、韩国、南非、东南亚、英国和北爱尔兰等国家。这个公司出售黄粉虫、大麦虫和蝇蛆。黄粉虫售卖可以是活的、干的、灌装的或加工成粉的。大麦虫卖的可以是活的、干的和罐装的，蝇蛆卖的是灌装的(HaoCheng Mealworm Inc.，2012)。黄粉虫和大麦虫可以作为鸟、狗、猫、蛙、龟、蝎子和金鱼等宠物的饲料补充物。在该公司，黄粉虫也可以被用于人类的食品，加入面包、面粉、方便面、糕点、饼干、糖果和调味品中，或者是直接端上餐桌。

在荷兰，一些公司以前饲养昆虫作为宠物饲料，现在也卖黄粉虫和蝗虫供人类消费。Kreca 就是这样的公司。虽然，黄粉虫在人类食品市场上很有前景，但是这些公司大多靠卖宠物饲料昆虫发家。

12.5 市 场 贸 易

在西方国家，食用昆虫贸易主要是由来自非洲和亚洲的移民社区的需求或者是进口食品的市场缺口来推动的。

在中非共和国展开的调查发现，毛虫的主要进口商在乍得、尼日利亚和苏丹，通过中部非洲经济共同体进行贸易。中非共和国也出口毛虫到比利时和法国的一些非洲社区(Tabuna，2000)(信息栏 12.6)。津巴布韦出售毛虫到博茨瓦纳、刚果共和国、南非和赞比亚。墨西哥龙舌兰幼虫出口到美国(Ramos Elorduy，2009；Ramos Elorduy et al.，2011)。700t 的食用昆虫从老挝和柬埔寨出口到泰国，因为那里有很高的消费需求(Yen et al.，2013)。食用昆虫也出口到美国供应给那里的亚洲人(Pemberton，1988)。在亚洲，一个特别的国际贸易的例子是日本黄蜂交易(信息栏 12.7)。

信息栏 12.6　移民带来的民族食品：从非洲到法国和比利时的毛虫出口

可乐豆木毛虫主要从非洲出口到欧洲。每年，比利时进口 3t、法国进口 5t 干的可乐豆木毛虫(FAO，2004)，大部分是从刚果民主共和国进口的(Tabuna，2000)。来自刚果的移民占布鲁塞尔居民的 1/4，是可乐豆木毛虫主要的消费人群。

信息栏 12.7　日本的黄蜂贸易

日本的山区人民在秋天消费昆虫。尽管他们不怎么吃昆虫，但是吃黄蜂(*Vespula* spp.和 *Vespa* spp.)的习惯还是有的。在秋天的丰收季节，黄蜂的巢在市场上被卖到了 100 美元/kg。由于需求量大增，他们从中国、新西兰和朝鲜进口黄蜂。需求的增加可能会导致过度开采。但是，想要昆虫得到持续合理的商业利用，就需要人们了解昆虫栖息地及昆虫的栖息需求。

资料来源：Nonaka，2010。

13　食品与饲料昆虫的推广

对于与食虫性措施相悖的观点需要特定的沟通方式。在世界上有些地方已建立起食用昆虫的养殖，如热带地区，推广策略需要侧重促进和保护食用昆虫作为宝贵的营养源，以应对日益西化的饮食。粮食安全问题严重的地方，由于营养、文化和经济的原因，食用昆虫需要作为食品和饲料使用。然而，西方社会仍非常厌恶食用昆虫的行为，所以需要根据实际情况改良措施来解决厌恶因素和打破周围常见误区的做法。鉴于政治和研究议程在很大程度上仍没有涉及昆虫作为食品和饲料的现实，各国政府，尤其是发达国家农业部门和知识机构应采取有针对性的措施。尽管越来越多的文献指出昆虫对人类和动物的饮食有重要作用，但它们仍被大多数人视为害虫。

13.1　厌 恶 因 素

从营养学的角度，对食用昆虫的普遍偏见是没有道理的。昆虫并不逊于其他蛋白质来源，如鱼、鸡肉和牛肉。西方对食用昆虫的厌恶使其普遍认为在发展中国家，是由于饥饿才食用的，同时食用昆虫仅仅作为一种生存机制。这种观点是不正确的。虽然扭转这种心态需要很强的说服力，但它不是一个不可能完成的壮举(Pliner and Salvy，2006)。龙虾和虾等节肢动物，在西方一度被认为是穷人的食品，但现在这些都是昂贵的美味佳肴。希望一些观点，如昆虫营养价值高、对环境影响小、低风险性质(从疾病的角度来看)和适口性的转变，有助于转变观念(信息栏 13.1)。

信息栏 13.1　怎样让厌恶昆虫的人们理解并认可昆虫美味？

总的来说，把昆虫作为食品来接受，意味着人们要改变对昆虫的消极态度。尤其是通过直接经验，更好地了解什么是昆虫以及昆虫做什么，有助于在短期内激发人们对昆虫的好感(Vernon and Berenbaum，2004 年)。进一步展示和介绍昆虫的食用性，当人们在餐桌上见到时不会再感到意外和新奇。动物园、博物馆和大学都可以发挥重要的作用。然而，对昆虫的厌恶感是很难改变的。

食用昆虫是否可以作为食品项目被接受，并成为西方社会饮食习惯的一部分，至少依赖于两个关键因素：实用性和学习。

“昆虫宴”（Wood and Looy，2000；Looy and Wood，2006）是一个教育性交流和直接体验昆虫的有机结合机会。将昆虫作为可品尝体验的食品呈现，可以消除人们对昆虫的偏见。根据荷兰和美国多年的实践经验已确认“昆虫宴”对于克服厌恶感的有效性。

资料来源：F. Dunke，私人通信，2012；M. Peters，私人通信，2012。

Bequaert（1921）在他的论文《昆虫作为食品》中对在人类早期和近代人们是如何扩大食品供应的问题做了最好的总结，在这方面昆虫学家仍在努力：

尽管从历史的角度来看，证据确凿，本章的目的并非提供论据来证明昆虫的食用价值或者让昆虫成为我们饮食的一部分。我们吃的是什么多数源于习惯，毕竟习惯和风气比什么都重要。由于人们的偏见，如今文明社会的民众厌恶吃任何六足生物。

总而言之，要想使昆虫作为食品和饲料在公众中建立潜在的意识并影响消费者选择趋于更加平衡甚至有利的前景，教育是关键手段；创新食谱可以起到帮助作用（信息栏 13.2）。虽然在西方社会厌恶的因素是比较常见的，但对食用昆虫的厌恶也在影响热带国家。在马拉维，Morris（2004）发现，人们居住在城市地区，虔诚的基督徒反对食用昆虫。受西方的影响，特别是在非洲，对食用昆虫的营养和经济的贡献及昆虫物种的生物学和生态学研究，一直很少（Kenis et al.，2006）。

信息栏 13.2 食用昆虫食谱

在确定什么样的食物被接受时，厨师和饮食文化发挥了很大的作用。在某些情况下，不愿意吃一个完整的蚂蚱的人却有可能吃黄粉虫蛋糕。

- 《令人毛骨悚然的美食》：由 Julieta Ramos Elorduy 编著的食用昆虫的美食指南。
- 《食虫食谱》：蒸煮草蜢、蚂蚁、水上臭虫、蜘蛛、蜈蚣和类似昆虫的 33 种方法，作者 David George Gordon。
- 《人食用虫子》：食用昆虫的艺术与科学，作者 Peter Menzel 和 Faith D'Aluisio。
- 《昆虫食谱》：作者 Arnold van Huis、Henk van Gurp 和 Marcel Dicke。

据 UNESCO(2005)报道，可持续发展教育的成功取决于所有部门之间的合作：正规的、非正规和非正式的。解决可食用昆虫在西方社会的厌恶感，可能在很大程度上取决于涉及整个教育团体的能力(信息栏 13.3)。出于这个原因，建议聘请各界人士，特别是西方社会人士。

信息栏 13.3　教育中采用既定的方法以促进可持续发展

正规教育：小学、中学、大专和高等教育。

非正规教育：自然中心、非政府组织、公众健康教育、私人公司、私人研究中心和农技推广人员。

非正式教育：传统和网络媒体，包括电视、电台、网站、报纸、杂志、微博、博客、YouTube 和 Facebook。

资料来源：UNESCO，2005。

13.1.1　正式课程中的食用昆虫

直到现在，食用昆虫作为一个主题——包括农业技术、保护和管理问题，以及昆虫生态学和生物学相关的食品和饲料问题——大多都没有出现在正式的课程中。虽然生物防治昆虫(如 IPM)的话题在农业科学中已经确立了 35 年(Kogan，1998)，但是昆虫在西方科学中在很大程度上仍是概念化的农业害虫。因此，昆虫学经常形成一种农业技术，而不是科学。然而，过去 10 年间，食品昆虫在正规教育中出现了缓慢但稳定的增长。截至 2011 年年底，美国 50 所大学中 46%的大学(主要为食品和农业类大学)，在其课程或年度活动中出现特色食品昆虫(F. Dunkel，私人通信，2012)。例如，伊利诺伊大学和佐治亚大学、蒙大拿州立大学每年都有 50 至数百人参与活动(F. Dunkel，私人通信，2012)。在荷兰，瓦赫宁根大学昆虫学实验室提供“昆虫和社会”的课程(包括昆虫学)，这个课程在学生中很受欢迎。老挝国立大学农业教师将“蟋蟀养殖”作为主题教学。

13.1.2　研究和开发

进行正式的教育项目是以研究为基础的并主要在大学、政府和非政府组织中开展。本节对持续食用昆虫的研究和教育进行简单概述。

荷兰

昆虫学实验室是荷兰瓦赫宁根植物科学集团大学的一部分，开展有关昆虫的生物学基础和应用研究。它的任务是通过生态调查(人口和社区层面)的底层机制(细胞相结合的生态研究水平)揭示昆虫与其他生态系统组成部分之间的相互作用。在发达国家和发展中国家正在制订病虫害综合防治、病菌体和疾病管理策略。该核心团队在混合营养相互作用、生物控制、疟疾病媒和可食性昆虫的研究方面，具有很高的声誉，吸引了全世界对可食性昆虫问题的关注。van Huis 教授协调了由经济事务部资助的“供人食用可持续生产的昆虫蛋白质”（被称为 Supro2）(2010～2013年)项目，目标是发掘潜在的可持续生产的食用昆虫和昆虫衍生产品，特别是将昆虫蛋白质作为一种可靠且高品质的食品来源与传统肉类生产相比对环境具有较低的负面影响。食用昆虫经有机质饲养后，对其蛋白质进行分离和纯化，然后按食品的要求进行分类。

该实验室一直在编列世界各地的食用昆虫种类(2012 年)，已超过 1900 种。荷兰是西方少数几个拥有生产人类食用昆虫的公司的国家之一。

美国

美国大学多年来一直努力促进昆虫作为食品和饲料。蒙大拿州立大学是一家在食用昆虫上领先的研究中心，由已故的 Gene DeFoliart 教授创办。Florence Dunkel 是一位研究昆虫与植物科学和植物病理学的教授，她的研究主要集中在以植物为基础的天然产品的昆虫管理，特别是关于收获后的全球生态系统。目前的项目包括勘探蒙大拿小麦对采后昆虫的抗性；利用植物抗性品种与昆虫病原真菌进行害虫管理，以及在西非(马里)的村庄使用天然产品以全面治疗疟疾。24 年来，食用昆虫和“昆虫宴”已经成为她昆虫学课程的一部分，在卢旺达工作时她介绍推广可口的炒褐色蝗虫。1995 年，Gene DeFoliart 邀请她接手《食品昆虫通讯》杂志的编辑，还出版了一本书(DeFoliart et al.，2009)(信息栏 13.4)。

信息栏 13.4　食品昆虫通讯[1]

1988 年，西方科学家对于将昆虫作为食品开始产生浓厚的兴趣，几年后，Gene DeFoliart 创办了《食品昆虫通讯》。一些前期工作的资金是由位于华盛顿的美国国际开发署具有前瞻性和跨文化能力的程序人员提供的。当时，在美国的科学家已经开始认识到生物防治的可用性及以植物为基础的昆虫管理——对几千年的原生系统的昆虫技术管理表示赞赏和理解。研究一段时间后，它变得清晰起来，然而，无论是在获得资金方面，还是在吸引研究生的研究计划方面，这个研究领域与任期过程是不太顺利的。此外，公共利益和西方科学的态度对此并不予以支持。然而，在过去的 20 年，小组成员对食用昆虫的兴趣却逐渐上升。

1 Florence Dunkel 提供了这本书。

丹麦

哥本哈根大学的科学学院在一定范围内从事可持续农业、食品生产与加工、与人类福利相关的自然和管理的生态系统。学院提供几门硕士和博士水平的国际课程，包括生物防治课程。植物与环境科学系还提供了可持续作物生产课程，包括害虫管理和保护益虫——后者包括蜜蜂。昆虫病理学和生物防治的研究小组，是 20 年前成立的，侧重于昆虫病原真菌。今天，它是一家在昆虫病理学领域领先的国际队伍，并且在野生和家养昆虫病原体的自然发生方面发表了许多文章。在同一所大学，儿科和国际营养研究组构成营养系的一部分，与锻炼运动小组一起进行以人群为基础的健康研究(丹麦)、婴幼儿和儿童营养不良(发展中国家)的专业技能研究。第 6 章包含柬埔寨和肯尼亚的人们反对以昆虫为主导致营养不良的饮食项目细节。事实上，目前的出版物包含了多种由 WinFood 项目协调者 Nanna Roos 发起的研究取得的有关营养的数据。

泰国

孔敬大学是泰国东北部最大的公立大学，被认为是在教学、学习和研究方面具有创新能力的领导者。昆虫学部门属于农学部管理，并进行益虫、工业昆虫和害虫的教学和研究，以确定其在农业系统的影响及昆虫生物多样性的管理和保护。昆虫学部门率先进行食用昆虫养殖，孔敬大学是在泰国仅有的进行研究并提供本科生和研究生昆虫学研究教育的 3 所大学之一，Yupa Hanboonsong 教授是这方面的专家，他在关心泰国食用昆虫的多样性方面已经进行了几个项目，除此之外还于 2010～2013 年作为老挝人民民主共和国 FAO 可食用昆虫项目技术顾问。

中国

中国林业科学研究院资源昆虫研究所，位于云南省昆明市，是中国西南地区唯一的国家森林研究所。研究所主要进行基于应用的基础研究，如昆虫、经济植物、微生物资源、植被恢复与生态重建。研究、开发和资源昆虫的使用构成了主要研究对象之一。调查昆虫品种包括工业原料昆虫(如紫胶虫、白蜡蚧、五倍子蚜及胭脂虫)、环境昆虫、授粉昆虫、食用和药用昆虫及观赏昆虫(蝴蝶)。研究领域包括生物学、生态学、分子生物学、化学、昆虫材料的使用和加工、昆虫大规模饲养、人工种植寄主植物。由冯颖博士带领的研究小组，在中国尤其是西南地区，对食用昆虫的文化、产量及规模化养殖等相关内容进行了多年研究。他们已经收集了 100 多种食用和药用昆虫标本，并发表了 20 多篇科研论文，出版了两本相关书籍。

肯尼亚

在肯尼亚，Jaramogi Oginga Odinga 科技大学的 Monica Ayieko 教授与其他肯尼亚科研院合作，提高在大学和国家层面对昆虫的认识。由于大学里的实验室资源有限，她通过向其他机构寻求常规食品分析技术方面的帮助，已经进行了对包括在维多利亚湖地区常见的食用有翅白蚁(大白蚁属)、湖泊苍蝇(摇蚊属和幽蚊属）、食用蚂蚱（*Ruspolia differens*）和非洲窃叶蚁（*Carebara vidua*）的基本营养分析。Ayieko 教授还尝试将白蚁和湖泊苍蝇加工成产品，并已成功制出以昆虫为主的饼干、松饼、肉饼和香肠以适应消费者要求。

上述由哥本哈根大学协助与内罗毕大学的研究人员合作的 WinFood 项目，将白蚁作为一种潜在的婴儿食品添加剂。

国际昆虫生理学和生态学中心是一个非洲研究和发展组织，总部设在肯尼亚首都内罗毕。它的任务是帮助减轻贫困，确保粮食安全，并通过开发和推广有害和有益节肢动物的管理工具和战略，提高生活在热带地区人们的整体健康状况，同时通过研究和能力建设保护自然资源。国际昆虫生理学及生态学中心将继续开发、引进和适应新的方法和战略来进行节肢动物管理，这些方法和战略是环保的、价廉的、适当的、全社会参与的、被社会目标终端用户所接受和适用的。商业昆虫项目（Commercial Insects Programme）研究蜜蜂、无刺蜂和蚕。在一些东非国家及近东和北非地区，该中心帮助养蜂业和商品蚕业扩大规模，同样也包括授粉服务。它还获得认证，并通过民营企业家与市场联系。

贝宁

在贝宁科托努，非营利组织 Centre de Recherche pour la Gestion de la Biodiversité（CRGB）已完成了许多具有环保性质的研究，如在许多讲法语的非洲国家所完成的动植物详细名录、自然保护和管理计划。多年来，该研究中心在昆虫学、文物保存、病虫害综合防治计划、可持续农业和环保方面已积累了丰富的经验。2008 年，Severin Tchibozo 和 CRGB 的协调员，建立了一个食用昆虫网站和数据库——LINCAOCNET，该数据库包含贝宁、布基纳法索、喀麦隆、中非共和国、刚果共和国、刚果民主共和国、马里、尼日尔、几内亚和多哥共和国这些国家的食用昆虫的资料信息。这是 CRGB 与比利时特尔菲伦皇家博物馆合作的结果。LINCAOCNET 项目的目的是收集和传播信息，如撒哈拉以南非洲地区的人们如何对食用昆虫分类及其处理，以及在哪里能发现昆虫，如何进行捕捉和处理。为人们更好地学习相关基础科学知识，更好地利用昆虫作为食品提供了大量信息，该项目还提供了食用昆虫管理资讯及为人们所认可的保护政策信息，促进了食用昆虫的发展。CRGB 与一些非洲国家和海外研究开发机构合作，包括法国全球环境基金、Van Tienhoven 基金会、荷兰自然生物多样性中心，以及位于在哥斯达黎加国家生物多样性研究所的法国生物多样性研究基金会、国际法语国家组织、法国农业发展研究会、欧洲—非洲—加勒比—太平洋农药倡议委员会、巴黎食品工业的国际委员会、法国国家自然历史博物馆、比利时皇家博物馆（非洲部分）。贝宁最近出现在“南南倡议”中，该倡议旨在与不丹和哥斯达黎加（信息栏 13.5）交换食品传统科学知识。

信息栏 13.5 食用昆虫在发展中国家间的国际知识共享

有关食品的传统和科学知识的交流活动在贝宁、不丹、哥斯达黎加已经启动。贝宁的阿波美/卡拉维大学农艺科学学院的专家，与不丹和哥斯达黎加国家全国食用菌中心生物多样性研究所联合执行这一举措。

尤其是哥斯达黎加和不丹从贝宁得知昆虫可食用，也将昆虫引入人们的日常饮食。哥斯达黎加正与大家分享这方面的知识，如将不同种类的昆虫进行分类(使它们可以以不同的方式被食用)，以及如何繁殖并有效地保护它们。虽然这种昆虫在贝宁是食用昆虫的重要组成部分，但饮食上如何最好地利用它们的相关专业知识仍然是欠缺的。

在此期间，国家生物多样性研究所正在努力改变哥斯达黎加人民对昆虫的态度。该国有 365 种昆虫，其中许多可能被用来作为农场动物饲料。

资料来源：Cooperation，2012。

墨西哥

墨西哥国立自治大学，是拉丁美洲最古老的大学，在墨西哥食用昆虫研究方面具有较高的声誉。Julieta Ramos Elorduy 教授和她的研究团队，采用传统方法，以及分子生物学和电子显微技术致力于全国生物多样性的研究。该学院包含植物园和动物园的部门，以及该国东部和西部的生物研究站和墨西哥城的一个植物园。食用昆虫实验室专门研究食用昆虫族群相关的生物学和生态学，包括食品的营养价值和性能。应用研究涉及食用昆虫的识别、鉴定、收集、制备、储存、销售和营销。目标是改善农村生活，以促进区域和国家的经济发展。

1974 年 Ramos Elorduy 教授开始研究食用昆虫，并于 1982 年写了一本书，书名为《在未来昆虫将作为蛋白质来源》。于 1984 年发表了《古代墨西哥食用昆虫》，并于 1998 年发表了《令人毛骨悚然的美食》。她创办了民族生物学科学学会，并于 1994 年举办了第一届全国民族生物学会议，她被公认为食用和药用昆虫专家。

老挝

老挝国立大学农学院发起了创新和成功的昆虫养殖计划，以提高昆虫养殖户和学生认识昆虫的营养价值和增加生计的能力。学校给学生讲授基本的昆虫养殖实践知识和如何增加蟋蟀数量，而学生最终在这项社会活动中得到收获。有些学生随后会向他们的家人介绍昆虫养殖(P. Durst，私人通信，2012)。

13.2　借鉴传统知识

13.2.1　昆虫养殖者和采集者

食用昆虫最初的生产者是农民和采集者。在大多数情况下，当地知识构成昆虫持续采集和丰收作业的基础。因此，记录和促进传统可持续的最佳实践并与他人分享是重要的。为此，最佳实践的教育、培训和建立协会及知识的共享，可以帮助农民和收藏家。

一些人、组织和公司对良好的耕作方式、市场、加工和法律要求提出了质疑，特别是有关在食品和饲料产品中使用昆虫的规定。由于这种需求的存在，各国政府可能希望扩大其农业(扩展)服务的技术能力。一个有说服力的例子是，老挝人民民主共和国的 FAO 援助技术合作方案"可持续的昆虫养殖和收获，以获得更好的营养，改善粮食安全，以及提高家庭收入"。

一个培训课程中有趣的内容是传统知识融合新技术。在肯尼亚，当地人收集白蚁(*Macrotermes subhyalinus*)的方式已经得到改善，以确保可靠地收集，例如，一种新的灯诱装置是在与肯尼亚工业研究和发展研究所(Ayieko et al.，2011)的合作中设计的。

13.2.2　文化和美食活动(艺术节、博览会、餐厅、博物馆)

文化和美食活动范围包括在博物馆和动物园举行的节日、艺术和科学展览，以及出现在餐厅和酒吧小吃菜单与烹饪车间的活动。各国政府、知识机构、农民、生产者和其他人员可以赞助此类活动。

博物馆

2008 年，比利时特尔菲伦的中非皇家博物馆，发起了一个名为中非生物多样性信息网(CABIN)的项目。CABIN 是由比利时合作与发展处资助的 5 年计划项目，其主要目标是通过与中非国家(主要是布隆迪、刚果民主共和国和卢旺达)的科研机构合作，建立一个生物多样性的数据网络。LINCAOCNET 数据库就是在 CABIN 项目开展的大背景下由 CRBG 创办的(见 13.1 节)。

伦敦的自然历史博物馆是世界上昆虫收藏最丰富的博物馆之一，对昆虫文化表现出极大的兴趣，它们在伦敦购物中心举办了一个以食用昆虫(Fairman，2010)为主题的巡回展览。此外，维多利亚昆虫动物园，位于加拿大不列颠哥伦比亚省，为游客提供了昆虫互动活动。

13.2.3　最近的主要成果

食用昆虫的研究集中在当地人的传统饮食习惯上。Julietta Ramos Elorduy 已经发表了许多令人印象深刻的关于墨西哥食用性昆虫的文章，其中有 1977 年至目前的研究(详见 13.1 节)。具有里程碑意义的是于 2005 年出版的《小型家畜的生态影响：潜在的昆虫、啮齿动物、青蛙、蜗牛》。该书是由意大利帕多瓦大学教授 Maurizio G. Paoletti 编著的。这本书的出版得益于很多其他作者的贡献，其内容涵盖了世界各地食用昆虫的方方面面。

已经有三次国际会议强调了食用昆虫的重要性。

- 2000 年，在巴黎举行了一场以昆虫为传统的口头文学和传统会议，会议以民族为导向，以食用昆虫为主题，于 2003 年出版(Motte-Florac and Thomas，2003)。
- 2008 年 2 月，FAO 在泰国清迈举办了一个研讨会 Forest Insects as Food: Humans Bite Back。它的重点在于亚太地区的食用昆虫。
- 2012 年 1 月，FAO 和荷兰瓦赫宁根大学联合举办了关于评估昆虫作为食品和饲料潜力的专家磋商会议，其目的是确保罗马 FAO 粮食安全(参见 1.2 节)。

在过去几年，将昆虫作为食品和饲料来源的话题已经引起了媒体的强烈关注，包括国际和全国性报纸、电视台等媒体都有相关话题的文章和纪录片报道。当地媒体的作用是帮助制订公共决策，如将昆虫作为食品和饲料的法规评论。

13.3 利益相关者的角色

利益相关者沟通策略必须是全面综合的，应以地域、文化、居民点(农村、城市)、经济、环境、营养、美食和传统等为目标。在发展中国家，城市、城郊和农村社区需要不同的方法。

13.3.1 政府机构

政府机构在促进昆虫作为食品和饲料方面扮演着重要的角色。特别是，作为一种可行的(环保的)传统食品和饲料替代行业，该部门需要政府机构解决以下问题。

- 相关部委之间的意识和协作，如农业、健康和环境。
- 执行现有政策和创造新政策，如食品和饲料法规。
- 鼓励措施，旨在促进建立研究、开发部门，以及毕业生和研究生培训。
- 创建私营部门投资和技术发展的鼓励措施。
- 通过农业技术推广服务提供可持续昆虫采集和昆虫养殖技术援助。

政府奖励的一个例子是 3 年 300 万欧元的欧盟 FP7 项目“昆虫作为一种新型的蛋白质来源”。这个集体研究项目在 2013 年下半年开始，多所大学和公司研究饲养方式并将昆虫加工为饲料。

有效的沟通策略需要将昆虫作为食品和饲料区分开，通过使用记录文献，尽量减少有关昆虫消耗的轰动效应，增加可信度。要考虑为各国政府、国际机构、私营部门和非政府组织之间制定有效的沟通策略；为不同的人群筛选消息；对将昆虫作为食品的人给予奖励；使用成功的经验和最佳做法/经验来促进昆虫消费：包括(本地)媒体参与以提高对昆虫的认识，建立一个将昆虫作为食品和饲料的重要性和机会的通信工具包，并寻求名人代言，以提高公信力。

13.3.2 行业

工业生产者已经开始和知识机构合作，着手对昆虫的研究和开发，以期达到将数据资料、文献、经济学、方法和实践等分散的信息集中起来的目的，为投资选择提供参考基础。在议事日程上可以进一步推动昆虫基础设施、研究和技术上的投资，以及通过向公众进行产品营销来提高知名度。

这个行业与监管机构和政策制定者有着良好的联系。这可能需要通过促进政府机构法规的改进赢得积极主动的局面。

昆虫蛋白技术行业也可以制订一个私营部门路线图。在 2012 年 1 月的专家咨询会议上，私营部门的利益相关者强调有必要建立一个国际行业协会来支持昆虫部门。这些措施包括有效提高广大市民的认知能力及工业利益相关者对共同语言的使用，以避免混乱，并帮助确保有效的营销。

13.3.3 非政府组织

在提高认识可食用昆虫及促进昆虫饲养作为多元化的生活策略方面，非政府组织发挥了显著作用。面向环境问题的非政府组织可以通过在当地社区政府游说和实践经验，来加强可持续采集的指导方针。非政府组织也可以提高人们的认识，这已经在非正式活动上有所显示，并在发达国家和发展中国家的政治议程的环境战略上促进昆虫作为食品和饲料。

此外，非政府组织可以为农村、城郊和城市家庭间的市场联系、创业、国内昆虫的饲养和生产者的目标识别(如自给、半商业化和商业企业)进行协助技术培训。此类项目的例子是荷兰和贝宁 BugsforLife 的昆虫中心。

网上提供的其他资源包括 The Bay Area Bug Eating Society 和广受欢迎的网站 Girl Meet Bug，编辑者为 Daniella Martin。

13.3.4 美食企业

使昆虫变得美味和有吸引力是昆虫食品企业面临的最大挑战之一。在哥本哈根的北欧食品实验室(信息栏 13.6)和伦敦 Ento 项目的主动行动是最适合的例子。这些组织致力于优化色彩、质地、口味和风味，使昆虫接近于西方人的饮食口味。东京 Mushikui (食虫) 节日尝试恢复食用昆虫在日本的(信息栏 13.7)欢迎度。

信息栏 13.6 北欧食品实验室

你怎么看待将不能食用的东西，像昆虫，重新归类为食用？普遍而言，烹饪和科学的众多能力之一，就在于它可以为我们带来对世界新的认识和欣赏观。将整只蟋蟀放入盘中当菜肴盛出，或者其他将食用昆虫常规化的尝试，可能会使昆虫的食用性成为一大难题。在这种情况下，显然将原始材料转化成被认可的美味来得更加实际。如果食品的外观、气味和口味都非常可口，它一定是可食用的。

北欧食品实验室的战略是基于以下假设：与当代文化不同的是，这类东西必须首先是可食用的，它们被认为是截然不同的，尽管有相互重叠，如维恩图(Venn diagram)。有些食物是可食用的，但不一定美味(如“野草”)，有些食物是美味的，但大众常识对其食用性还有待商榷。这就是北欧食品实验室要推动的——探索各种美味的口味，以便将越来越广泛的食物融入可食用的范围。

北欧食品实验室是一个非营利组织，通过传统和现代烹饪法、北欧美食厨师、业界和公众产生的知识来探讨基础材料。大部分的研究都集中在植物、海草、贝壳类、猎物和食用昆虫等野生食品方面。

资料来源：Nordic Food Lab，2012。

信息栏 13.7 Konchu 料理研究会

在日本，Konchu 料理研究会(昆虫料理研究协会)承认日本料理昆虫美食在日本历史上是存在的。该组织于 2012 年举办了东京食虫节(Mushikui)，该活动是第 4 次举办，第一次只有 30 人参加，但之后人数增加了一倍多。

传统的日本料理中有很多昆虫菜肴。例如，sanagi，一道蚕的美食，过去是一个相当普遍的菜，还可以做成罐头。以前常见的其他美味佳肴还有 inago(蝗虫，用糖和酱油调味)、hachinoko(蜜蜂幼虫)和 zazamushi(石蝇幼虫)等。然而，如今许多日本人，从来没有尝试过这样的菜肴。东京 Mushikui 节日背后的目的是重振这些传统的饮食文化，并激起人们对新口味的兴趣。

资料来源：改编于 Tempelado，2012。

北欧食品实验室大部分的工作是探讨可食性与美味之间的关系，探讨的问题如：是什么让东西很好吃，原因是什么？北欧食品实验室通过探索各种风味，旨在将“不可食用的东西”转变成可食用的成分。海藻食物几年前在西方被认为是外来物种或小市场食品，但现在，在某些地方它被认为是新的多功能食物，因为它是如此美味(Nordic Food Lab， 2012)。烹饪研究和开发的领军者说，味鲜，是新美食发展的第一步，也是最重要的因素。用蜜蜂幼虫制造的蛋黄酱，不是因为它新奇，而是因为它的天然和更令人满意的味道——其独特的美味(Baines，2012)。

Ento 项目是介绍西方饮食中食用昆虫的路线图。皇家艺术学院和伦敦帝国学院的设计师以创新设计为导向解决了可持续发展问题。Ento 致力于接受并提议建立有关昆虫的文化。以 Ento 寿司作为最近接受的食品的一个例子，并用它作为其设计理念的灵感。他们为将昆虫作为一种新的食品创造了一个路线图，侧重于不同阶层不同群体的市民。背后的逻辑是，不是每个人都会突然开始吃新的食品，因此在将它作为超市中一个日常的食品之前有必要将喜欢冒险的用户作为最终目标。

Ento 进行了各种昆虫加工的品尝测试，并得出这样的结论：为推行这家公司的整体品牌，食品设计中增加抽象力是至关重要的。他们通过特有的方式抽象化昆虫食品作为动物本身，并强调将昆虫作为食品是清洁的、人性化操控和有前途的。Ento 进行的品尝测试实验中使用了不同类型的处理方式，如煮沸、油炸和烘烤。基于一种叫作分子食品配对的技术，他们已经创建了一个食物数据库，可以利用昆虫创建新的食谱(Ento，2012)。

在旧金山，好奇的市民排队等候购买 Don Bugito Prehispanic Snackeria 公司旗下 Monica Martinez 公司的蜡蛾幼虫玉米饼和黄粉虫冰淇淋。这家公司忠实于墨西哥传统食品，因为其具有较高的营养价值并有利于可持续发展(详见 6.3 节)。

工业规模下，肉类行业可以用来作为昆虫加工产品开发模型试验。正如加工肉类食品中含有非肉类成分，昆虫的产品中也可以含有非昆虫的成分。此外，还需要考虑一些昆虫产品的物理和化学性质，如结构、pH 的变化、颜色、保水能力和味道。

14 昆虫食品安全中的监管体系

生产、贸易和利用食用昆虫作为食品及饲料涉及广泛的监管领域，包括从产品质量的保证，到昆虫养殖对环境的影响。本章中所指的监管框架，包括在国家和国际层面的立法、标准及其他监管工具(具有法律约束力或其他方式)，在调节昆虫作为食品和饲料方面都将有一定的作用。昆虫的利用和保护监管框架，如生物多样性的保护、疾病控制、病虫害综合防治、环境卫生、消灭害虫等领域，卫生部门没有在此讨论到。

近年来，经济全球化和日益增长的消费群体对食品安全及生产方式的关注极大地改变了消费模式。由于原材料及食品添加剂的全球贸易，食物链变得更长、更为复杂。由此，食品安全和贸易食品的质量问题引起了越来越多的关注，食品和饲料的监管框架管理也在近 20 年来发生了巨大的变化。

在很多社会中，昆虫并不被用来当作食品或饲料，而且，它们也很少会在食品/饲料监管机构的职权范围内。在国家和国际水平的标准及法规中承认可以使用昆虫作为食品和饲料成分是罕见的(信息栏 14.1)。

信息栏 14.1 联合国粮食及农业组织法律数据库

FAOLEX 是一个全面和最新的电脑立法数据库，是世界上最大的国家法律和法规食品、农业和可再生自然资源的电子馆藏数据库之一。数据库的资源是免费的，可在线使用(http：//faolex.fao.org)。在 FAOLEX 使用关键字“昆虫”进行搜索(2013 年 2 月 29 日)，会产生 937 条处理与昆虫有关问题的法律(超过 50 个国家)，主要涉及卫生和农业病虫害防治部门。有关养蜂、养蚕的法律法规在蚕业和蜂业发达的国家已经建立并完善。有几个国家建立了关于昆虫食品的杂质允许的最大范围。在数据库中找不到可参考的昆虫作为食品或饲料成分使用的国家法律或法规。因此，使用昆虫作为食品和饲料的特定立法规范尚待开发。

现有法规中最多规定了昆虫在食品中的最大限制含量。可以找到在生产干物质产品方面添加昆虫的法规，如谷物、面粉、花生、黄油、水果、香料和巧克力等方面。

专项立法的缺失不是因为风险可以被忽略，而是因为昆虫在食品或饲料中的数量在当前是可以被忽略的。如果昆虫在食品或饲料中作为一种更广泛应用的成分，就需要进行风险评估，也要创建一个合适的监管框架。

例如，根据美国食品和药品监督管理局(FDA)，Food Defect Action Levels 的规定，当平均污染水平低于每 100g 面粉 150 个昆虫碎片时不会造成任何内在的健康危害。表 14.1 给出的是关于对人类食品中昆虫污染最大允许水平的其他例子(低于这种污染不被视为有害健康)。

表 14.1　食品被昆虫污染的最大允许水平

产品型号	昆虫污染类型	最大允许水平
甜玉米罐头	昆虫幼虫(玉米果穗虫或玉米螟)	每 24 磅*有两个或两个以上的 3mm 或更长的幼虫，蜕皮幼虫，昆虫总长度或部分长度超过 12mm
柑橘罐头	昆虫和昆虫卵	每 250ml 有 5 个或更多的果蝇和其他虫卵或每 250ml 有 1 个或多个蛆
冷冻西兰花	昆虫和螨	每 100g 平均有 60 个或更多的蚜虫/蓟马/螨
酒花	昆虫	平均每 10g 超过 2500 个蚜虫
地面百里香	昆虫污垢	平均每 10g 有 925 个或更多的昆虫碎片
地面肉豆蔻	昆虫污垢	平均每 10g 有 100 个或更多的昆虫碎片

* 1 磅= 0.453 592kg。

资料来源：USFDA，2011

昆虫的"杂质"，实际上可能对健康有益。例如，人们在水稻饮食区域通常摄取稻象甲(*Sitophilus oryzae*)幼虫，这也被认为是维生素的重要来源(Taylor，1975)。

对于发达国家来说，昆虫作为食品和饲料缺乏相应的法规，是由于用于提供以昆虫为食品和饲料的工业部门发展有限，可提供的量也很少。

14.1　面对的主要障碍

愿意建设工业规模的昆虫饲养工厂的投资者、农民和企业家，发现有适当的法规和法律非常困难。在许多国家，昆虫用作食品和饲料缺乏法律框架，被认为是投资者的一个主要障碍(信息栏 14.2)。

据一些生产食品和饲料昆虫的生产者来说，建立昆虫市场和进行贸易的障碍因素包括以下几个。

- 作为人类食用消耗和饲料的昆虫养殖和销售的法规和立法不清楚确实是一个障碍。例如，在美国，FDA 的 *Food Defect Action Levels* 列出了食品中允许昆虫碎片的百分比，但是昆虫作为食品似乎不属于任何类别。在欧盟，欧洲新型食品法规[法规(EC) No.258/97](European Commission，1997)，在 1997 年 5 月 15 日把不用于人类消费的食品和配料调控到一个显著的程度，限制昆虫贸易，即使它们在其他国家被消费(Lähteenmäki-Uutela，2007)。

信息栏 14.2 在欧盟建立市场的障碍

养殖昆虫在欧盟的主要障碍包括以下方面。

- 农场设立严格的卫生法规。
- 缺乏大规模饲养昆虫的指导方针。
- 缺乏明确哪些昆虫是被欧盟新食品市场授权的。
- 截至 1997 年 5 月 15 日前有限的物种食用限制信息中，昆虫需要作为一种新型食品进行分类(信息栏 14.3)。
- 最近欧盟对饲养家禽、猪和养殖鱼类，以及加工动物蛋白(PAP)的限制中没有提及昆虫。

资料来源：L. Giroud，私人通信，2012。

欧盟喂养动物与昆虫餐的主要立法可以概括如下。

- 饲料原料目录[欧盟委员会法规(EC) No.68/2013]是一份非详尽的清单。因此，原则上，非上市的产品也可以被放置在市场。鼓励饲料生产者具有重要的饲料原料清单。虽然条目列出的“陆生无脊椎动物”都在“昆虫大餐”的一个特定的基础条目 9.16.1 上(“全部或部分陆生无脊椎动物，包括除了对人类和动物致病的种类之外的所有生命阶段，有或没有处理过的如新鲜、冷冻、干燥)。但是特殊的词条如“昆虫餐”还不存在。这样的列表清单可以通过欧盟饲料链的利益相关者主动专责小组制定。
- 根据法规(EC) No.1069/2009，昆虫餐是一种半流质食物，必须符合标准进行处理，法规(EC) No.1069/2009 把昆虫和其他无脊椎动物(适合，但不用于人类食品链)划分为 3 类。因此，它们适合作为家畜饲料，尤其是鱼、家禽和猪。

然而，法规(EC) No.1069/2009、法规(EC) No.999/2001 禁止用异常的水解蛋白[1]喂养受影响的养殖动物；来自昆虫的蛋白质属于定义 PAP[2]。因此，目前在欧盟昆虫餐不能被用作食品生产的动物饲料，只允许被馈送给宠物。参照法规(EC) No.999/2001(“BSE”调节)，欧盟当局在各级支持禁止用昆虫蛋白喂养农场动物。然而，在其原来的版本中，BSE 调控只禁止利用来自于哺乳动物的蛋白质作为饲料。在目前版本的序言和第 7 条第(4)中这仍然是明显的。

1 法规 (EC) No. 999/2001，附件Ⅳ[(由欧盟委员会法规 (EC) No. 1292/2005 修订]。
法规 (EC) No. 1923/2006 和欧盟委员会法规 (EU) No. 56/2013。

2 欧盟委员会法规 (EU) No. 142/2011，附件Ⅰ(5)中有规定。

2012 年 7 月，这一禁令有所松动，同意使用这些 PAP 喂养水产养殖品种。这种变化在 2013 年初正式开始，在 2013 年 6 月 1 日正式生效。一旦某些条件得到满足，欧盟还打算重新授权在猪和家禽上使用 PAP(W. Trunk，私人通信，2012)。

欧盟鼓励自由放养猪和家禽，其中消耗无脊椎动物不仅可以容忍，而且在动物福利和饲料摄入方面都被视为符合正确的程序，因为“自由放养”的家禽和猪吃的昆虫被认为是一种天然饲料。但是，“天然饲料”应不受污染物如重金属、多氯联苯/二噁英或农药污染。

- 了解加工和质量相关的国家和国际信息、小生产者之间的联网存在困难，以及在发达国家中缺乏大量用于人类消费的要求。
- 消费者和采购商对现有市场缺乏认识，导致市场需求低迷。
- 形成供人食用的昆虫市场很困难，因为它们被视为不卫生。

14.2　法律框架和标准化

国际标准可以作为各国设立关于食品和饲料监管框架的有用基础。将立法与国际标准(特别是食品法典委员会标准)保持一致，有利于促进遵守贸易规则，并有利于促进食品及饲料产品的贸易(信息栏 14.3)。

信息栏 14.3　食品法典

参考国际标准，食品法典委员会将昆虫作为食品和饲料成分使用，从安全性和质量的角度看，这可以作为国家关于昆虫生产食品和饲料使用立法的参考标准。

虽然食品法典不包含将昆虫作为新鲜食品和加工饲料的具体标准，但“昆虫”都包含在食品法典标准的“杂质”中。例如，152-1985 法典标准规定，小麦粉应无：

- 异常口味、气味和活昆虫。
- 不洁物(动物源性杂质，包括死的昆虫)数量可能代表了对人体健康造成危害的程度。

1963 年联合国粮食及农业组织和世界卫生组织成立了国际食品法典委员会，主要保护消费者的健康和确保食品贸易中的公平贸易[1]。目前，委员会有

1 见食品法典委员会的主页：www.codexalimentarius.org。

185 个成员——184 个成员国，1 个成员组织(欧盟)和 204 名观察员。食品法典委员会制定了统一的国际食品标准、准则和行为守则，以促进国际食品贸易的安全、质量和公平。食品法典委员会的标准以独立的国际风险评估机构和特设协商的最佳科学协助为基础，由联合国粮食及农业组织和世界卫生组织制定。虽然其成员都是自愿的，但在许多情况下，基础法典标准作为国家立法基础来服务。

根据世界贸易组织(WTO)协议在实施卫生与植物卫生措施协定(SPS 协定)上的应用，国家立法与食品法典委员会标准相一致，被认为与 SPS 协定产生的国际义务相符合。根据 SPS 协定：

成员应依据其国际标准的实施卫生与植物卫生措施协定、准则或建议……卫生或植物检疫措施符合国际标准、指南或建议，应被认定为由有关的协定和“1994 年关贸总协定”的规定(第 3 条第 1 款和第 2 款)所组成。

这些食品安全的“国际标准、准则或建议”，反过来，定义为：食品法典委员会法典制定的关于食品添加剂标准、准则和建议，涉及食品添加剂、兽药和农药残留、污染物、分析和抽样方法、代码和卫生规范[SPS 协定附件 A，第 3(a)]。

与那些由食品法典委员会设置的措施相比，世界贸易组织有意申请更严格的食品安全措施，可能需要证明这些措施的科学性(WHO/FAO，2012)。

有关昆虫食品和饲料生产使用的具体法律条文，通过使用行业处理将有助于控制和调节昆虫的使用，并保证消费者获取信息。为了这个目的，监管机构将对使用昆虫的种类和数量进行相关的潜在风险评估。保护消费者利益的法律，可能集中在食品包装上显示的信息和对消费者有效的信息，这些信息是进行昆虫对人类健康影响风险评估的结果。

2010 年，老挝人民民主共和国政府建议 FAO/WHO 食品法典协调委员会为亚洲区域推行建立家蟋蟀贸易和食品开发安全标准，这项提议未被接受，然而，正如数据所显示的，对于这项行动，目前还没有一个确切的昆虫贸易标准来保证(FAO，2010a)。

关于将昆虫作为饲料使用的饲料行业的具体立法游说正在发展。关于国内方面游说正在进行(包括由美国公司的私营部门主导的活动来获得 FDA 允许使用昆虫饲料的批准)，欧洲方面的游说同样在进行。

供人食用的昆虫和节肢动物，被称为微家畜，对它的养殖是一种新兴的无害的畜牧业。最近，由于饲料行业的大力游说、倡议，已经开始为实现关于水产养殖饲料和作为人类食品较低程度发展的法规和标准的发展创造了一个有利环境。

例如，目前在欧洲层面上，基于昆虫饲料的质量和安全标准正在接受审查。

昆虫的生产和消费也应分析其对人类健康和生物多样性潜在的影响，以及昆虫生产、释放的物质的潜在环境危害，包括外来昆虫物种意外释放的物质。风险评估和控制措施应针对潜在疾病的暴发，这些疾病的暴发可能危害人类或动物健康和植物保护。其他领域的立法可能包括调节国家之间对活体昆虫种源的贸易。

将昆虫作为食品和饲料往往出现在一个新兴的行业中，2012 年 1 月在罗马针对确保粮食安全召开了发展潜力评估会议，通过了专家磋商会议鉴定。除了公共的国家标准和国际标准的发展，通过昆虫生产者/处理器的自动调节和在该领域的其他利益相关的自律也有助于促进协调和互认。这可能包括制定标准、规范的做法/标准和产品质量的指标，以争取公信力。

新型食品的概念作为指导昆虫作为人类食品发展的规则和标准，是指在该地区或国家，食品的生产不具备人类食用的历史。关于国家立法的新型食品定义的实例是：

- “在澳大利亚或新西兰不具有人类消费历史的食品”(澳大利亚、新西兰食品标准法典——标准 1.5.1)。
- “一种物质，包括微生物，作为食品没有一个可以安全食用的历史” [加拿大食品和药物法规(C.R.C.，c.870) – B.28.001]。

新型食品这个词可能包括可食用的昆虫、油、浆果和食品生物技术(包括转基因食品)。生物技术商品可被认为是一种新型的全球范围内的食品，但是对于天然产物衍生的食品，在一些国家是新颖的，而在其他国家可能代表了一些正常的膳食摄取物。有人曾建议，“人类使用的悠久历史”意味着人类有意使用或消费的昆虫，不会构成重大风险(Banjo et al.，2006b)。然而，在一些发达国家和地区，如美国、加拿大和欧盟，一些可食用的昆虫物种上市前作为一种新的食品或成分可能需要对其进行安全评估和授权销售(信息栏 14.4)。

信息栏 14.4　由欧洲委员会定义的新型食品

欧洲议会 No.258/97，3(1)法规(EC)，和 1997 年 1 月 27 日关于新食品和新型食品配料的理事会认为根据 1997 年 5 月 15 日前的“新食品”和“新资源食品配料”欧盟会议，在一定程度上食品和食品原料尚未用于人类消费。

根据该法规，这种新的食品和新食品成分必须是(其中包括)(EC，1997)：

- 确保消费者的安全。
- 正确标记不误导消费者。

在每个个别品种/产品被放置到市场上之前，欧盟有义务对标签和指标进行风险评估(上市前的安全评估)。

欧洲食品安全局(EFSA)，其功能是确保欧洲食品对消费者安全，对未来的新型食品进行风险评估。2011年欧洲食品安全局就开始对食用昆虫识别的传媒机构数据进行分析和信号检测。在此过程中，欧洲食品安全局开始收集关于这一主题的更多信息。欧盟正在资助一个项目——作为一个潜在的蛋白源饲料对昆虫进行调查(KBBE 2012.2.3-05，见第 13 章)，EFSA 也参与了在该行业的网络。2011 年在饮食中包括昆虫作为一种新型食品，上市前需要设置安全评估，EFSA 将被要求进行风险评估。

新型食品概念出现，可能会造成沉重的行政负担和成本。因此，虽然它可以保护消费者的健康，但可能只有小规模的农民愿意饲养这种“新奇”昆虫物种。欧盟对于人类食品昆虫的使用，目前的建议是将所有的昆虫考虑为一种新型的食品，除了 1997 年之前在欧洲饲养的最常见的 5～10 个昆虫物种(仍有待定义)。

在食用昆虫种类并不新颖，而且有一个安全使用历史的国家，监管机构最有可能需要进行风险评估，并且需要提供附加信息，如病原体/昆虫的组合，哪些措施是有效的。

在制定规范性框架并调整包括昆虫食品的法律上，仍有许多工作需要做，许多问题需要考虑。因此，于 2012 年 1 月的专家咨询会议上，工作组为监管框架制定了以下建议(FAO，2012f)。

- 科学家、行业和监管机构需要积极合作，有助于在行业中自动调整。分析关于食品和饲料成分现有的政策和法规是必要的，可以通过以下来实现。
  —与相关监管机构及其主要联络人进行联络。
  —识别障碍，并找出需要有待提高的现有框架。
- 制定新的政策是必要的。听取监管机构找出什么是可以预期的是必要的，谁可能会是破坏具体规定并与零售商合作的消费者。一个有趣的模式例子促进这样的咨询就是促进全球农业的实践举措。要考虑新规的例子包括根据污染物营养成分标签来要求质量标准、质量控制和质量保证准则；环境影响评估；动物的饲料要求(例如，粪便能使用吗？)
- 公共部门和私营部门的监管规章制度将需要在国家和国际层面上进行标准化。

对任何产品保证安全明确的界定是必要的。可行的生产做法(包括卫生措施)需要开发，可以以其他行业为榜样。私人和公共的标准，可以作为建立关于将昆虫作为食品和饲料的统一监管的基础。制定法律框架，巩固和设置具有约束力的规定，并确保整个行业有关条文的实施和执行。由于昆虫种类的多样性和加工方法，通过私人或公共标准的国际协调将对某些部门起积极作用，却很难实现，需要解决这种困境。

对食用昆虫规章制度的建议如下。

- 在国家和国际层面促进将昆虫作为食品和饲料的私人和公共标准化，上市前进行安全评估(根据食品法典委员会，以及其他标准制定组织)。
- 促进建立适当的国际、国家标准和法律框架，以方便昆虫在食品和饲料行业使用的发展和正规化。
- 在起草和实施关于昆虫生产和使用的监管框架时，需考虑昆虫生产和饲养环境、昆虫国际贸易产生的潜在影响，这就迫使管理者专注于其管理的宽广范围，包括植物卫生法律、生物多样性、疾病控制与环境。

15 展 望

最近的研究表明，食用昆虫是一个很有前途的发展方向，能够用来代替传统的肉类，无论是直接用于人类消费还是作为原料间接使用。人们充分认识到昆虫作为食品和饲料的潜力还有大量的工作需要去做。2012 年 1 月在罗马举行的咨询会上，专家制定了路线图，评估了昆虫作为食品和饲料的安全性。主要有以下任务。

- 为了更有效地促进昆虫作为一种健康食品源，进一步说明昆虫的营养价值。
- 如果把食用昆虫当作农业产业去发展，一定会对食用昆虫进行一定量的采集，那么和传统的种植业及畜牧业的做法相比，发展食用昆虫对环境所带来的影响有多大，我们要进行的调查研究就有多久。
- 很明确的一件事是社会经济的增加有利于食用昆虫的发展，如果把昆虫当作农业产业去发展，将会填补食品业中的一大空白，将有利于食品的安全。
- 在国家层面制定一个清晰和全面的法律框架，可以为大量投资者铺平道路，全面发展昆虫食品饲料的生产和国际贸易(从家庭规模到产业规模)。

在这种情况下，我们要向消费者表明食用昆虫不仅有利于身体健康，还有利于我们的地球家园。此外，我们应提倡和鼓励社会包容性活动，如养虫等。饲养昆虫需要很少的技术知识和资本投资，因为它并不需要门槛或自己拥有土地。即使是社会最贫穷的群体也能饲养。在未来，作为传统的动物蛋白价格增加，比起常规生产的肉类和捕捉的海鱼，昆虫可能成为一个更便宜的蛋白质来源。对于出现的这种情况，将需要显著的技术创新，消费者喜好的变化，制定包括昆虫食品和饲料的法规，进行可持续的昆虫食品生产。

由于其营养价值高、低碳、土地要求低、高产量，昆虫可以促进粮食安全和成为蛋白质短缺的解决方案的一部分。昆虫可以作为动物和鱼的饲料，动物和鱼产生的废弃物和粪便经过生物降解变成有机质，这样既可以堆肥也可以净化环境。昆虫可以替代部分畜、禽和水产养殖业中日益昂贵的以蛋白质为原料的复合饲料。现在作为牲畜饲料的谷物，往往占到肉生产成本的一半，可以用来当作粮食食用(van Huis，2013)。

鉴于以上考虑，昆虫已经在许多国家成为人类饮食的一部分，因此对它们的潜在需求需要重新评估，要想保持昆虫产业的可持续发展，必须确保它们能生存繁殖下去，可以加大对它们栖息地的保护，以使它们的种群发展壮大。应该把它们作为食品/饲料来收获，同时可以对害虫进行控制。我们需要开发一些有前途的昆虫物种。并尽可能使它们的饲养方法简单易懂。由于在热带地区缺铁、缺锌比较普遍，食用昆虫微量营养素的生物利用度(特别是铁和锌)需要进一步调查。

在西方世界，消费者的接受能力在很大程度上将取决于定价、感知的环境效益和有关美味昆虫的餐饮业的发展。为了增加保质期，我们需要保鲜和提高加工技术和质量，使人们更能接受昆虫食品。对于昆虫饲料我们还需要改造昆虫蛋白粉在动物/鱼原料的处理程序。提取出来的昆虫蛋白还可以用在食品工业中，使用自动化设施大量饲养进行可靠生产。

考虑到需要大量的昆虫，以取代目前的鱼粉、鱼油和大豆等富含蛋白质的成分，为了确保成本效益，我们还要开发生产稳定、可靠、安全的产品，昆虫含有的高蛋白和一贯可靠的品质，要想进行安全可靠生产，需要制定监管框架。产业界、学术界和政府的密切合作将是成功的关键。

参考文献

Aarnink, A.J.A., Keen, A., Metz, J.H.M., Speelman, L. & Verstegen, M.W.A. 1995. Ammonia emission patterns during the growing periods of pigs housed on partially slatted floors. *Journal of Agricultural Engineering Research*, 62(2): 105–116.

Acuña, A.M., Caso, L., Aliphat, M.M. & Vergara, C.H. 2011. Edible insects as part of the traditional food system of the Popoloca town of Los Reyes Metzontla, Mexico. *Journal of Ethnobiology*, 31(1): 150–169.

Adamolekun, B. 1993. *Anaphe venata* entomophagy and seasonal ataxic syndrome in southwest Nigeria. *Lancet*, 341(8845): 629.

Adamolekun, B., McCandless, D.W. & Butterworth, R.F. 1997. Epidemic of seasonal ataxia in Nigeria following ingestion of the African silkworm *Anaphe venata*: Role of thiamine deficiency? *Metabolic Brain Disease*, 12(4): 251–258.

Ademolu, K.O., Idowu, A.B. & Olatunde, G.O. 2010. Nutritional value assessment of variegated grasshopper, *Zonocerus variegatus* (L.) (Acridoidea: Pygomorphidae), during post-embryonic development. *African Entomology*, 18(2): 360–364.

Adriaens, E.L. 1951. Recherches sur l'alimentation des populations au Kwango. *Bulletin Agricole du Congo Belge*, 42(2): 227–270.

Agea, J.G., Biryomumaisho, D., Buyinza, M. & Nabanoga, G.N. 2008. Commercialization of *Ruspolia nitidula* (Nsenene grasshoppers) in Central Uganda. *African Journal of Food Agriculture and Development*, 8(3): 319–332.

Agriprotein. 2010. Agriprotein. (available at www.agriprotein.com). Accessed October, 2012.

Aguilar-Miranda, E.D., Lopez, M.G., Escamilla-Santana, C. & Barba de la Rosa, A.P. 2002. Characteristics of maize flour tortilla supplemented with ground *Tenebrio molitor* larvae. *Journal of Agricultural and Food Chemistry*, 50(1): 192–195.

Akpalu, W., Muchapondwa, E. & Zikhali, P. 2009. Can the restrictive harvest period policy conserve mopane worms in southern Africa? A bioeconomic modelling approach. *Environment and Development Economics*, 14(5): 587–600.

Aldrich, J. 1988. Chemical ecology of the Heteroptera. *Annual Reviews of Entomology*, 33: 211–238.

Allotey, J. & Mpuchane, S. 2003. Utilization of useful insects as food source. *African Journal of Food, Agriculture, Nutrition and Development*, 3(2): 1–6.

Amadi, E.N., Ogbalu, O.K., Barimalaa, I.S. & Pius, M. 2005. Microbiology and nutritional composition of an edible larva (*Bunaea alcinoe* Stoll) of the Niger Delta. *Journal of Food Safety*, 25: 193–197.

Amar, Z. 2003. The Eating of locusts in Jewish tradition after the Talmudic period. *The Torah u-Madda Journal*, 11: 186–202.

Anand, H., Ganguly, A. & Haldar, P. 2008. Potential value of acridids as high protein supplement for poultry feed. *International Journal of Poultry Science*, 7(7): 722–725.

Anderson, S. J. 2000. Increasing calcium levels in cultured insects. *Zoo Biology*, 19(1): 1-9.

Auerswald, L. & Lopata, A. 2005. Insects: diversity and allergy. *Current Allergy & Clinical Immunology*, 18: 58–60.

Austin, A.D., Yeates, D.K., Cassis, G., Fletcher, M.J., La Salle, J., Lawrence, J.F., McQuillan, P.B., Mound, L.A., Bickel, D.J., Gullan, P.J., Hales, D.F. & Taylor, G.S. 2004. Insects "Down Under": diversity, endemism and evolution of the Australian insect fauna: examples from select orders. *Australian Journal of Entomology*, 43(3): 216–234.

Awoniyi, T.A.M., Adetuyi, F.C. & Akinyosoye, F.A. 2004. Microbiological investigation of maggot meal, stored for use as livestock feed component. *Journal of Food, Agriculture & Environment*, 2(3&4): 104–106.

Ayieko, M.A., Kinyuru, J.N., Ndong'a, M.F. & Kenji, G.M. 2012. Nutritional value and consumption of black ants (*Carebara vidua* Smith) from the Lake Victoria region in Kenya. *Advance Journal of Food Science and Technology*, 4(1): 39–45,

Ayieko, M.A., Ndong'a, M.F.O. & Tamale, A. 2010. Climate change and the abundance of edible insects in the Lake Victoria Region. *Journal of Cell and Animal Biology*, 4(7): 112–118.

Ayieko, M.A., Obonyo, G.O., Odhiambo, J.A., Ogweno, P.L., Achacha, J. & Anyango, J. 2011. Constructing and using a light trap harvester: rural technology for mass collection of agoro termites (*Macrotermes subhylanus*). *Research Journal of Applied Sciences, Engineering and Technology*, 3(2), 105–109.

Ayieko, M.A., Oriamo, V. & Nyambuga, I.A. 2010. Processed products of termites and lake flies: improving entomophagy for food security within the Lake Victoria region. *African Journal of Food, Agriculture, Nutrition and Development*, 10(2): 2085–2098.

Ayieko, M.A. & Oriaro, V. 2008. Consumption, indigeneous knowledge and cultural values of the lakefly species within the Lake Victoria region. *African Journal of Environmental Science and Technology*, 2(10): 282–286.

Bachstez, M. & Aragon, A. 1945. Notes on Mexican drugs, plants, and foods. III. Ahuauhtli, the Mexican caviar. *Journal of the American Pharmaceutical Association*, 34: 170–172.

BACSA. 2011. *Sericulture for multi products: new prospects for development*. Proceedings of the 5th BACSA International Conference, 11–15 April 2011, Bucharest, Romania. (available at www.bacsa-silk.org/user_pic/file/PROCEEDINGS%20SERIPRODEV%202011.pdf)

Bahuchet, S. 1975. Ethnozoologie des Pygmées Babinga de la Lobaye, République Centrafricaine. *In* R. Pujol, ed. *Premier Colloque d'Ethnozologie*. pp. 53–61. Paris, Institut International d'Ethnoscience.

Bahuchet, S. and Garine, L.D. 1990. Recipes for a forest menu. *In* C.M. Hladik, S. Bahuchet & L.D. Garine, eds. *Food and Nutrition in the African Rain Forest*. pp. 53–54. Paris, United Nations Educational, Scientific and Cultural Organization.

Baines, N. 2012. "Waiter, there's a fly in my soup": Insects as food are more than just a gastronomic gimmick. *The Independent*, online edition, posted on 7 September 2012. (available at www.independent.co.uk/life-style/food-and-drink/features/waiter-theres-a-fly-in-my-soup-insects-as-food-are-more-than-just-a-gastronomic-gimmick-8113939.html).

Balasubramanian, A. 1984. *Environmental economics – meaning, definition and importance: towards a philosophy of environmental education*. Singapore, Regional Institute of Higher Education and Development.

Banjo, A.D., Lawal, O.A. & Adeyemi, A.I. 2006. The microbial fauna associated with the larvae of *Oryctes monocerus*. *Journal of Applied Sciences Research*, 2(11): 837–843.

Banjo, A.D., Lawal, O.A. & Songonuga, E.A. 2006. The nutritional value of fourteen species of edible insects in southwestern Nigeria. *African Journal of Biotechnology*, 5(3): 298–301.

Barker, G. 2009. *The agricultural revolution in prehistory: why did foragers become farmers?* New York, USA, Oxford University Press.

Barletta, B. & Pini, C. 2003. Does occupational exposure to insects lead to species-specific sensitization? *Allergy*, 58: 868–870.

Barreteau, D. 1999. Les Mofu-Gudur et leurs criquets. *In* C. Baroin & J. Boutrais, eds. *L'homme et l'animal dans le bassin du lac Tchad: actes du colloque du reseau Mega-Tchad*. pp. 133–169. Paris, Institut de Recherche pour le Developpement, Université Nanterre.

BBC. 2004. Locusts rebranded as 'sky prawns'. (available at http://news.bbc.co.uk/2/hi/asia-pacific/4032143.stm). Accessed April 2012.

Behmer, S.T. 2006. Insect dietary needs: plants as food for insects. *Encyclopedia of Plant and Crop Science*. UK, Taylor & Francis.

Bennett, F. J. 1965. An inventory of the Kiganda foods. *The Uganda Journal*, 29(1): 45–53.

Bequaert, J. 1921. Insects as food. How they have augmented the food supply of mankind in early and recent years. *Natural History Journal*, 21: 191–200.

Bergier, E. 1941. *Peuples entomophages et insectes comestibles: étude sur les moeurs de l'homme et de l'insecte*. Avignon, Imprimerie Rulliere Freres.

Bodenheimer, F.S. 1951. *Insects as human food; a chapter of the ecology of man*. The Hague, Dr. W. Junk Publishers.

Bornemissza, G.F. 1976. The Australian Dung Beetle Project 1965–1975. *Australian Meat Research Committee Review*, 30: 1–30.

Boulidam, S. 2010. Edible insects in Lao market economy. *In* P.B. Durst, D.V. Johnson, R.L. Leslie. & K. Shono. *Forest insects as food: humans bite back, proceedings of a workshop on Asia-Pacific resources and their potential for development*, pp. 131–140. Bangkok, Thailand, FAO Regional Office for Asia and the Pacific.

Bouvier, G. 1945. Quelques questions d'entomologie vétérinaire et lutte contre certains arthropodes en Afrique tropicale. *Acta Trop*, 2: 42–59.

Bourne, G.H. 1953. The Food of the Australian Aboriginal. *Proceedings of the Nutrition Society*, 12: 58–65.

Bradbear, N. 2009. *Bees and their role in forest livelihoods: a guide to the services provided by bees and the sustainable harvesting, processing and marketing of their products*. Non-Wood Forest Products Series 19. Rome, FAO.

Brambell, F.W. 1965. Report of the Technical Committee to Enquire into the Welfare of Animals kept under Intensive Livestock Husbandry Systems. London, Her Majesty's Stationary Office, Great Britain. (also available at www.nhk.nl/downloads/1965_rapport_commissie_brambell.pdf).

Brinchmann, B.C., Bayat, M., Brøgger, T., Muttuvelu, D.V., Tjønneland, A. & Sigsgaard, T. 2011. A possible role of chitin in the pathogenesis of asthma and allergy. *Ann. Agric. Environ. Med.*, 18: 7–12.

Bukkens, S.G.F. 1997. The nutritional value of edible insects. *Ecology of Food and Nutrition*, 36: 287–319.

Bukkens, S.G.F. 2005. Insects in the human diet: nutritional aspects. *In* M.G. Paoletti, ed. *Ecological implications of minilivestock; role of rodents, frogs, snails, and insects for sustainable development*, pp. 545–577. New Hampshire, Science Publishers.

Burrows, C. 2012. Update regarding cochineal extract. In *Starbucks Blog*, posted on 29 March 2012 (available at http://blogs.starbucks.com/blogs/customer/archive/2012/03/29/update-regarding-cochineal-extract.aspx).

Campbell, M. 2011. Bug Appétit: San Francisco's Pre-Hispanic Snackeria. *The World*, posted on 2 November 2011 (available at www.theworld.org/2011/11/edible-bugs-food/).

Cerda, H., Martinez, R., Briceno, N., Pizzoferrato, L., Manzi, P., Tommaseo Ponzetta, M., Marin, O. & Paoletti, M.G. 2001. Palm worm (*Rhynchophorus palmarum*): traditional food in Amazonas, Venezuela. Nutritional composition, small scale production and tourist palatability. *Ecology of Food and Nutrition*, 40(1): 13–32.

Cerritos, R. 2009. Insects as food: an ecological, social and economical approach. *CAB Reviews: Perspectives in Agriculture, Veterinary Science, Nutrition and Natural Resources*, 4(27): 1–10.

Cerritos, R. & Cano-Santana, Z. 2008. Harvesting grasshoppers *Sphenarium purpurascens* in Mexico for human consumption: A comparison with insecticidal control for managing pest outbreaks. *Crop Protection*, 27(3-5): 473–480.

Césard, N. 2004a. Le kroto (*Oecophylla smaragdina*) dans la région de Malingping, Java-Ouest, Indonesie: collecte et commercialisation d'une resource animale non négligeable. *Anthropozoologica*, 39(2): 15–31.

Césard, N. 2004b. Harvesting and commercialisation of kroto (*Oecophylla smaragdina*) in the Malingping area, West Java, Indonesia. *In* K. Kusters & B. Belcher, eds. *Forest products, livelihoods and conservation: case studies of non-timber forest product systems. Volume 1, Asia*. pp. 61–78. Jakarta, Indonesia, CIFOR.

Chadwick, I. 2011. Mescal's history. (available at www.ianchadwick.com/tequila/mezcal_history.htm). Accessed Feburary 2013.

Chagnon, N.A. 1983. *Yanomamo: The fierce people*. New York, CBS College Publishing.

Chapagain, A.K. & Hoekstra, A.Y. 2003. *Virtual water flows between nations in relation to trade in livestock and livestock products*. Value of Water Research Report Series No. 13. Paris, United Nations Educational, Scientific and Cultural Organization.

Chavanduka, D.M. 1976. Insects as a source of protein to the Africain. *The Rhodesia Science News*, 9(7): 217–220.

Chen, P.P., Wongsiri, S., Jamyanya, T., Rinderer, T.E., Vongsamanode, S., Matsuka, M., Sylvester, H.A. & Oldroyd, B.P. 1998. Honey bees and other edible insects used as human food in Thailand. *American Entomologist*, 44(1): 24–28.

Chen, X., Feng, Y. & Chen, Z. 2009. Common edible insects and their utilization in China. *Entomological Research*, 39(5): 299–303.

Chen, Y.I. & Akre, R.D. 1994. Ants used as food and medicine in China. *The Food Insects Newsletter*, No. 7(2): 8.

Cherry, R. 1991. Use of insects by Australian aborigines. *American Entomologist*, 32: 8–13.

Chidumayo, E.N. & Mbata, K.J. 2002. Shifting cultivation, edible caterpillars and livelihoods in the Kopa area of northern Zambia. *Forests, Trees and Livelihoods*, 12: 175–193.

Choo, J. 2008. Potential ecological implications of human entomophagy by subsistence groups of the Neotropics. *Terrestrial Arthropod Reviews*, 1: 81–93.

Choo, J., Zent, E.L. & Simpson, B.B. 2009. The importance of traditional ecological knowledge for palm-weevil cultivation in the Venezuelan Amazon. *Journal of Ethnobiology*, 29(1): 113–128.

Chung, A.Y.C. 2010. Edible insects and entomophagy in Borneo. Edible insects in Lao market economy. *In* P.B. Durst, D.V. Johnson, R.L. Leslie. & K. Shono. *Forest insects as food: humans bite back, proceedings of a workshop on Asia-Pacific resources and their potential for development*, pp. 131–140. Bangkok, Thailand, FAO Regional Office for Asia and the Pacific.

Cohen, A.C. 2001. Formalizing Insect rearing and artificial diet technology. *American Entomologist*, 47(4): 199.

Cohen, J.H., Sánchez, N.D.M. & Montiel-ishinoet, F.D. 2009. Chapulines and food choices in rural Oaxaca. *Gastronomica: the Journal of Food and Culture*, 9(1): 61–65.

Coletto-Silva, A. 2005. Captura de enxames de abelhas sem ferrão (Hymenoptera, Apidae, Meliponinae) sem destruição de árvores. *Acta Amazonica*, 35(3): 383-388.

Collavo, A., Glew, R.H., Huang, Y.S., Chuang, L.T., Bosse, R. & Paoletti, M.G. 2005. House cricket small-scale farming. *In* M.G. Paoletti, ed., *Ecological implications of minilivestock: potential of insects, rodents, frogs and snails*. pp. 519–544. New Hampshire, Science Publishers.

Costa-Neto, E.M. 2003. Entertainment with insects: singing and fighting insects around the world. a brief review. *Etnobiología*, 3: 21–29.

Costa-Neto, E.M. 2012. Estudos etnoentomológicos no estado da Bahia, Brasil: uma homenagem aos 50 anos do campo de pesquisa. *Biotemas*, 17(1): 117–149.

Costermans, J.B. 1955. Het termieten-stoken bij de Logo-Avokaya (vervolg). *Aequatoria*, 18(2): 50–55.

Crook R.J. & Walters, E.T. 2011. Nociceptive behavior and physiology of mollusks: animal welfare implications. *ILAR J*, 52: 185–195.

Cutter, C.N. 2006. Opportunities for bio-based packaging technologies to improve the quality and safety of fresh and further processed muscle foods. *Meat Science*, 74(1): 131–142.

Das, M., Ganguly, A. & Haldar, P. 2009. Space requirement for mass rearing of two common Indian acridid adults (Orthoptera: Acrididae) in laboratory condition. *American-Eurasian J. Agric. & Environ. Sci.* 6(3): 313–316.

Das, M., Ganguly, A. & Haldar, P. 2010. Nutrient analysis of grasshopper manure for soil fertility enhancement. *American-Eurasian J. Agric. & Environ. Sci.* 7(6): 671–675.

Davey, G.C.L. 1994. The "disgusting" spider: The role of disease and illness in the perpetuation of fear of spiders. *Society and Animals*, (2): 1.

Davis, G.R.F. & Sosulski, F.W. 1974. Nutritional quality of oilseed protein isolates as determined with larvae of the yellow mealworm, *Tenebrio molitor* L. *The Journal of Nutrition*, 104(9): 1172–1177.

Decary, R. 1937. L'entomophagie chez les indigènes de Madagascar. *Bulletin de la Société entomologique de France* (9 Juin 1937), pp. 168–171.

DeFoliart, G.R. 1989. The human use of insects as food and as animal feed. *Bulletin of the Entomological Society of America*, 35: 22–35.

DeFoliart, G.R. 1995. Edible insects as minilivestock. *Biodiversity and Conservation*, 4(3): 306–321.

DeFoliart, G.R. 1997. An overview of the role of edible insects in preserving biodiversity. *Ecology of Food and Nutrition*, 36(2–4): 109–132.

DeFoliart, G.R. 1999. Insects as food: Why the western attitude is important. *Annual Review of Entomology*, 44: 21–50.

DeFoliart, G.R. 2002. *The human use of insects as food resource: a bibliographic account in progress*. Wisconsin, USA, Department of Entomology, University of Wisconsin-Madison. (also availabe at: www.food-insects.com/book7_31/The%20Human%20 Use%20of%20Insects%20as%20a%20Food%20Resource.htm)

DeFoliart, G.R. 2005. An overview of role of edible insects in preserving biodiversity. *In* M.G. Paoletti, ed., *Ecological implications of minilivestock: potential of insects, rodents, frogs and snails*. pp. 123–140. New Hampshire, USA, Science Publishers.

DeFoliart, G., Dunkel, F.V. & Gracer, D. 2009. *The Food Insects Newsletter*. Salt Lake City, Utah, USA. Aardvark Global Publishing.

Del Toro, I., Ribbons, R.R. & Pelini, S.L. 2012. The little things that run the world revisited: a review of ant-mediated ecosystem services and disservices (Hymenoptera: Formicidae). *Myrmecological News*, 17: 133–146.

Delong, D.M. 1960. Man in a world of insects. *The Ohio Journal of Science*, 60(4). 193–206.

Diamond, J. 2005. *Guns, germs and steel: a short history of everybody for the last 13 000 years*. UK, Vintage.

Dufour, D.L. 1987. Insects as food: a case study from the northwest Amazon. *American Anthropologist*, 89(2): 383.

Durst, P.B. & Shono, K. 2010. Edible forest insects: exploring new horizons and traditional practices. *In* P.B. Durst, D.V. Johnson, R.L. Leslie. & K. Shono. *Forest insects as food: humans bite back, proceedings of a workshop on Asia-Pacific resources and their potential for development*, pp. 1–4. Bangkok, FAO Regional Office for Asia and the Pacific.

Dyson-Hudson, R. & Smith, E.A. 1978. Human territoriality: an ecological reassessment. *American Anthropologist*, 80(1): 21–41.

Dzerefos, C.M., Witkowski, E.T.F. & Toms, R. 2009. Life-history traits of the edible stinkbug, *Encosternum delegorguei* (Hem., Tessaratomidae), a traditional food in southern Africa. *J. Appl. Entomol.*, 133: 749–759.

Egert, M., Wagner, B., Lemke, T., Brune, A. & Friedrich, M.W. 2003. Microbial community structure in midgut and hindgut of the humus-feeding larva of *Pachnoda ephippiata* (Coleoptera: Scarabaeidae). *Applied and Environmental Microbiology*, 69(11): 6659–6668.

Eisemann, C.H., Jorgensen W.K., Merritt, D.J, Rice, M.J., Cribb, B.W, Webb, P.D. & Zalucki, M.P. 1984. Do insects feel pain? A biological view. *Experientia*, 40: 164–167.

Ekoue, S.K. & Hadzi, Y.A. 2000. Production d'asticots comme source de protéines pour jeunes volailles au Togo: observations préliminaires. *Tropicultura*, 18(4): 212–214.

El-Mallakh, O.S. & El-Mallakh, R.S. 1994. Insects of the Qur'an (Koran). *American Entomologist*, 40: 82–84.

Elvin, C.M., Carr, A.G., Huson, M.G., Maxwell, J.M., Pearson, R.D., Vuocolo, T., Liyou, N.E., Wong, D.C.C., Meritt, D.J. & Dixon, N.E. 2005. Synthesis and properties of crosslinked recombinant pro-resilin. *Nature*, 437: 999–1002.

Ento. 2012. Available at http://cargocollective.com/ento/. Accessed September 2012.

Erens, J., Es van, S., Haverkort, F., Kapsomenou, E. & Luijben, A. 2012. *A bug's life: large-scale insect rearing in relation to animal welfare: Project 1052*. Wageningen, Wageningen University.

Erickson, M.C., Islam, M., Sheppard, C., Liao, J. & Doyle, M.P. 2004. Reduction of *Escherichia coli* O157:H7 and *Salmonella enterica* serovar Enteritidis in chicken manure by larvae of the black soldier fly. *J. Food Prot.*, 67(4): 685–690.

Ernst, W.H.O. & Sekhwela, M.B.M. 1987. The chemical composition of lerps from the mopane psyllid *Arytaina mopane* (Homoptera, Psyllidae). *Insect Biochem.*, 17(6): 905–909.

European Commission. 1997. *Regulation (EC) No 258/97 of the European Parliament and of the Council of 27 January 1997 concerning novel foods and novel food ingredients*. Brussels.

European Comission. 2008. Ecodoptera Project (available at: http://ec.europa.eu/environment/life/project/Projects/index.cfm?fuseaction=home.createPage&s_ref=LIFE05%20ENV/E/000302&area=2&yr=2005&n_proj_id=2897&cfid=16586&cftoken=2e4adf8baa61f2ac-360A2F1D-DAE5-7FE0-A7720CC7129F3210&mode=print&menu=false).

Fairman, R.J. 2010. Instigating an education in insects: the eating creepy crawlies' exhibition. *Antenna*, 34: 169–170.

FAO. 1997a. *Guidelines for small-scale fruit and vegetable processors*. FAO Agricultural Services Bulletin 127. Rome.

FAO. 1997b. *Rural aquaculture: overview and framework for country reviews*. Rome.

FAO. 2003. *State of forest and tree genetic resources in dry zone Southern Africa Development Community countries*. Rome.

FAO. 2004. *Contribution des insectes de la forêt à la sécurité alimentaire: L'exemple des chenilles d'Afrique Centrale*. NTFP Working document No. 1. FAO, Rome. (also available at www.fao.org/docrep/007/j3463f/j3463f3400.htm).

FAO. 2007. *Promises and challenges of the informal food sector in developing countries*. Rome.

FAO. 2009a. How to feed the world in 2050. Paper presented at the High Level Expert Forum, Rome, Italy, 12–13 October. (available at www.fao.org/fileadmin/templates/wsfs/docs/expert_paper/How_to_Feed_the_World_in_2050.pdf).

FAO. 2009b. *Biodiversity and nutrition, a common path*. Rome.

FAO. 2010a. *Development of regional standard for edible crickets and their products*. Paper presented at the Joint FAO/WHO meeting Food Standards Programme: FAO/WHO Coordinating Committee for Asia, Bali, Indonesia.

FAO. 2010b. *Biodiversity and sustainable diets: united against hunger*. Report presented at World Food Day/World Feed Week, 2–5 November, 2010, Rome.

FAO. 2010c. *Expert consultation on nutrition indicators for biodiversity: Volume 2*. Rome.

FAO. 2011a. *Selling street and snack foods*. Rome.

FAO. 2011b. *Small farm for small animals*. Rome.

FAO. 2011c. *State of food and agriculture 2010-2011. Women in agriculture: closing the gender gap for development*. Rome.

FAO. 2012a. *State of the world's forests 2012*. Rome

FAO. 2012b. *State of the world fisheries*. Rome.

FAO. 2012c. Water & poverty, an issue of life & livelihoods. (available at www.fao.org/nr/water/issues/scarcity.html). Accessed November, 2012.

FAO. 2012d. FAO at Rio +20. (available at www.fao.org/rioplus20/en/). Accessed January 2013.

FAO. 2012e. Gender and nutrition. (available at www.fao.org/docrep/012/al184e/al184e00.pdf). Accessed on November, 2012.

FAO. 2012f. Composition database for Biodiversity Version 2, BioFoodComp2. (Latest update: 10 January 2013). Accessed January 2012. (available at www.fao.org/infoods/infoods/tables-and-databases/en/).

FAO/IAEA. 2001. *Manual on the application of the HACCP system in Mycotoxin prevention and control*. FAO Food and Nutrition paper, No. 73. Rome, FAO/IAEA Training and Reference Centre for Food and Pesticide Control.

FAO/WHO. 2001a. *Codex Alimentarius: Joint FAO/WHO Food Standards Programme*. Rome. (available at www.codexalimentarius.org/).

FAO/WHO. 2001b. *Human vitamin and mineral requirements*. Rome.

FAO/WUR. 2012. *Expert consultation meeting: assessing the potential of insects as food and feed in assuring food security*. P. Vantomme, E. Mertens, A. van Huis & H. Klunder, eds. Summary report, 23–25 January 2012, Rome. Rome, FAO.

Farina, L. , Demey, F. & Hardouin, J. 1991. Production de termites pour l'aviculture villageoise au Togo. *Tropicultura*, 9(4): 181–187.

Fasoranti, J.O. & Ajiboye, D.O. 1993. Some edible insects of Kwara State, Nigeria. *American Entomologist*, 39(2): 113–116.

Faure, J.C. 1944. Pentatomid bugs as human food. *Journal Ent. Soc. S. Africa*, 7: 110–112.

FDA. 2011. **Defect levels handbook.** (available at www.fda.gov/food/guidancecompliance regulatoryinformation/guidancedocuments/sanitation/ucm056174.htm). Accessed January 2013.

Feng, Y. & Chen, X. 2003. Utilization and perspective of edible insects in China. *Forest Science and Technology*, 44(4): 19–20.

Feng, Y. & Chen, X. 2009. Reviews on the research and utilization of insect health care foods. *Journal of Shandong Agrcultural University (Natural science)*, 40(4): 676–680.

Feng, Y., Zhao, M., He, Z., Chen, Z. & Sun, L. 2009. Research and utilization of medicinal insects in China. *Entomological Research*, 39(5): 313–316.

Fessler, D.M.T. & Navarrette, C.D. 2003. Meat is good to taboo: Dietary proscriptions as a product of the interaction of psychological mechanisms and social processes. *Journal of Cognition and Culture*, 3(1): 1–40.

Fiala, N. 2008. Meeting the demand: an estimation of potential future greenhouse gas emissions from meat production. *Ecological Economics*, 67: 412–419.

Finke, M.D. 2002. Complete nutrient composition of commercially raised invertebrates used as food for insectivores. *Zoo Biology*, 21(3): 269–285.

Finke, M.D. 2005. Nutrient composition of bee brood and its potential as human food. *Ecology of Food and Nutrition*, 44(4), 257–270.

Finke, M.D. 2007. Estimate of chitin in raw whole insects. *Zoo Biology*, 26, 105–115.

Flood, J. 1980. *The moth hunters: Aboriginal prehistory of the Australian Alps*. Canberra, Humanities Press, Inc.

Friedland, S.R. 2007. *Food and morality: proceedings of the Oxford Symposium on Food and Cookery*. Prospect Books.

Gaston, K.J. & Chown, S.L. 1999. Elevation and climatic tolerance: a test using dung beetles. *Oikos*, 86: 584–590.

Ghazoul, J. 2006. *Mopani woodlands and the mopane worm: enhancing rural livelihoods and resource sustainability. Final technical report*. London, DFID.

Ghesquière, J. 1947. Les insectes palmicoles comestibles. P. Lepesme, ed. *Les insectes des palmiers*, pp. 791–793. Paris, P. Lechevalier.

Giaccone, V. 2005. Hygiene and health features of "minilivestock". *In* M.G. Paoletti, ed. *Ecological implications of minilivestock; role of rodents, frogs, snails, and insects for sustainable development*, pp. 579–598. New Hampshire, Science Publishers.

Giblin-Davis, R.M., Gerber, K., & Griffith, R. 1989. Laboratory rearing of the red palm weevil, *Rhynchophorus cruentatus* and *R. palmarum* (Coleoptera: Curculionidae). *Florida Entomologist*, 72(3): 480–488.

Gitta, A. 2012. Power cuts harm Uganda's grasshopper business. *Deutsche Welle*, online edition. Posted on 3 January 2012 (available at www.dw.de/power-cuts-harm-ugandas-grasshopper-business/a-15634688-1).

Glew, R.H., Jackson, D., Sena, L., VanderJagt, D.J., Pastuszyn, A., & Millson, M. 1999. *Gonimbrasia belina* (Lepidoptera: Saturniidae), a nutritional food source rich in protein, fatty acids and minerals. *American Entomologist* (winter 1999), 45(4): 250–253.

Godfray, H.C.J. 1994. *Parasitoids: behavioural and evolutionary ecology*. Princeton, USA, Princeton University Press.

Gomez, P.A., Halut, R. & Collin, A. 1961. Production de proteines animales au Congo. *Bulletin Agricole du Congo*, 52(4): 689–786.

Gon, S.M., & Price, E.O. 1984. Invertebrate domestication: behavioral considerations. *BioScience*, 34(9): 575–579.

Goodman, W.G. 1989. Chitin: A magic bullet? *The Food Insects Newsletter*, 2(3): 1, 6–7.

Gottschling, S. & Meyer, S. 2006. An edpidemic airborne disease cause by the oak processionary caterpillar. *Pediatric Dermatology*, 23(1): 64–66.

Gounari, S. 2006. Studies on the phenology of *Marchalina hellenica* (gen.) (Hemiptera: Coccoidea, Margarodidae) in relation to honeydew flow. *Journal of apicultural research*, 45(1): 8–12.

Government of India. 2011. *Central Silk Board annual report 2010–2011*. Ministry of Textiles.

Green, K., Broome, L., Heinze, D. & Johnston, S. 2001. Long distance transport of arsenic by migrating bogong moths from agricultural lowlands to mountain ecosystems. *The Victorian Naturalist*, 118(4): 112–116.

Groot, A. 1995. *La protection des végétaux dans les cultures de subsistance: le cas du mil au Niger de l' Ouest*. Wageningen, the Netherlands, Wageningen University.

Guénard, B., Weiser, M. & McCoy, N. 2010. *Ant genera of the world: Oecophylla*. (available at www.antmacroecology.org). Accessed April, 2012.

Guerin-Meneville, M.F.E. 1857. Entomologie appliquée. Mémoire sur trois espèces d'insectes hémiptères du groupe des punaises aquatiques, dont les œufs servent à faire une sorte de pain nomme hautle, au Mexique. *Bulletin Societé Imperiale Zoologique d'Acclimatation*, 4: 578–581.

Hackstein, J.H. & Stumm, C.K. 1994. Methane production in terrestrial arthropods. *Proceedings of the National Academy of Sciences of the United States of America*, 91(12): 5441–5445.

Hale, O.M. 1973. Dried *Hermetia illucens* larvae (Stratiomyidae) as a feed additive for poultry. *Journal of the Georgia Entomological Society*, 8: 16–20.

Haldar, P. 2012. *Evaluation of nutritional value of short-horn grasshoppers (acridids) and their farm-based mass production as a possible alternative protein source for human and livestock*. Paper presented at the Expert Consultation Meeting on Assessing the Potential of Insects as Food and Feed in assuring Food Security, 23–26 January, Rome, FAO.

Hanboonsong, Y. 2010. Edible insects and associated food habits in Thailand. *In* P.B. Durst, D.V. Johnson, R.L. Leslie. & K. Shono. *Forest insects as food: humans bite back, proceedings of a workshop on Asia-Pacific resources and their potential for development*, pp. 171–182. Bangkok, FAO Regional Office for Asia and the Pacific.

Hanboonsong, Y. 2012. *Edible insect recipes: edible insects for better nutrition and improved food security*. Vientiane, FAO and the Government of Lao PDR.

Handley, M.A. 2007. Globalization, binational communities, and imported food risks: results of an outbreak investigation of lead poisoning in Monterey County, California. *American Journal of Public Health*, 97(5): 900–906.

HaoCheng Mealworm, Inc. 2012. About HaoCheng Mealworm Inc. (available at www.hcmealworm.com). Accessed November 2012.

Hardouin, J. 1995. Minilivestock: from gathering to controlled production. *Biodiversity and Conservation*, 4(3): 220–232.

Harpe, D. & McCormack, D. 2001. Online Etymological Dictionary. (available at www.LogoBee.com). Accessed on 1 November 2012.

Harris, W. V. 1940. Some notes on insects as food. *Tanganyika Notes and Records*, 9: 45–48.

Harrison, S.G. 1950. Manna and its sources. *Kew Bulletin*, 5(3): 407–417.

Headings, M.E. & Rahnema, S. 2002. The nutritional value of mopane worms, *Gonimbrasia belina* (Lepidoptera: Saturniidae) for human consumption. Presentation at the Ten-Minute Papers: Section B. Physiology, Biochemistry, Toxicology and Molecular Biology Series, 20 November 2002. Ohio, USA, Ohio State University.

Health Canada. 2006. Food additives permitted for use in Canada. (available at www.hc-sc.gc.ca/fn-an/securit/addit/diction/dict_food-alim_add-eng.php). Accessed November, 2012.

Heinrichs, E.A. & Mochida, O. 1984. From secondary to major pest status: the case of insecticide-induced rice brown planthopper *Nilaparvata lugens*, resurgence. *Protection Ecology*, 7(2-3): 201–218.

Heinz, G. & Hautzinger, P. 2007. *Meat processing technology for small- to medium-scale producers*. FAO Regional Office for Asia and the Pacific. (also available at www.fao.org/docrep/010/ai407e/ai407e00.htm).

Herz, R. 2012. *That's disgusting: unraveling the mysteries of repulsion*. New York, USA, W.W. Norton & Co.

Hobane, P.A. 1994. The urban marketing of the mopane worm: the case of Harare. *CASS – NRM Occasional Paper Series*. Harare, Zimbabwe, Centre for Applied Social Sciences, University of Zimbabwe.

Hogue, C.L. 1987. Cultural entomology [Review]. *Annual Review of Entomology*, 32: 181–199.

Holden, S. 1991. Edible caterpillars: a potential agroforestry resource? They are appreciated by local people, neglected by scientists. *The Food Insects Newsletter*, 4(2), 3–4. USA.

Hölldobler, B. 1983. Territorial behaviour in the green tree ant *Oecophylla smaragdina*. *Biotropica*, 15(4): 241–250.

Hölldobler, B. & Wilson, E.O. 2010. *The leafcutter ants: civilization by instinct*. New York, USA, W. W. Norton & Company.

Holt, V.M. 1995. *Why not eat insects?* Oxford, UK, Thornton's.

Hope, R.A., Frost, P.G.H., Gardiner, A. & Ghazoul, J. 2009. Experimental analysis of adoption of domestic mopane worm farming technology in Zimbabwe. *Development Southern Africa*, 26: 29–46.

Hou, L., Shi, Y., Zhai, P., & Le, G. 2007. Inhibition of foodborne pathogens by Hf-1, a novel antibacterial peptide from the larvae of the housefly (*Musca domestica*) in medium and orange juice. *Food Control*, 18(11): 1350–1357.

Howard, R.W. & Stanley-Samuelson, D.W. 1990. Phospholipid fatty acid composition and arachidonic acid metabolism in selected tissues of adult *Tenebrio molitor* (Coleoptera: Tenebrionidae). *Annals of the Entomological Society of America*, 83(5): 975–981.

Hrabar, H., Hattas, D. & Toit, J.T. 2009. Differential effects of defoliation by mopane caterpillars and pruning by African elephants on the regrowth of *Colophospermum mopane* foliage. *Journal of Tropical Ecology*, 25: 301–309.

Hu, E.Z., Bartsev, S.I. & Liu, H. 2010. Conceptual design of a bioregenerative life support system containing crops and silkworms. *Advances in Space Research*, 45(7): 929–939.

Hwangbo, J., Hong, E.C., Jang, A., Kang, H.K., Oh, J.S., Kim, B.W. & Park, B.S. 2009. Utilization of house fly-maggots, a feed supplement in the production of broiler chickens. *J. Environ Biol.*, 30(4): 609–614.

IFIF. 2012. International Feed Industry Federation. (available at www.ifif.org). Accessed May 2012.

Ijaiya, A.T. & Eko, E.O. 2009. Effect of replacing dietary fish meal with silkworm (*Anaphe infracta*) caterpillar meal on performance, carcass characteristics and haematological parameters of finishing broiler chicken. *Pakistan Journal of Nutrition*, 8(6): 850–855.

Illgner, P. & Nel, E. 2000. The geography of edible insects in sub-Saharan Africa: a study of the mopane caterpillar. *Geographical Journal*, 166: 336–351.

Ingram, M., Nabhan, G.P. & Buchmann, S. L. 1996. Our forgotten pollinators: protecting the brids and bees. *Global Pesticide Campaigner*, 6(4): 1–12.

Institute of Food Technologists. 2011. Developing solutions for developing countries. (available at www.ift.org/community/students/competitions/developing-solutions-for-developing-countries.aspx). Accessed December 2012.

IPCC. 2007. Summary for policymakers. *In* S. Solomon, D. Qin, M. Manning, Z. Chen, M. Marquis, K.B. Averyt, M.Tignor & H.L. Miller, eds. *Climate change 2007: The physical science basis. Contribution of Working Group I to the fourth assessment report of the Intergovernmental Panel on Climate Change*. Cambridge, UK & New York, USA, Cambridge University Press.

Iroko, A.F. 1982. Le rôle des termitières dans l'histoire des peuples de la République Populaire du Bénin des origines a nos jours. *Bulletin de l'I.F.A.N*, 44: 50–75.

ISC. 2011. *22nd Congress of the International Sericultural Commision*. Bangalore, India. (available at www.qsds.go.th/isccongress/files/Proceeding.pdf).

Janzen, D.H. & Schoener, T.W. 1968. Differences in insect abundance and diversity between wetter and drier sites during tropical dry season. *Ecology*, 49: 96–110.

Jensen, R. L., Newsom, L.D., Herzog, D.C., Thomas, J.W., Farthing, B.R. & Martin, F.A. 1977. A method of estimating insect defoliation of soybean. *Journal of Economic Entomology*, 70(2): 240–242.

Jin, X.B. & Yen, A.L. 1998. Conservation and the cricket culture in China. *Journal of Insect Conservation*, 2: 211–216.

Johnson, D.V. 2010. The contribution of edible forest insects to human nutrition and to forest management. *In* P.B. Durst, D.V. Johnson, R.L. Leslie. & K. Shono. *Forest insects as food: humans bite back, proceedings of a workshop on resources and their potential for development*, pp. 5–22. Bangkok, FAO Regional Office for Asia and the Pacific.

Johnson, N. & Berdegué, J. 2004. Property rights, collective action and agribusiness. *2020 Focus*, 11: 13.

Jongema, Y. 2012. List of edible insect species of the world. Wageningen, Laboratory of Entomology, Wageningen University. (available at www.ent.wur.nl/UK/Edible+insects/Worldwide+species+list/).

Kampmeier, G.E. & Irwin, M.E. 2003. Commercialization of insects and their products. *In* V.H. Resh & R.T. Cardé, eds. *Encyclopedia of insects*, pp. 252–260. Burlington, USA, Academic Press.

Katayama, N., Ishikawa, Y., Takaoki, M., Yamashita, M., Nakayama, S., Kiguchi, K., Kok, R., Wada, H. & Mitsuhashi, J. 2008. Entomophagy: a key to space agriculture. *Advances in Space Research*, 41(5): 701–705.

Katayama, N., Yamashita, M., Wada, H. & Mitsuhashi, J. 2005. Entomophagy as part of a space diet for habitation on Mars. *J. Space Tech. Sci.*, 21(2): 27–38.

Kellert, S.R. 1993. Values and perceptions of invertebrates. *Conservation Biology*, 7(4): 845–855.

Kenis, M., Sileshi, G., Mbata, K., Chidumayo, E., Meke, G. & Muatinte, B. 2006. Towards conservation and sustainable utilization of edible caterpillars of the miombo. Presentation to the SIL Annual Conference on Trees for Poverty Alleviation, 9 June 2006, Zürich, Switzerland.

Kinyuru, J.N., Kenji, G.M. & Muhoho, S.N. 2010. Nutritional potential of longhorn grasshopper (*Ruspolia differens*) consumed in Siaya District, Kenya. *Journal of Agriculture, Science and Technology*, 12(1): 1–24.

Kinyuru, J.N., Kenji, G.M. & Njoroge, M.S. 2009. Process development, nutrition and sensory qualities of wheat buns enriched with edible termites (*Macrotermes subhyalinus*) from Lake Victoria region, Kenya. *African Journal of Food and Agriculture Nutrition and Development*, 9(8): 1739–1750.

Kirkpatrick, T.W. 1957. *Insect life in the tropics*. London, Longmans, Green.

Kitsa, K. 1989. Contribution des insectes comestibles a l'amélioration de la ration alimentaire au Kasai-Occidental. *Zaire-Afrique*, 239: 511–519.

Klunder, H.C., Wolkers-Rooijackers, J., Korpela, J.M. & Nout, M.J.R. 2012. Microbiological aspects of processing and storage of edible insects. *Food Control*, 26: 628–631.

Kogan, M. 1998. Integrated pest management: historical perspectives and contemporary developments. *Annual Review of Entomology*, 43(1): 243–270.

Kok, R. 1983. The production of insects for human food. *Can. Inst. Food Sci. Technol. J.*, 16(1): 5–18.

Kok, R., Shivhare, U.S. & Lomaliza, K.J. 1990. Mass and component balances for insect production. *Canadian Agricultural Engineering*, 33(1): 185–192.

Kozanayi, W. & Frost, P. 2002. *Marketing of mopane worm in Southern Zimbabwe*. Harare, Institute of Environmental Studies.

Krishnan, R., Sherin, L., Muthuswami, M., Balagopal, R. & Jayanthi, C. 2011. Seri waste as feed substitute for broiler production. *Sericologia*, 51(3): 369–377.

Kuhnlein, H.V., Erasmus, B. & Spigelski, D. 2009. *Indigenous peoples' food systems: the many dimensions of culture, diversity and environment for nutrition and health*. FAO & Centre for Indigenous Peoples' Nutrition and Environment, Rome.

Kuyten, P. 1960. Darmafsluiting veroorzaakt door het eten van kevers. *Entomologische berichten*, 20(8): 143.

Lähteenmäki-Uutela, A. 2007. European novel food legislation as a restriction to trade. Paper presented at the seminar Pro-poor Development in Low-income Countries, 25–27 October, Montpellier, France. (also available at http://ageconsearch.umn.edu/bitstream/7909/1/pp07la01.pdf).

Latham, P. 1999. Edible caterpillars of the Bas Congo region of the Democratic Republic of Congo. *Antenna*, 23(3): 135–139.

Latham, P. 2003. *Edible caterpillars and their food plants in Bas-Congo*. Canterbury, Mystole Publications.

Lee, K.P., Simpson, S. J. & Wilson, K. 2008. Dietary protein-quality influences melanization and immune function in an insect. *Functional Ecology*, 22(6): 1052–1061.

Leung, W. 2012. Crushed bugs give Starbucks Frappucino its pretty pink colour. *The Globe and Mail*, online edition, posted on 28 March 2012 (available at www.theglobeandmail.com/life/the-hot-button/crushed-bugs-give-starbucks-frappucino-its-pretty-pink-colour/article621424/.

Lewis, V.L. 1992. Spider silk: the unraveling of a mystery. *Acc. Chem. Res.*, 25: 392–398.

Li, Q., Zheng, L., Cai, H., Garza, E., Yu, Z. & Zhou, S. 2011. From organic waste to biodiesel: black soldier fly, *Hermetia illucens*, makes it feasible. *Fuel*, 90: 1545–1548.

Lindqvist, L. & Block, M. 1995. Excretion of cadmium during moulting and metamorphosis in *Tenebrio molitor* (Coleoptera; Tenebrionidae). *Comparative Biochemistry and Physiology*, 111(2): 325–328.

Liu, Q., Tomberlin, J.K., Brady, J.A., Sanford, M.R. & Yu, Z. 2008. Black soldier fly (Diptera: Stratiomyidae) larvae reduce *Escherichia coli* in dairy manure. *Environ. Entomol.*, 37(6): 1525–1530.

Lockwood, J.A. 2004. *Locust: the devastating rise and disappearance of the insect that shaped the American frontier.* New York, USA, Basic Books.

Lokkers, C. 1990. *Colony dynamics of the green tree ant (*Oecophylla smaragdina *Fab.) in a seasonal tropical climate.* Rockhampton, Australia, James Cook University of North Queensland.

Looy, H. & Wood, J.R. 2006. Attitudes toward invertebrates: are educational "bug banquets" effective? *The Journal of Environmental Education*, 37(2): 37–48.

Losey, J.E. & Vaughan, M. 2006. The economic value of ecological services provided by insects. *BioScience*, 56(4): 311–323.

Madsen, D.B. & Kirkman, J.E. 1988. Hunting hoppers. *American Antiquity*, 53(3): 593–604.

Makuku, S.J. 1993. All this for a bug! Community approaches to common property resources management: the case of the Norumedzo community in Bikita, Zimbabwe. *Forests, Trees and People Newsletter*, 22.

Malaisse. 1997. *Se nourir en foret claire africaine: approche écologique et nutritionnelle.* Gembloux, Les Presses Agronomiques de Gembloux.

Mariod, A., Klupsch, S., Hussein, I.H. & Ondruschka, B. 2006. Synthesis of alkyl esters from three unconventional sudanese oils for their use as biodiesel. *Energy & Fuels*, 20: 2249–2252.

Mariod, A., Matthäus, B. & Eichner, K. 2004. Fatty acid, tocopherol and sterol composition as well as oxidative stability of three unusual sudanese oils. *Journal of Food Lipids*, 11: 179–189.

Mariod, A., Matthäus, B., Eichner, K. & Hussein, I.H. 2005. Improving the oxidative stability of sunflower oil by blending with *Sclerocarya birrea* and *Aspongopus viduatus* oils. *Journal of Food Lipids*, 12: 150–158.

Mbata, K.J. & Chidumayo, E.N. 2003. Traditional values of caterpillars (Insecta: Lepidoptera) among the Bisa people of Zambia. *Insect Sci. Applic.*, 23(4): 341–354.

Mbata, K.J., Chidumayo, E.N. & Lwatula, C.M. 2002. Traditional regulation of edible caterpillar exploitation in the Kopa area of Mpika district in northern Zambia. *Journal of Insect Conservation*, 6(2): 115–130.

McCrae, A.W.R. 1982. Characteristics of swarming in the African edible bush-cricket *Ruspolia differens* (Serville) (Orthoptera, Tettigonioidea). *Journal of the East Africa Natural History Society and National Museum*, 178: 1–5.

Mela, D.J. 1999. Food choice and intake: the human factor. *Proceedings of the Nutrition Society*, 58: 513–521.

Menzel, C. 2002. *The lychee crop in the Asia and the Pacific.* FAO/RAP Publication 16. Bangkok, FAO Regional Office for Asia and the Pacific.

Mercer, C.W.L. 1994. Sago grub production in Lubu swamp near Lae-Papua New Guinea. *Klinkii*, 5(2): 30–34.

Mercer, C.W.L. 1997. Sustainable production of insects foe food and income by New Guinea villagers. *Ecology of Food and Nutrition*, 36(2–4): 151–157.

Meslin, F.X. & Formenty, P. 2004. A review of emerging zoonoses and the public health implications. Report of the WHO/FAO/OIE joint consultation on emerging zoonotic diseases, 3–5 May 2004, Geneva.

Meuwissen, P. 2011. *Insecten als nieuwe eiwitbron: Een scenarioverkenning van de marktkansen.* 's-Hertogenbosch: ZLTO projecten.

Meyer-Rochow, V.B. 1979. The diverse uses of insects in traditional societies. *Ethnomedicine*, 5(3/4): 287–300.

Meyer-Rochow, V.B. 2005. Traditional food insects and spiders in several ethnic groups of northeast India, Papua New Guinea, Australia and New Zealand. *In* M.G. Paoletti, ed. *Ecological implications of minilivestock; role of rodents, frogs, snails, and insects for sustainable development*, pp. 385–409. New Hampshire, USA, Science Publishers.

Michaelsen, K.F., Hoppe, C., Roos, N., Kaestel, P., Stougaard, M., Lauritzen, L. & Mølgaard, C. 2009. Choice of foods and ingredients for moderately malnourished children 6 months to 5 years of age. *Food and Nutrition Bulletin*, 30(3): 343–404.

Mignon, J. 2002. L'entomophagie: une question de culture? *Tropicultura*, 20(3): 151–155.

Milton, K. 1984. Protein and carbohydrate resources of the Maku Indians of northwestern Amazonia. *American Anthropologist*, 86(1): 7–27.

Mitsuhashi, J. 2005. Edible insects in Japan. *In* M.G. Paoletti, ed. *Ecological implications of minilivestock; role of rodents, frogs, snails, and insects for sustainable development*, pp. 251–262. New Hampshire, USA, Science Publishers.

Mormino, V. 2009. Evil weevils attack Sicily! *Best of Sicily*. (available at www.bestofsicily.com/mag/art325.htm). Accessed November 2012.

Morris, B. 2004. *Insects and human life*. Oxford, UK, Berg.

Mors, P.O. 1958. Grasshoppers as food in Buhaya. *Anthropological Quarterly*, 31(2): 56–58.

Motte-Florac, É. & Thomas, J.M.C. 2003. Les "insectes" dans la tradition orale. *Ethnosciences*, 11: 407.

Mpuchane, S., Taligoola, H.K. & Gashe, B.A. 1996. Fungi associates with *Imbrasia belina*, an edible grasshopper. *Botswana Notes and Records*, 28: 193–197.

Munthali, S.M. & Mughogho, D.E.C. 1992. Economic incentives for conservation: bee-keeping and Saturniidae caterpillar utilization by rural communities. *Biodiversity and Conservation*, 1: 153–154.

Munyuli Bin Mushambanyi, T. 2000. Étude préliminaire orientée vers la production des chenilles comsommables par l'élevage des papillons (*Anaphe infracta*: Thaumetopoeidae) à Lwiro, Sud-Kivu. République Démocratique du Congo. *Tropicultura*, 18(4): 208–211.

Munyuli Bin Mushambanyi, T. & Balezi, N. 2002. Utilisation des blattes et des termites comme substituts potentiels de la farine de viande dans l'alimentation des poulets de chair au Sud-Kivu, République Démocratique du Congo. *Tropicultura*, 20(1): 10–16.

Murray, S.S., Schoeninger, M.J., Bunn, H.T., Pickering, T.R. & Marlett, J.A. 2001. Nutritional composition of some wild plant foods and honey used by Hadza foragers of Tanzania. *Journal of Food Composition and Analysis*, 14: 3–13.

Mustafa, N.E.M., Mariod, A.A., & Matthäus, B. 2008. Antibacterial activity of *Aspongopus viduatus* (Melon bug) oil. *Journal of Food Safety*, 28: 577–586.

Muyay, T. 1981. *Les insectes comme aliments de l'homme: Serie II, Vol. 69*. Democratic Republic of the Congo, Ceeba Publications.

Muzzarelli, R.A.A. 2010. Chitins and chitosans as immunoadjuvants and non-allergenic drug carriers. *Marine Drugs*, 8(2): 292–312.

Muzzarelli, R.A.A., Terbojevich, M., Muzzarelli, C., Miliani, M. & Francescangeli, O. 2001. Partial depolymerization of chitosan with the aid of papain. *In* R.A.A. Muzzarelli, ed. *Chitin Enzymology*, pp. 405–414. Italy, Atec.

Myers, N., Mittermeier, R.A., Mittermeier, C.G., De Fonseca, G.A.B. & Kent, J. 2000. Biodiversity hotspots for conservation priorities. *Nature*, 403: 853–858.

Neuenschwander, P., Sinsin, B. & Goergen, G., eds. 2011. *Protection de la nature en Afrique de l'Ouest: une liste rouge pour le Bénin*. Nature conservation in West Africa: red list for Benin. Ibadan, Nigeria, International Institute of Tropical Agriculture.

N'Gasse, G. 2004. Contribution des insectes de la forêt à la sécurité alimentaire. *Produits Forestiers Non Ligneux: Document de Travail 1*. Rome, FAO.

Nakagaki, B.J. & De Foliart, G.R. 1991. Comparison of diets for mass-rearing *Acheta domesticus* (Orthoptera: Gryllidae) as a novelty food, and comparison of food conversion efficiency with values reported for livestock. *Journal of Economic Entomology*, 84(3): 891–896.

Naughton, J.M., Odea, K. & Sinclair, A.J. 1986. Animal foods in traditional Australian aboriginal diets: polyunsaturated and low in fat. *Lipids*, 21(11): 684–690.

Neely, G.G., Keene, A.C., Duchek, P., Chang, E.C., Wang, Q.P., Aksoy, Y.A., Rosenzweig, M., Costigan, M., Woolf, C.J., Garrity, P.A. & Penninger, J.M. 2011. TrpA1 regulates thermal nociception in Drosophila. *Plos One*, 6(8): e24343.

Newton, G.L., Booram, C.V., Barker, R.W. & Hale, O.M. 1977. Dried *Hermetia illucens* larvae meal as supplement for swine. *J. Anim Sci.*, 44: 395–400.

Newton, L., Sheppard, C., Watson, D.W. & Burtle, G. 2005. *Using the black soldier fly,* Hermetia illucens, *as a value-added tool for the management of swine manure.* North Carolina, North Carolina State University. (available at www.cals.ncsu.edu/waste_mgt/smithfield_projects/phase2report05/cd,web%20files/A2.pdf)

Nkouka, E. 1987. Les insectes comestibles dans les societes d'Afrique Centrale. *Revue Scientifique et Culturelle du CICIBAASC LEIDEN*, 6(1): 171–178.

Nonaka, K. 1996. Ethnoentomology of the Central Kalahari San. *African Study Monographs*, 22: 29–46.

Nonaka, K. 2007. *Hebo yellow jackets: from the fields to the dinner table: a delightful culinary experience.* Tokyo, Tamasaya.

Nonaka, K. 2009. Feasting on insects. (Special issue: trends on the edible insects in Korea and Abroad.). *Entomological Research*, 39(5): 304–312.

Nonaka, K. 2010. Cultural and commercial roles of edible wasps in Japan. *In* P.B. Durst, D.V. Johnson, R.L. Leslie. & K. Shono, eds. *Forest insects as food: humans bite back, proceedings of a workshop on Asia-Pacific resources and their potential for development.* pp. 123–130. Bangkok, FAO Regional Office for Asia and the Pacific.

Nonaka, K., Sivilay, S. & Boulidam, S. 2008. *The biodiversity of insects in Vientiane.* Nara, Japan, National Agriculture and Forestry Institute and Research Institute for Hamanity and Nature.

Nordic Food Lab. 2012. Finding the deliciousness of insects. (available at http://nordicfoodlab.org/blog/2012/07/mad-2-finding-the-deliciousness-of-insects). Accessed November, 2012.

O'Dea, K., Jewell, P.A., Whiten, A., Altmann, S.A., Strickland, S.S. & Oftedal, O.T. 1991. Traditional diet and food preferences of Australian Aboriginal hunter-gatherers. *Philosophical Transactions of the Royal Society of London Series B.*, 334: 233–241.

Offenberg, J. 2011. *Oecophylla smaragdina* food conversion efficiency: prospects for ant farming. *Journal of Applied Entomology*, 135(8): 575–581.

Offenberg, J. & Wiwatwitaya, D. 2009a. Sustainable weaver ant (*Oecophylla smaragdina*) farming: harvest yields and effects on worker ant density. *Asian Myrmecology*, 3: 55–62.

Offenberg, J. & Wiwatwitaya, D. 2009b. Weaver ants convert pest insects into food: prospects for the rural poor. Paper presented at the International Conference on Research, Food Security, Natural Resource Management and Rural Development, University of Hamburg, Germany, 6–8 October 2009.

Ogutu, M.A. 1986. Sedentary hunting and gathering among the Tugen of Baringo District in Kenya. *Sprache und Geschichte in Afrika*, 7(2): 323–338.

Ohura, M. 2003. Development of an automated warehouse type silkworm rearing system for the production of useful materials. *Journal of Insect Biotechnology and Sericology*, 72(3): 163–169.

Oonincx, D.G.A.B. & van der Poel, A.F.B. 2011. Effects of diet on the chemical composition of migratory locusts (*Locusta migratoria*). *Zoo Biology*, 30: 9–16.

Oonincx, D.G.A.B. & de Boer, I.J.M. 2012. Environmental impact of the production of mealworms as a protein source for humans: a life cycle assessment. *PLoS ONE*, 7(12): e51145.

Oonincx, D.G.A.B., van Itterbeeck, J., Heetkamp, M. J. W., van den Brand, H., van Loon, J. & van Huis, A. 2010. An exploration on greenhouse gas and ammonia production by insect species suitable for animal or human consumption. *Plos One*, 5(12): e14445.

Osmaston, H.A. 1951. The termite and its uses for food. *Uganda Journal (Kampala)*, 15: 8–83.

Oso, B. 1977. Mushrooms in Yoruba mythology and medicinal practices. *Economic Botany*, 31: 367–371.

Oudhia, P. 2002. Traditional medicinal knowledge about red ant *Oecophylla smaragdina* (Fab.) (Hymenoptera: Formicidae) in Chhattisgarh, India. *Insect Environment*, 8(3): 114–115.

Owen, D.F. 1973. *Man's environmental predicament: an introduction to human ecology in tropical Africa*. Oxford, Oxford University Press.

Pagezy, H. 1975. Les interrelations homme faune de la foret du Zaire. *l'Homme et l'Animal, Premier Colloque d'Ethnozoologie*, pp.63–68. Paris, Institut International d'Ethnosciences.

Panizzi, A.R. 1997. Wild hosts of Pentatomids: Ecological significance and role in their pest status on crops. *Annual Reviews of Entomology*, 42: 99–122.

Paoletti, M.G. ed. 2005. *Ecological implications of minilivestock; role of rodents, frogs, snails, and insects for sustainable development*. New Hampshire, USA, Science Publishers.

Paoletti, M.G., Buscardo, E., Vanderjagt, D.J., Pastuszyn, A., Pizzoferrato, L., Huang, Y.S., Chuang, L.T., Glew, R.H., Millson, M. & Cerda, H. 2003. Nutrient content of termites (*Syntermes* soldiers) consumed by Makiritare Amerindians of the Alto Orinoco of Venezuela. *Ecology of Food and Nutrition*, 42(2): 177–191.

Paoletti, M.G. & Dufour, D.L. 2005. Edible invertebrates among Amazonian Indians: a critical review of disappearing knowledge. *In* M.G. Paoletti, ed. *Ecological implications of minilivestock; role of rodents, frogs, snails, and insects for sustainable development*, pp. 293–342. New Hampshire, Science Publishers.

Paoletti, M.G., Dufour, D.L., Cerda, H., Torres, F., Pizzoferrato, L. & Pimentel, D. 2000. The importance of leaf- and litter-feeding invertebrates as sources of animal protein for the Amazonian Amerindians. *Proceedings of the Royal Society of London*, 267: 1459, 2247–2252.

Paoletti, M.G., Norberto, L., Damini, R. & Musumeci, S. 2007. Human gastric juice contains chitinase that can degrade chitin. *Annals of Nutrition and Metabolism*, 51(3): 244–251.

Parent, G. & Thoen, D. 1977. Food value of edible mushrooms from upper Shaba region. *Economic Botany*, 31: 436–445.

Parsons, J.R. 2010. The pastoral niche in Pre-Hispanic Mesoamerica. *In* J.E. Staller and M.D. Carrasco. *Pre-Columbian foodways: interdisciplinary approaches to food, culture and markets in ancient Mesoamerica*, pp. 109–136. New York, Springer.

Pearce, M.J. 1997. *Termites: biology and pest management*. Wallingford. CAB International.

Pemberton, R.W. 1988. The use of the giant waterbug, *Lethocerus indicus* (Hemiptera: Belostomatidae), as human food in California. *Pan-Pacific Entomology*, 64(1): 81–82.

Pemberton, R.W. 1994. The revival of rice-field grasshoppers as human food in South Korea. *Pan-Pacific Entomologist*, 70(4): 323–327.

Peng, R.K. & Christian, K. 2005. Integrated pest management in mango orchards in the Northern Territory Australia, using the weaver ant, *Oecophylla smaragdina* (Hymenoptera: Formicidae) as a key element. *International Journal of Pest Management*, 51(2): 149–155.

Peng, R.K., Christian, K. & Gibb, K. 2004. Implementing ant technology in commercial cashew plantations and continuation of transplanted green ant colony monitoring. Canberra, Rural Industries Research and Development Corporation.

Pérez-Expósito, A.B. & Klein, B.P. 2009. Impact of fortified blended food aid products on nutritional status of infants and young children in developing countries. *Nutrition Review*, 67(12): 706–718.

Perez, M.R. 1995. *A conceptual framework for CIFOR's research on non-wood forest products*. CIFOR Working Paper, 6. Bogor, CIFOR.

Phillips, J.K. & Burkholder, W.E. 1995. Allergies related to food insect production and consumption. *The Food Insects Newsletter*, 8(2): 1, 2–4.

Pimentel, D. 1991. Ethanol fuels: Energy security, economics and the environment. *Agri. and Envir. Ethics*, 4(1): 1–13.

Pimentel, D. & Pimentel, M. 2003. Sustainability of meat-based and plant-based diets and the environment. *Am. J. Clin. Nutr.*, 78: 660S–663S.

Pimentel, D., Berger, B., Filiberto, D., Newton, M., Wolfe, B., Karabinakis, E., Clark, S., Poon, E., Abbett, E. & Nandagopal, S. 2004. Water resources: agricultural and environmental issues. *BioScience*, 54: 909–918.

Pimentel, D., Dritschilo, W., Krummel, J. & Kutzman, J. 1975. Energy and land constraints in food protein production. *Science*, 190 (4216): 754–761.

Pliner, P. & Salvy, S.J. 2006. Food neophobia in humans. *In* R. Shepherd & M. Raats, eds. *The psychology of food choice*, pp. 75–92. Oxfordshire, CABI Publishing.

Politis, G.G. 1996. Moving to produce: Nukak mobility and settlement patterns in Amazonia. *World Archaeology*, 27(3): 492–511.

Portes, E., Gardrat, C., Castellan, A. & Coma, V. 2009. Environmentally friendly films based on chitosan and tetrahydrocurcuminoid derivatives exhibiting antibacterial and antioxidative properties. *Carbohydrate Polymers*, 76(4): 578–584.

Raina, S.K., Kioko, E.N., Gordon, I. & Nyandiga, C. 2009. *Commercial insects and forest conservation: improving forest conservation and community livelihoods through income generation from commercial insects in three Kenyan forests*. Nairobi, Science Press.

Ramandey, E. & van Mastrigt, H. 2010. Edible insects in Papua, Indonesia: from delicious snack to basic need. *In* P.B. Durst, D.V. Johnson, R.L. Leslie. & K. Shono, eds. *Forest insects as food: humans bite back, proceedings of a workshop on Asia-Pacific resources and their potential for development*. pp. 105–114. Bangkok, FAO Regional Office for Asia and the Pacific.

Ramos Elorduy, J. 1984. Los insectos como un recurso actual et potencial. *In* T.R. Trujillo, ed. *Seminario sobre la alimentacion en Mexico*, pp. 126–139. Mexico, Instituto de Geografia, National Autonomous University of Mexico.

Ramos Elorduy, J. 1990. Edible insects: barbarism or solution to the hunger problem? *In* D.A. Posey & W.L. Overal, eds. *Ethnobiology: implications and applications. Proceedings of the First International Congress of Ethnobiology*, pp. 151–158. Bélem, Brazil, Museu Paraense Emílio Goeldi.

Ramos Elorduy, J. 1993. Food production and nutrional value of wild and semi-domesticated species: background. *In* C.M. Hladik, A. Hladik, O.F. Linares, H. Pagezy, A. Semple & M. Hadley, eds. *Tropical forests, people and food: biocultural interactions and applications to development*. Man and the Biosphere Series Volume 13. Paris, United Nations Educational, Scientific and Cultural Organization.

Ramos Elorduy, J. 1997. The importance of edible insects in the nutrition and economy of people of the rural areas of Mexico. *Ecology of Food and Nutrition*, 36: 347–366.

Ramos Elorduy, J. 2005. Insects: a hopeful food source. *In* M.G. Paoletti, ed. *Ecological implications of minilivestock; role of rodents, frogs, snails, and insects for sustainable development*, pp. 263–291. New Hampshire, Science Publishers.

Ramos Elorduy, J. 2006. Threatened edible insects in Hidalgo, Mexico and some measures to preserve them. *Journal of Ethnobiology and Ethnomedicine*, 2(51): 1–10.

Ramos Elorduy, J. 2009. Anthropo-entomophagy: cultures, evolution and sustainability. (Special issue: trends on the edible insects in Korea and abroad). *Entomological Research*, 39: 5: 271–288.

Ramos Elorduy, J., Carbajal Valdés, L.A. & Pino, J.M. 2012. Socio-economic and cultural aspects associated with handling grasshopper germplasm in traditional markets of Cuautla, Morelos, Mexico. *J. Hum. Ecol.*, 40(1): 85–94.

Ramos Elorduy, J., Costa-Neto, E.M., Pino, J.M., Cuevas Correa, M.S., Garcia-Figueroa, J. & Zetina, D.H. 2007. Conocimiento de la entomofauna útil en la Purísima Palmar de Bravo, Puebla, México. *Biotemas*, 20(2): 121–134.

Ramos Elorduy, J., Gonzalez, E.A., Hernandez, A.R. & Pino, J.M. 2002. Use of *Tenebrio molitor* (Coleoptera: Tenebrionidae) to recycle organic wastes and as feed for broiler chickens. *Journal of Economic Entomology*, 95(1): 214–220.

Ramos Elorduy, J. & Pino, J.M. 1989. Los insectos comestibles en el México antiguo (estudio etnoentomológico). Mexico, A.G.T. Editor México.

Ramos Elorduy, J. & Pino, J.M. 2002. Edible insects of Chiapas, Mexico. *Ecology of Food and Nutrition*, 41(4): 271–299.

Ramos Elorduy, J. & Pino, J.M. 2003. Enfermedades tratadas con insectos en el continente americano. *Entomología Mexicana*, 2: 604–611.

Ramos Elorduy, J. & Pino, J.M. 2006. Algunos ejemplos de aprovechamiento comercial de varios insectos comestibles y medicinales. *Entomología Mexicana*, 1: 524–533.

Ramos Elorduy, J., Pino, J.M. & Martínez, V.H.C. 2008. Una vista a la biodiversidad de la antropoentomofagía mundial. *Entomología Mexicana*, 7: 308–313.

Ramos Elorduy, J., Pino, J. M. & Martínez, V.H.C. 2009. Edible aquatic Coleoptera of the world with an emphasis on Mexico. *Journal of Ethnobiology and Ethnomedicine*, 5(11).

Ramos Elorduy, J., Pino, J.M., Prado, E.E., Perez, M.A., Otero, J.L. & de Guevara, O.L. 1997. Nutritional value of edible insects from the state of Oaxaca, Mexico. *Journal of Food Composition and Analysis*, 10: 142–157.

Ramos Elorduy, J., Pino, J.M., Vázquez, A.I., Landero, I., Oliva-Rivera, H. & Martinez, V.H.C. 2011. Edible Lepidoptera in Mexico: Geographic distribution, ethnicity, economic and nutritional importance for rural people. *Journal of Ethnobiology and Ethnomedicine*, 7(2): 1–22.

Rastogi, N. 2011. Provisioning services from ants: food and pharmaceuticals. *Asian Myrmecology*, 4: 103–120.

Ravindran, V. & Blair, R. 1993. Feed resources for poultry production in Asia and the Pacific. *World's Poulty Science Journal*, 49: 219–235.

Reese, G., Ayuso, R. & Lehrer, S.B. 1999. Tropomyosin: An invertebrate pan-allergen. *International Archives of Allergy and Immunology*, 119(4): 247–258.

Roberge, J.M. & Angelstam, A.P. 2004. Usefulness of the umbrella species concept as a conservation tool. *Conservation Biology*, 18(1): 76–85.

Roberts, C. 1998. Long-term costs of the mopane worm harvest. *Oryx*, 32(1): 6–8.

Rohde, T.S. 2012. Jysk præst spiste græshoppe under gudstjeneste: Kollega siger op i protest. In *BT*, posted on 12 September 2012. (available at www.bt.dk/utroligt-men-sandt/jysk-praest-spiste-graeshoppe-under-gudstjeneste-kollega-siger-op-i-pro). Accessed November 2012.

Roos, N., Nurhasan, M., Thang, B., Skau, J., Wieringa, F., Khov, K., Friis, H., Michaelsen, K.F. & Chamnan, C. 2010. WinFood Cambodia: improving child nutrition through improved utilization of local food. Poster for The WinFood Project, Denmark, Department of Human Nutrition, University of Copenhagen.

Roulon-Doko, P. 1998. Chasse, cueillette et cultures chez les Gbaya de Centrafrique. Paris, L'Harmattan.

Rozin, P. & Fallon, A.E. 1987. A perspective on disgust. *Psychological Review*, 94(1): 23–41.

Rozin, P. & Vollmecke, T.A. 1986. Food likes and dislikes. *Annual Review Nutrition*, 6: 433–456.

Rumpold, B.A. & Schlüter, O.K. 2013. Nutritional composition and safety aspects of edible insects. *Molecular Nutrition and Food Research*, 57(3) (DOI 10.1002/mnfr.201200735).

Rutaisire, J. 2007. Analysis of feeds and fertilizers for sustainable aquaculture development in Uganda. *In* M.R. Hasan, T. Hecht, S.S. De Silva & A.G.J. Tacon, eds. *Study and analysis of feeds and fertilizers for sustainable aquaculture development*, pp. 471–488. Rome, FAO.

Ryan, L.G. 1996. *Insect musicians & cricket champions: a cultural history of singing insects in China and Japan*. San Francisco, China Books and Periodicals, Inc.

Ryu, K.S., Lee, H.S., Kim, K.Y., Kim, M.J., Kang, P.D., Chun, S.N., Lee, S.H. & Lee, M.L. 2012. Anti-diabetic effects of the silkworm (*Bombyx mori*) extracts in the db/db mice. *Planta Med.*, 78: 458.

Sachs, J. 2010. Rethinking macroeconomics: knitting together global society. *The Broker*, 10: 1–3.

Saeed, T., Dagga, F.A. & Saraf, M. 1993. Analysis of residual pesticides present in edible locusts captured in Kuwait. *Arab Gulf Journal of Scientific Research*, 11(1): 1–5.

Sahagun, B. 1557. *Historia de las cosas de Nueva España (1905)*, 6: 2. Madrid, Hauser y Menet.

Samways, M.J. 2007. Insect conservation: a synthetic management approach. *Ann. Rev. Entomol*, 52: 465–487.

Sanderson, M.G. 1996. Biomass of termites and their emissions of methane and carbon dioxide: a global database. *Global Biogeochemical Cycles*, 10(4): 543–557.

Sankar, S. 2001. *Environmental economics*. Chennai, India, Margham Publications.

Santos Oliveira, J. F., Passos de Carvalho, J., Bruno de Sousa, R.F.X. & Madalena Simao, M. 1976. The nutritional value of four species of insects consumed in Angola. *Ecology of Food and Nutrition*, 5: 91–97.

Schabel, H. 2006. Forest-based insect industries. *In* H. Schabel, ed. *Forest entomology in East Africa: forest insects of Tanzania*, pp. 247–294.

Schneider, J. 1844. Maikäfersuppen, ein vortreffliches und kräftiges Nahrungsmittel. *Magazin für die Staatsarzneikunde*, 3: 403–405.

Schneider, J.C. ed. 2009. *Principles and procedures for rearing high quality insects*. USA, Mississippi State University.

Scholtz, C.H. 1984. *Useful insects*. Pretoria, De Jager-HAUM Publishers.

Schroeckenstein, D.C., Meier-Davis, S. & Bush, R.K. 1990. Occupational sensitivity to *Tenebrio molitor* Linnaeus (yellow mealworm). *The Journal of Allergy and Clinical Immunology*, 86(2): 182–188.

Schroeckenstein, D.C., Meier-Davis, S., Graziano, F.M., Falomo, A. & Bush, R.K. 1988. Occupational sensitivity to *Alphitobius diaperinus* (Panzer) (lesser mealworm). *The Journal of Allergy and Clinical Immunology*, 82(6): 1081–1088.

Sekhwela, M.D.B. 1988. The nutritive value of mophane bread: mophane insect secretion (Maphote or Maboti). *Botswana Notes and Records*, 20: 151–153.

Senti, G., Lundberg, M. & Wüthrich, B. 2000. Asthma caused by a pet bat. *Allergy*, 55(4): 406–407.

Settle, W.H., Ariawan, E.T., Astuti, W., Cahyana, A.L., Hakim, D., Hindayana, A.S. & Pajamingsih, L. 1996. Managing tropical rice pests through conservation of generalist natural enemies and alternative prey. *Ecology*, 77: 1975–1988.

Shear, W.A. & Kukalová-Peck, J. 1990. The ecology of Paleozoic terrestrial arthropods: the fossil evidence. *Canadian Journal of Zoology*, 68(9): 1807–1834.

Shen, L., Li, D., Feng, F. & Ren, Y. 2006. Nutritional composition of *Polyrhachis vicina* Roger (edible Chinese black ant). *Songklanakarin Journal of Science and Technology*, 28(1): 107–114.

Sheppard, D.C. 1983. House fly and lesser fly control utilizing the black soldier fly in manure management systems for caged laying hens. *Environ. Entomol.*, 12: 1439–1442.

Sheppard, D.C., Newton, G.L. & Burtle, G. 2008. Black soldier fly prepupae: a compelling alternative to fish meal and fish oil. A public comment prepared in response to a request by the National Marine Fisheries Service to gather information for the NOAA-USDA Alternative Feeds Initiative. Public comment on alternative feeds for aquaculture received by NOAA 15 November 2007 through 29 February 2008.

Sheppard, D.C., Newton, G.L., Thompson, S.A. & Savage, S. 1994. A value added manure management system using the black soldier fly. *Bioresource Technology*, 50(3): 275–279.

Sherman, R.A. & Wyle, F.A. 1996. Low-cost, low maintenance rearing of maggots in hospitals, clinics, and schools. *Am. J. Trop. Med. Hyg.*, 54: 38–41.

Silow, C.A. 1983. Notes on Ngangela and Nkoya ethnozoology. Ants and termites. *Etnologiska Studier*, 36: 177.

Simberloff, D. 1998. Flagships, umbrellas, and keystones: is single-species management passé in the landscape era? *Biological Conservation*, 83(3): 247–257.

Singtripop, T., Wanichacheewa, S. & Sakurai, S. 2000. Juvenile hormone-mediated termination of larval diapause in the bamboo borer, *Omphisa fuscidentalis. Insect Biochemistry and Molecular Biology* 30: 847–854.

Siracusa, A., Marcucci, F., Spinozzi, F., Marabini, A., Pettinari, L., Pace, M.L. & Tacconi, C. 2003. Prevalence of occupational allergy due to live fish bait. *Clinical and Experimental Allergy*, 33(4): 507–510.

Sirimungkararat, S., Saksirirat, W., Nopparat, T. & Natongkham, A. 2010. Edible products from eri and mulberry silkworms in Thailand. *In* P.B. Durst, D.V. Johnson, R.L. Leslie. & K. Shono, eds. *Forest insects as food: humans bite back, proceedings of a workshop on Asia-Pacific resources and their potential for development*. pp. 189–200. Bangkok, FAO, Regional Office for Asia and the Pacific.

Siripanthong, S., Teerapantuwat, S., Prugsnusak, W., DSuputtamongkol, Y., Viriyasithavat, P., Chaowagul, W., Dance, D.A.B. & White, N.J. 1991. Corneal ulcer cause by *Pseudomonas pseudomallei*: Report of three cases. *Reviews of Infectious Diseases*, 13(2): 335–337.

Skelton, G.S. & Matanganyidze, C. 1981. Detection by quantitative assay of various enzymes in the edible mushroom *Termitomyces microcarpus. Bull. Soc. Bot. Fr. 128, Lettres Botanique*, 3: 143–149.

Slingenbergh, J., Gilbert, M., de Balogh, K. & Wint, W. 2004. Ecological sources of zoonotic diseases. *Rev. Sci. Tech. Off. Int. Epiz.*, 23(2): 467–484.

Smil, V. 2002. Worldwide transformation of diets, burdens of meat production and opportunities for novel food proteins. *Enzyme and Microbial Technology*, 30: 305–311.

Smith, A.B.T. & Paucar, C.A. 2000. Taxonomic review of *Platycoelia lutescens* (Scarabaeidae: Rutelinae: Anoplognathini) and a description of its use as food by the people of the Ecuadorian highlands. *Annals of the Entomological Society of America*, 93(3): 408–414.

Sogbesan, A. & Ugwumba, A. 2008. Nutritional evaluation of termite (*Macrotermes subhyalinus*) meal as animal protein supplements in the diets of Heterobranchus longifilis. *Turkish Journal of Fisheries and Aquatic Sciences*, 8: 149–157.

Sribandit, W., Wiwatwitaya, D., Suksard, S. & Offenberg, J. 2008. The importance of weaver ant (*Oecophylla smaragdina* Fabricus) harvest to a local community in Northeastern Thailand. *Asian Myrmecology*, 2: 129–138.

St-Hilaire, S., Cranfill, K., Mcguire, M.A., Mosley, E.E., Tomberlin, J.K., Newton, L., Sealey, W., Sheppard, C. & Irving, S. 2007. Fish offal recycling by the Black Soldier Fly produces a foodstuff high in omega-3 fatty acids. *Journal of the World Aquaculture Society*, 38(2): 309–313.

Stack, J., Dorward, A., Gondo, T., Frost, P., Taylor, F. & Kurebgaseka, N. 2003. Mopane worm utilisation and rural livelihoods in Southern Africa. Paper presented at the International Conference on Rural Livelihoods, Forests and Biodiversity, Bonn, Germany, 19–23 May 2003.

Steinfeld, H., Gerber, P., Wassenaar, T., Castel, V., Rosales, M. & de Haan, C, eds. 2006. *Livestock's long shadow: environmental issues and options*. Rome, FAO.

Sunderland, T.C.H., Ndoye, O. & Harrison-Sanchez, S. 2011. Non-timber forest products and conservation: what prospects? *In* S. Shackleton, Ch. Shackleton & P. Shanley, eds. *Non-timber forest products in the global context*, pp. 209–224. Heidelberg, Germany, Springer.

Sweet, C. 2011. Sausalito insect supper promises finely sourced bugs. *The Sanfrancisco Gate*, posted on 23 September 2011. (available at http://insidescoopsf.sfgate.com/blog/2011/09/23/sausalito-insect-supper-promises-finely-sourced-bugs/).

Tabuna, H. 2000. *Evaluation des échanges des produits forestiers non ligneux entre l'Afrique subsaharienne et l'Europe*. Accra, FAO Regional Office for Africa.

Tacon, A.G.J. & Metian, M. 2008. Global overview on the use of fish meal and fish oil in industrially compounded aquafeeds: Trends and future prospects. *Aquaculture*, 285: 146–158.

Takeda, J. 1990. The dietary repertory of the Ngandu people of the tropical rain forest: an ecological and anthropological study of the subsistence activities and food procurement technology of a slash-and-burn agriculturist in the Zaire river basin. *African Study Monographs. Supplementary Issue*, 11: 1–75.

Takeda, J. & Sato, H. 1993. Multiple subsistence strategies and protein resources of horticulturists in the Zaire basin: the Nganda and the Boyela. *In* C.M. Hladik, A. Hladik, O.F. Linares, H. Pagezy, A. Semple & M. Hadley, eds. *Tropical forests, people and food: biocultural interactions and applications to development.* Man and the Biosphere Series, 13. Paris, United Nations Educational, Scientific and Cultural Organization.

Taylor, R.L. 1975. *Butterflies in my stomach: insects in human nutrition*. Santa Barbara, USA, Woodbridge Press Publishing Company.

Teffo, L.S. 2006. *Nutritional and medicinal value of the edible stinkbug,* Encosternum delegorguei *Spinola consumed in the Limpopo Province of South Africa and its host plant* Dodoneae viscosa *Jacq. var. angustifolia*. Pretoria, University of Pretoria. (Phd thesis).

Téguia, A., Mpoame, M. & Okourou, M.J.A. 2002. The production performance of broiler birds as affected by the replacement of fish meal by maggot meal in the starter and finisher diets. *Tropicultura*, 20(4): 187–192.

Tempelado, L. 2012. Insect connoisseurs ask: Got any good recipes? *Asahi Shimbun*, online edition, posted on 12 December 2012. (available at http://ajw.asahi.com/article/cool_japan/cooking/AJ201212120003).

Thorne, P.S. 2007. Environmental health impacts of concentrated animal feeding operations: anticipating hazards: searching for solutions. *Environ. Health Perspect.*, 115: 296–297.

Tieguhong, J.C., Ndoye, O., Vantomme, P., Grouwels, S., Zwolinski, J. & Masuch, J. 2009. Coping with crisis in Central Africa: enhanced role for non-wood forest products. *Unasylva*, 233(60): 49–54.

Tihon, L. 1946. A propos des termites au point de vue alimentaire. *Bull. Agric. du Congo Belge*, 37: 865–868.

Tilman, D., Cassman, K.G., Matson, P.A., Naylor, R. & Polasky, S. 2002. Agricultural sustainability and intensive production practices. *Nature*, 418: 671–677.

Tiu, L.G. 2012. Enhancing Sustainability of Freshwater Prawn Production in Ohio. *Ohio State University South Centers Newsletter*, Fall 2012.

Toledo, A. & Burlingame, B. 2006. Biodiversity and nutrition: a common path toward global food security and sustainable development. *Journal of Food Composition and Analysis*, 19: 477–483.

Tomberlin, J.K. & Sheppard, D.C. 2001. Lekking behavior of the black soldier fly (Diptera: Stratiomyidae). *Florida Entomologist*, 84(4): 729–730.

Tommaseo Ponzetta, M. & Paoletti, M.G. 1997. Insects as food of the Irian Jaya populations. *Ecology of Food and Nutrition*, 36: 321–346.

Toms, R. & Thagwana, M. 2005. On the trail of missing mopane worms. *Science in Africa*. (available at www.scienceinafrica.co.za/2005/january/mopane.htm).

Toms, R. & Thagwana, M. 2003. Eat your bugs! *Science in Africa*. (available at www.scienceinafrica.co.za/2005/january/mopane.htm).

Tong, L., Yu, X. & Lui, H. 2011. Insect food for astronauts: gas exchange in silkworms fed on mulberry and lettuce and the nutritional value of these insects for human consumption during deep space flights. *Bulletin of Entomological Research*, 101: 613–622.

Torres, A.E. 2008. *Conociendo la cadena productive de tuna y cochinilla en Ayacucho*. Ayachucho, Solid Peru.

Townsend, P.K. 1973. Sago production in a New Guinea economy. *Human Ecology*, 2: 217–236.

Triplehorn, C.A. & Johnson, N.F., eds. 2004. *Borror and DeLong's introduction to the study of insects*. St. Paul, USA, Brooks Cole.

Turner, J.S. & Soar, R.C. 2008. *Beyond biomimicry: what termites can tell us about realizing the living building*. Presentation to the First International Conference on Industrialized, Intelligent Construction (I3CON), 14–16 May, 2008, Loughborough University, England.

Twine, W., Moshe, D., Netshiluvhi, T. & Siphugu, V. 2003. Consumption and direct-use values of savanna bio-resources used by rural households in Mametja, a semi-arid area of Limpopo province, South Africa. *South African Journal of Science*, 99(9–10): 467–473.

Umesh, K.B., Akshara, M., Shripad, B., Harish, K.K. & Srinivasan, S.M. 2009. Performance analysis of production and trade of Indian silk under WTO regime. Paper presented at the International Association of Agricultural Economists Conference, 16–22 August, Beijing, China.

UN. 2012. *World urbanization prospects, the 2011 revision*. New York, USA.

UNESCO. 2005. *United Nations decade of education for sustainable development (2005–2014): draft international implementation scheme*. Paris, United Nations Educational, Scientific and Cultural Organization.

Urs, K.C.D. & Hopkins, T.L. 1973a. Effect of moisture on growth rate and development of two strains of *Tenebrio molitor* L. (Coleoptera, Tenebrionidae). *Journal of Stored Products Research*, 8: 291–297.

Urs, K.C.D. & Hopkins, T.L. 1973b. Effect of moisture on the lipid content and composition of two strains of *Tenebrio molitor* L. (Coleoptera, Tenebrionidae). *Journal of Stored Products Research*, 8(4): 299–305.

USDA. 2012. USDA National Nutrient Database for Standard Reference, Release 25. (Latest update September 2012). Accessed December 2012. (available at www.ars.usda.gov/ba/bhnrc/ndl).

USFDA. 2009. Color additives: FDA's regulatory process and historical perspectives. (available at www.fda.gov/ForIndustry/ColorAdditives/RegulatoryProcessHistoricalPerspectives/default.htm). Accessed November 2012.

van der Meer, K. 2004. Exclusion of small-scale farmers from coordinated supply chains: Market failure, policy failure or just economies of scale? Paper presented at the workshop "Is there a place for smallholder producers in coordinated supply chains?", 8 December 2004, Washington, D.C., USA, World Bank.

van Hall, M.A.L., Dierikx, C.M., Cohen, S.J., Voets, G.M., van den Munckhof, M.P., van Essen-Zandbergen, A., Platteel, T., Fluit, A.C., van de Sande-Bruinsma, N., Scharinga, J. Bonten, M.J.M. & Mevius, D.J. 2011. Dutch patients, retail chicken meat and poultry share the same ESBL genes, plasmids and strains. *Clinical Microbiology and Infection*, 17(6): 873–880.

van Huis, A. 1996. The traditional use of arthropods in Sub-Saharan Africa. *Proceedings of the section Experimental and Applied Entomology of the Netherlands Entomological Society (N.E.V.)*, 7: 3–20.

van Huis, A. 2003a. Medical and stimulating properties ascribed to arthropods and their products in sub-Saharan Africa. *In* É. Motte-Florac & J.M.C. Thomas, eds. *Insects in oral literature and traditions*, pp. 367–382. Ethnosciences: 11. Société d'études linguistiques et anthropologiques de France (series): 407. Paris, Peeters.

van Huis, A. 2003b. Insects as food in sub-Saharan Africa. *Insect Science and its Application*, 23(3): 163–185.

van Huis, A. 2013. Potential of insects as food and feed in assuring food security. *Annual Review of Entomology*, 58(1): 563–583.

van Huis, A. 2005. Insects eaten in Africa (Coleoptera, Hymenoptera, Diptera, Heteroptera, Homoptera). *In* M.G. Paoletti, ed. *Ecological implications of minilivestock*, pp. 231–244. New Hampshire, USA, Science Publishers.

van Huis, A., van Gurp, H. & Dicke, M. 2012. *Het insectenkookboek*. Amsterdam, the Netherlands, Atlas.

van Itterbeeck, J. 2008. Entomophagy and the West: barriers and possibilities, ecological advantages and ethical desirability. Wageningen, Wageningen University. (Phd thesis).

van Itterbeeck, J. & van Huis, A. 2012. Environmental manipulation for edible insect procurement: a historical perspective. *Journal of Ethnobiology and Ethnomedicine*, 8(3): 1–19.

van Lenteren, J.C. 2006. Ecosystem services to biological control of pests: why are they ignored? *Proc. Neth. Entomol. Soc. Meet.*, 17: 103–111.

van Mele, P. 2008. A historical review of research on the weaver ant Oecophylla in biological control. *Agricultural and Forest Entomology*, 10: 13–22.

Vane-Wright, R.I. 1991. Why not eat insects? *Bulletin of Entomological Research*, 81: 1–4.

Vantomme, P., Gazza, S. & Lescuyer, G. 2010. *Produits forestiers non ligneux*, Vol. 304. Paris, Centre de coopération internationale en recherche agronomique pour le développement.

Vantomme, P., Göhler, D. & N'Deckere-Ziangba, F. 2004. Contribution of forest insects to food security and forest conservation: The example of caterpillars in Central Africa. *Odi Wildlife Policy Briefing*, 3.

Vega, F. & Kaya, H. 2012. *Insect Pathology*. London, Academic Press.

Veldkamp, T., G. van Duinkerken, A. van Huis, C.M.M. Lakemond, E. and Ottevanger, E., and M.A.J.S van Boekel, 2012. *Insects as a sustainable feed ingredient in pig and poultry diets. A feasibility study*. Wageningen UR Livestock Research, Report 638.

Vepari, C. & Kaplan, D. 2007. Silk as a biomaterial. *Progress in Polymer Science*, 32(8-9): 99–107.

Vernon, L.L. & Berenbaum, H. 2004. A naturalistic examination of positive expectations, time course, and disgust in the origins and reduction of spider and insect distress. *Anxiety Disorders*, 18: 707–718.

Vijver, M., Jager, T., Posthuma, L. & Peijnenburg, W. 2003. Metal uptake from soils and soil-sediment mixtures by larvae of *Tenebrio molitor* (L.) (Coleoptera). *Ecotoxicology and Environmental Safety*, 54(3): 277–289.

Villanueva, G.R., Roubik, D.W. & Colli-Ucan, W. 2005. Extinction of *Melipona beecheii* and traditional beekeeping in the Yucatan peninsula. *Bee World*, 86(2): 35–41.

Wang, D., Bai, Y.T., Li, J.H. & Zhang, C.X. 2004. Nutritional value of the field cricket (*Gryllus testaceus* Walker). *Journal of Entomologia Sinica*, 11: 275–283.

Weidner, H. 1952. Insekten im Volkskunde und Kulturgeschichte. *Arbeitsgemeinschaft der Museen in Schleswig-Holstein. Niederschrift uber die Tagung der Arbeitsgemeinschaft am 28. und 29. Oktober 1950 im Heimatsmuseum in Rendsburg*, pp. 33–45.

WHO. 2013. Water-related diseases. (available at www.who.int/water_sanitation_health/diseases/malnutrition/en/). Accessed Feburary 2013.

WHO/FAO. 2010. INFOSAN Information Note No. 1/2010 – Biosecurity. *Biosecurity: An integrated approach to manage risk to human, animal and plant life and health*. Geneva, WHO.

WHO/FAO. 2012. Codex Alimentarius: international food standards. (available at www.codexalimentarius.org/). Accessed January 2013.

Wikipedia contributors. 2013. Maikäfersuppe. In *Wikipedia, The Free Encyclopedia*. Wikimedia Foundation, Inc. (available at http://de.wikipedia.org/wiki/Maik%C3%A4fersuppe). (last updated 23 February 2013).

Wilson, J.R.U., Ajuonu, O., Center, T.D., Hill, M.P., Julien, M.H., Katagira, F., Neuenschwander, P., Njoka, S.W., Ogwang, J., Reeder, R.H. & Van, T. 2007. The decline of water hyacinth on Lake Victoria was due to biological control by *Neochetina* spp. *Aquatic Botany*, 87(1): 90–93.

Winfree, R. 2010. The conservation and restoration of wild bees. *Annals of the New York Academy of Sciences*, 1195(1): 169–197.

Wolcott, G.N. 1933. *An economic entomology of the West Indies*. Puerto Rico, The Entomological Society of Puerto Rico.

Womeni, H.M., Linder, M., Tiencheu, B., Mbiapo, F.T., Villeneuve, P., Fanni, J. & Parmentier, M. 2009. Oils of insects and larvae consumed in Africa: potential sources of polyunsaturated fatty acids. *OCL – Oléagineux, Corps Gras, Lipides*, 16(4): 230–235.

Wood, J.R. & Looy, H. 2000. My ant is coming to dinner: culture, disgust, and dietary challenges. *Proteus*, 17(1): 52–56.

Xiaoming, C., Ying, F., Hong, Z. & Zhiyong, C. 2010. Review of the nuritive value of edible insects. *In* P.B. Durst, D.V. Johnson, R.L. Leslie. & K. Shono, eds. *Forest insects as food: humans bite back, proceedings of a workshop on Asia-Pacific resources and their potential for development*. Bangkok, FAO Regional Office for Asia and the Pacific.

Xing-Bao, J. & Kai-Ling, X. 1994. An index-catalogue of Chinese Tettigoniodea (Orthopteroidea: Grylloptera). *Journal of Orthoptera Research*, 3: 15–41.

Yen, A.L. 2002. Short-range endemism and Australian Psylloidea (Insecta: Hemiptera) in the genera *Glycaspis* and *Acizzia* (Psyllidae). *Invertebrate Systematics*, 16(4): 631–639.

Yen, A.L. 2005. Insects and other invertebrate foods of the Australian aborigines. *In* M.G. Paoletti, ed. *Ecological implications of minilivestock: potential of insects, rodents, frogs and snails*, pp. 367–388. New Hampshire, USA, Science Publishers.

Yen, A.L. 2009. Entomophagy and insect conservation: some thoughts for digestion. *Journal of Insect Conservation*, 13: 667–670.

Yen, A.L. 2010. Edible insects and other invertebrates in Australia: future prospects. *In* P.B. Durst, D.V. Johnson, R.L. Leslie. & K. Shono, eds. *Forest insects as food: humans bite back, proceedings of a workshop on Asia-Pacific resources and their potential for development*. pp. 65–84. Bangkok, FAO Regional Office for Asia and the Pacific.

Yen, A.L. 2012. Edible insects and management of country. *Ecological Management & Restoration*, 13(1): 97–99.

Yen, A.L., Hanboonsong, Y. & van Huis, A. 2013. The role of edible insects in human recreation and tourism. *In* R.H. Lemelin, ed. *The management of insects in recreation and tourism*, pp. 169–185. Cambrdige, Cambridge University Press.

Yhoung-aree, J. 2010. Edible insects in Thailand: nutritional values and health concerns. *In* P.B. Durst, D.V. Johnson, R.L. Leslie. & K. Shono, eds. *Forest insects as food: humans bite back, proceedings of a workshop on Asia-Pacific resources and their potential for development*, pp. 201–216.

Yhoung-Aree, J., Puwastien, P. & Attig, G.A. 1997. Edible insects in Thailand: an unconventional protein source? *Ecology of Food and Nutrition*, 36: 133–149.

Yhoung-Aree, J. & Viwatpanich, K. 2005. Edible insects in the Laos PDR, Myanmar, Thailand, and Vietnam. *In* M.G. Paoletti, ed. *Ecological implications of minilivestock*, pp. 415–440. New Hampshire, Science Publishers.

Yong-woo, L. 1999. Silk reeling and testing manual. *FAO Agricultural Services Bulletin*, 136.

Zagrobelny, M.A., Dreon, L., Gomiero, M.A.T., Marcazzan, G., Glaring, M.A., Linberg-Miller, B. & Paoletti, M.G. 2009. Toxic moths: a truly safe delicacy. *Journal of Journal of Ethnobiology*, 29: 64–76.

Zhang, C.X, Tang, X.D. & Cheng, J.A. 2008. The utilization and industrialization of insect resources in China. *Entomological research*, 38(1): 38–47.

Zoberi, M.H. 1973. Some edible mushrooms from Nigeria. *Niger. Field*, 38: 81–90.

补 充 书 目

Aisi, C., Hudson, M. & Small, R. *How to ranch and collect insects in Papua New Guinea.* Cambridge, Cambridge University. (available at: www.geog.cam.ac.uk/research/projects/insectfarming/InsectManual.pdf).

Biomicicry Institute. 2012 (available at: www.biomimicryinstitute.org).

Bay Area Bug Eating Society. 2013 (available at: www.planetscott.com/babes/index.asp).

Cambridge University. 2012. Sustainable insect farming in Papua New Guinea. Cambridge, UK (available at: www.geog.cam.ac.uk/research/projects/insectfarming/publications.html).

Commonwealth Scientific and Industrial Research Organisation (CSIRO). 2012. Australian Dung Beetle Project (available at: www.csiro.au/Outcomes/Food-and-Agriculture/DungBeetles.aspx).

Cultural Entomology Digest. 2011. Insect articles (available at: www.insects.org/ced).

FAO. 2004. *Contribution des insects de la foret a la securite alimentaire. L'exemple des chenilles d'afrique centrale* (available at: www.fao.org/docrep/007/j3463f/j3463f00.htm).

FAO. 2013. Commission on Genetic Resources for Food and Agriculture – Micro-organisms and Invertebrates (available at: www.fao.org/nr/cgrfa/cthemes/cgrfa-micro-organisms/en/).

FAO. 2013. Overview on aquaculture and fish farm feeds (including some insect species) of World Fisheries and Aquaculture (available at: www.fao.org/fishery/topic/13538/en).

Girl Meets Bug. 2013. Edible Insects: The Eco-logical alternative (available at: www.girlmeetsbug.com/).

INRA, CIRAD, AFZ & FAO. 2013. Animal Feed Resources Information System of FAO (available at: www.feedipedia.com).

International Centre of Insect Physiology and Ecology. 2013. African insects Science for Food and Health (available at: www.icipe.org).

LINCAOCNET. 2013. Les insectes comestibles d'Afrique de L'Ouest et Centrale sur Internet (available at: http://gbif.africamuseum.be/lincaocnet).

Montana State University. *The Food Insects Newsletter.* Utah, USA (available at: www.foodinsectsnewsletter.org).

Network for Insect Collectors. 2013. The Network for Insect Collectors (available at: www.insectnet.com).

Oversease Development Institute. 2004. *Contribution of forest insects to food security and forest conservation: The example of caterpillars in Central Africa.* ODI Wildlife Policy Briefing, No. 3. London (available at: www.odi.org.uk/work/projects/03-05-bushmeat/wildlife_policy_briefs.htm).

Smallstock Food Strategies LLC. 2013. Smallstock (available at: www.smallstockfoods.com/about/).

South-South Cooperation. 2013. Partners in south-south cooperation (available at: www.southsouthcooperation.net/dvd/88-edible-insects-from-benin-to-costa-rica.html).

Venik. 2013. Dutch Insect Farmers Association (available at: http://venik.nl).

WUR. 2012. Insects as a sustainable feed ingredient in pig and poultry diets: a feasibility study (available at: http://www.wageningenur.nl/upload/ff5e933e-474b-4bd4-8842-fb67e6f51b61_234247%5B1%5D).

WUR. 2013. List of edible insects of the world. Wageningen, Wageningen University (available at: www.ent.wur.nl/UK/Edible+insects/Worldwide+species+list/).